网络空间安全技术丛书

信息安全等级保护测评与整改指导手册

郭　鑫　编著

机 械 工 业 出 版 社

本书结合作者近二十年在信息安全领域的工作经历，以等级保护政策为核心，以技术和应用为根本出发点，以理论加实践的方式深度剖析了等级保护的基本概念、准备阶段、定级备案、评估测评、规划执行等内容，向读者进行了系统化的介绍。通过理论与案例讲解相结合，对等级保护在具体客户领域的测评以及规划执行等进行了关联阐述，重点是结合技术与应用实践来对其中涉及的理论、应用领域、应用实效等进行详细描述，让读者看得懂、学得会、用得上。

本书适合企、事业单位信息安全从业者阅读。

图书在版编目（CIP）数据

信息安全等级保护测评与整改指导手册／郭鑫编著．—北京：机械工业出版社，2020.8（2021.10 重印）
（网络空间安全技术丛书）
ISBN 978-7-111-66295-2

Ⅰ．①信… Ⅱ．①郭… Ⅲ．①信息系统–安全技术–安全等级–手册
Ⅳ．①TP309-62

中国版本图书馆 CIP 数据核字（2020）第 143736 号

机械工业出版社（北京市百万庄大街 22 号　邮政编码　100037）
策划编辑：杨　源　　责任编辑：杨　源　赵小花
责任校对：张艳霞　　责任印制：孙　炜
北京联兴盛业印刷股份有限公司印刷

2021 年 10 月第 1 版·第 4 次印刷
184mm×260mm · 15.5 印张 · 374 千字
3501-5000 册
标准书号：ISBN 978-7-111-66295-2
定价：99.00 元

电话服务　　　　　　　　　　　网络服务
客服电话：010-88361066　　　　机　工　官　网：www.cmpbook.com
　　　　　010-88379833　　　　机　工　官　博：weibo.com/cmp1952
　　　　　010-68326294　　　　金　书　网：www.golden-book.com
封底无防伪标均为盗版　　　机工教育服务网：www.cmpedu.com

出 版 说 明

随着信息技术的快速发展，网络空间逐渐成为人类生活中一个不可或缺的新场域，并深入到了社会生活的方方面面，由此带来的网络空间安全问题也越来越受到重视。网络空间安全不仅关系到个体信息和资产安全，更关系到国家安全和社会稳定。一旦网络系统出现安全问题，那么将会造成难以估量的损失。从辩证角度来看，安全和发展是一体之两翼、驱动之双轮，安全是发展的前提，发展是安全的保障，安全和发展要同步推进，没有网络空间安全就没有国家安全。

为了维护我国网络空间的主权和利益，加快网络空间安全生态建设，促进网络空间安全技术发展，机械工业出版社邀请中国科学院、中国工程院、中国网络空间研究院、浙江大学、上海交通大学、华为及腾讯等全国网络空间安全领域具有雄厚技术力量的科研院所、高等院校、企事业单位的相关专家，成立了阵容强大的专家委员会，共同策划了这套《网络空间安全技术丛书》（以下简称"丛书"）。

本套丛书力求做到规划清晰、定位准确、内容精良、技术驱动，全面覆盖网络空间安全体系涉及的关键技术，包括网络空间安全、网络安全、系统安全、应用安全、业务安全和密码学等，以技术应用讲解为主，理论知识讲解为辅，做到"理实"结合。

与此同时，我们将持续关注网络空间安全前沿技术和最新成果，不断更新和拓展丛书选题，力争使该丛书能够及时反映网络空间安全领域的新方向、新发展、新技术和新应用，以提升我国网络空间的防护能力，助力我国实现网络强国的总体目标。

由于网络空间安全技术日新月异，而且涉及的领域非常广泛，本套丛书在选题遴选及优化和书稿创作及编审过程中难免存在疏漏和不足，诚恳希望各位读者提出宝贵意见，以利于丛书的不断精进。

机械工业出版社

网络空间安全技术丛书
专家委员会名单

信息系统安全等级保护作为信息安全系统分级分类保护的一项国家标准，对于完善信息安全法规和标准体系，提高安全建设的整体水平，增强信息系统安全保护的整体性、针对性和时效性具有非常重要的意义。

国家相关部门一直非常重视信息系统的等级保护工作，颁布了一系列相关条例和文件，如《中华人民共和国计算机信息系统安全保护条例》《国家信息化领导小组关于加强信息安全保障工作的意见》（中办发〔2003〕27号）、《关于信息安全等级保护工作的实施意见》（公通字〔2004〕66号）和《信息安全等级保护管理办法》（公通字〔2007〕43号）等文件。

随着越来越多的重要业务通过信息化平台开展，我国越来越重视重要行业、政府机关的信息安全工作。国家信息安全主管机关的等级保护工作已上升到国家政策法规的高度，要求重要信息系统的安全建设达到相应的安全标准，并通过授权机构测评、公安机关监督等督促等级保护工作的开展。

实施信息安全等级保护制度能够有效地提高我国信息和信息系统安全建设的整体水平，有利于在信息化建设过程中同步建设信息安全设施，保证信息安全与信息化建设相协调，为信息系统安全建设和管理提供系统性、针对性、可行性的指导和服务，有效控制信息安全建设成本。同时，优化信息安全资源配置，对信息系统实施分级保护，重点保障基础信息网络和关系国家安全、经济命脉、社会稳定等方面重要信息系统的安全。

本书将信息系统安全等级保护制度标准与等级保护测评的实施案例相结合，深入浅出地讲解了等级保护测评的全流程，希望能对想了解等级保护制度或需要进行等级保护测评相关工作的读者有所帮助。

如需书中涉及的测评模板，或就本书的内容与笔者进行讨论，欢迎发送邮件至 g3eek@hotmail.com。

北京华圣龙源科技有限公司　郭鑫

目录

第 *1* 章
等级保护制度介绍

1.1　什么是等级保护制度

本节将对等级保护制度进行介绍，使广大读者对等级保护制度有一个概念化的了解，以便于后面的等保（等级保护）测评实施。

1.1.1　等级保护制度介绍

信息安全等级保护是国家信息安全保障工作的基本制度、基本策略、基本方法。对国家秘密信息、法人和其他组织及公民的专有信息以及公开信息和储存、传输、处理这些信息的信息系统分等级实行安全保护，对信息系统中使用的信息安全产品实行按等级管理，对信息系统中发生的信息安全事件分等级响应、处置。

开展信息安全等级保护工作不仅是加强国家信息安全保障工作的重要内容，也是一项事关国家安全、社会稳定的政治任务。信息安全等级保护测评工作是指测评机构依据国家信息安全等级保护制度规定，按照有关管理规范和技术标准，对未涉及国家秘密的信息系统安全等级保护状况进行检测评估的活动。公安机关等安全监管部门进行信息安全等级保护监督检查时，系统运营使用单位必须提交由具有等级测评资质的机构出具的等级测评报告。

等级保护是对专有信息及信息系统进行分等级保护，对其中的信息安全产品进行按等级管理，对发现的安全事件分等级响应和处置。

1.1.2　为什么要做等级保护

第一，开展等级保护的最重要原因是通过等级保护工作，发现单位系统内部存在的安全隐患和不足。通过安全整改之后，提高信息系统的信息安全防护能力，降低系统被攻击的风险。一般用户单位内部系统多且用途不一样，受众和用户也不一样，那就需要通过等级保护去梳理和分析现有的信息系统，将系统分为不同等级进行保护，这就是等级保护的定级工作。梳理出了不同等级的系统后，就要对各个系统进行不同等级的安全防护建设，保证重要的信息系统在有攻击的情况下能够很好地抵御或者被攻击后能够快速恢复应用，不造成重大损失或影响。

第二，等级保护是我国关于信息安全的基本政策，网络安全法明确规定：国家实行网络安全等级保护制度。网络运营者应当按照网络安全等级保护制度的要求，履行下列安全保护义务，保障网络免受干扰、破坏或者未经授权的访问，防止网络数据泄露或者被窃取、篡改。简单总结下就是国家法律法规、相关政策制度要求相关单位开展等级保护工作。

1.2 等级保护与分级保护的区别

信息安全等级保护与涉密信息系统分级保护两者之间有什么关系、哪些系统需要进行等级保护、涉密信息系统如何分级？通过表1.1可快速理清两者的本质联系与区别。

表1.1 等级保护与分级保护的区别与联系

	等级保护		分级保护	
定义	对国家秘密信息、法人和其他组织及公民的专有信息以及公开信息和储存、传输、处理这些信息的信息系统分等级实行安全保护，对信息系统中使用的信息安全产品实行按等级管理，对信息系统中发生的信息安全事件分等级响应、处置		涉密信息系统分级保护是指涉密信息系统的建设使用单位根据分级保护管理办法和有关标准，对涉密信息系统分等级实施保护，各级保密工作部门根据涉密信息系统的保护等级实施监督管理，确保系统和信息安全	
适用对象	国家网络安全等级保护，重点保护的对象是非涉密的涉及国计民生的重要信息系统和通信基础信息系统		涉密信息系统分级保护是国家信息系统保护的重要组成部分，是等级保护在涉密领域的具体体现	
职能部门	公安机关		国家保密部门	
	国家保密部门		地方各级保密工作部门	
	国家密码管理部门		中央和国家机关	
	国务院信息办		建设使用单位	
管理职责	公安机关	监督、检查、督导	国家保密局	监督、检查、督导
	国家保密工作部门	保密工作的监督、检查、督导	地方各级保密局	监督、检查、督导
	国家密码管理部门	密码工作的监督、检查、督导	中央和国家机关（本部门/本系统）	主管和指导
	国务院信息办	部门间的协调	建设使用单位（本单位）	具体实施
政策依据文件	《中华人民共和国计算机信息系统安全保护条例》（1994年国务院147号令） 《国家信息化领导小组关于加强信息安全保障工作的意见》（中办发〔2003〕27号） 《关于信息安全等级保护工作的实施意见》（公通字〔2004〕66号） 《信息安全等级保护管理办法》（公通字〔2007〕43号） 《关于开展全国重要信息系统安全等级保护定级工作的通知》（公信安〔2007〕861号） 《关于开展信息安全等级保护安全建设整改工作的指导意见》（公信安〔2009〕1429号） 《中华人民共和国网络安全法》（2017年6月1日起施行）		《关于加强信息安全保障工作中保密管理的若干意见》（中保委发〔2004〕7号） 《涉及国家秘密的信息系统分级保护管理办法》（国保发〔2005〕16号）	
标准体系	国家标准（GB、GB/T）		国家保密标准（BMB，强制执行）	

（续）

	等级保护	分级保护
系统定级	信息系统的安全保护等级应当根据信息系统在国家安全、经济建设、社会生活中的重要程度，信息系统遭到破坏后对国家安全、社会秩序、公共利益以及公民、法人和其他组织的合法权益的危害程度等因素确定，由低到高划分为五个等级：第一级（自主保护）、第二级（指导保护）、第三级（监督保护）、第四级（强制保护）、第五级（专控保护）	涉密信息系统按照所处理信息的最高密级，由低到高划分为秘密、机密和绝密三个级别 涉密信息系统建设使用单位应当依据涉密信息系统分级保护管理规范和技术标准，按照秘密、机密、绝密三级的不同要求，结合系统实际进行方案设计，实施分级保护，其保护水平总体上不低于国家信息安全等级保护第三级、第四级、第五级的水平
工作内容	信息系统安全等级保护工作包括系统定级、系统备案、安全建设整改、等级测评和监督管理五个环节	涉密信息系统分级保护工作包括系统定级、方案设计、工程实施、系统测评、系统审批、日常管理、测评与检查和系统废止八个环节
测评频率	第三级信息系统：应每年至少一次等级测评 第四级信息系统：应每年至少一次等级测评 第五级信息系统：应当根据特殊安全要求进行等级测评	秘密级、机密级信息系统：应每两年至少进行一次安全保密测评或保密检查 绝密级信息系统：应每年至少进行一次安全保密测评或保密检查
测评机构资质要求	国家信息安全等级保护工作协调小组办公室授权的信息安全等级保护测评机构	由国家保密工作部门授权的系统测评机构

1.3 等级保护 1.0 与 2.0 的差异

2019 年 5 月 13 日，网络安全等级保护 2.0 核心标准（《信息安全技术 网络安全等级保护基本要求》《信息安全技术 网络安全等级保护测评要求》《信息安全技术 网络安全等级保护安全设计技术要求》）正式发布，网络安全等级保护正式进入 2.0 时代。那么等级保护 2.0 究竟与等级保护 1.0 有什么不同？

1.3.1 标准名称的变化

GB/T 22239-2008《信息安全技术 信息系统安全等级保护基本要求》改为 GB/T 22239-2019《信息安全技术 网络安全等级保护基本要求》。

GB/T 25070-2010《信息安全技术 网络安全等级保护安全设计技术要求》改为 GB/T 25070-2019《信息安全技术 网络安全等级保护安全设计技术要求》。

GB/T 28448-2012《信息安全技术 网络安全等级保护测评要求》改为 GB/T 28448-2019《信息安全技术 网络安全等级保护测评要求》。

1.3.2 保护对象的变化

信息安全等级保护 1.0 的大部分对象是体制内的单位，测评的也更多是计算机信息系统。而网络安全等级保护 2.0 的保护对象向全社会扩展，覆盖各地区、各单位、各部门、各企业、各机构，也上升到了网络空间安全，除了计算机信息系统，还包括网络安全系统、云计算、物联网、工业控制系统、大数据安全等方面。

1.3.3　定级备案的变化

通过表 1.2 可以清晰地了解到信息安全等级保护 1.0 与网络安全等级保护 2.0 在定级备案中的变化。

表 1.2　定级备案的变化

	等保 1.0	等保 2.0
定级依据	《信息安全等级保护管理办法》第十条规定，《信息安全技术 信息系统安全等级保护定级指南》配套使用	《网络安全等级保护条例》第二条中的定义，修订 GB/T 22240 作为进一步细化
定级对象	信息安全等级保护工作直接作用于具体的信息和信息系统	网络安全等级保护工作的作用对象主要包括基础信息网络、工业控制系统、云计算平台、物联网、使用移动互联网技术的网络、其他网络以及大数据等
定级对象的基本特征	1）具有唯一确定的安全责任单位 2）具有信息系统的基本要求 3）承载单一或相对独立的业务应用	1）具有确定的主要安全责任主体 2）承载相对独立的业务应用 3）包含相互关联的多个资源
定级特征之外的要求	无	详细规定了基础信息网络、工业控制系统、云计算平台、物联网、使用移动互联网技术的网络和大数据必须遵循的其他要求
特定定级对象说明	无	对于基础信息网络、云计算平台、大数据平台等支撑网络，原则上应不低于其承载的等级保护对象的安全保护等级，大数据安全保护等级不低于第三级
对关键信息基础设施的定级要求	无	原则上其安全保护等级不低于第三级
定级原则	自主定级、自主保护、监督指导	明确等级、增强保护、常态监督
备案对象与时限要求	二级以上系统，在安全保护等级确定后或新建系统投入使用 30 日内	第二级以上网络运营者应当在网络的安全保护等级确定后 10 个工作日内
定级流程	直接根据定级要素与安全等级关系定级	确定等级对象→初步确定等级→专家评审→主管部门审核→公安机关备案审查

1.3.4　标准控制点与要求项的变化

新标准在控制点和要求项上并没有明显的增加，通过整合反而减少了。各级的控制点和要求项明细如表 1.3 所示。

表 1.3　标准控制点与要求项的变化

要求	基本要求子类	等保二级	等保三级	基本要求子类	等保二级	等保三级
	等级保护 1.0			等级保护 2.0		
技术要求	物理安全	19	32	安全物理环境	15	22
	网络安全	18	33	安全通信网络	4	8
				安全区域边界	11	20
	主机安全	19	32	安全计算环境	23	24
	应用安全	19	31			
	数据安全及备份恢复	4	8			
	/	/	/	安全管理中心	4	12
管理要求	安全管理制度	7	11	安全管理制度	6	7
	安全管理机构	9	20	安全管理机构	9	14
	人员安全管理	11	16	安全管理人员	7	12
	系统建设管理	28	45	系统运维管理	31	48
	系统运维管理	41	62	安全运维管理	25	44
要求项目	/	175	290	/	135	211

1.4　等级保护的测评流程

信息系统安全等级保护测评的完整流程包含五个环节。

- 定级。
- 备案。
- 开展等级测评。
- 系统安全建设。
- 监督指导。

1. 定级

信息系统安全等级由系统运营、使用单位根据《信息安全技术 信息系统安全等级保护定级指南》自主确定，有主管部门的，应当经主管部门审批。对于拟确定为四级及以上的信息系统，还应经专家评审会评审。新建信息系统在设计、规划阶段确定安全保护等级。

信息系统安全共分为五个等级，分别如下。

- 第一级（自主保护级）：信息系统受到破坏后，会对公民、法人和其他组织的合法权益造成损害，但不损害国家安全、社会秩序和公共利益。
- 第二级（指导保护级）：信息系统受到破坏后，会对公民、法人和其他组织的合法权益产生严重损害，或者对社会秩序和公共利益造成损害，但不损害国家安全。
- 第三级（监督保护级）：信息系统受到破坏后，会对社会秩序和公共利益造成严重损害，或者对国家安全造成损害。
- 第四级（强制保护级）：信息系统受到破坏后，会对社会秩序和公共利益造成特别严重的损害，或者对国家安全造成严重损害。

● 第五级（专控保护级）：信息系统受到破坏后，会对国家安全造成特别严重的损害。

2. 备案

运营、使用单位在确定等级后到所在地的市级及以上公安机关备案。第二级以上网络运营者应当在网络的安全保护等级确定后10个工作日内备案。

3. 开展等级测评

运营、使用单位或者主管部门应当选择合规的测评机构，定期对信息系统安全等级状况开展等级测评。三级信息系统至少每年进行一次等级测评，四级信息系统至少每年进行一次等级测评，五级应当依据特殊安全需求进行等级测评。测评机构应当出具测评报告，并出具测评结果通知书，明示信息系统安全等级及测评结果。

4. 系统安全建设

运营、使用单位按照管理规范和技术标准，选择管理办法要求的信息安全产品，建设符合等级要求的信息安全设施，建立安全组织，制订并落实安全管理制度。

5. 监督指导

公安机关依据信息安全等级保护管理规范，监督检查运营、使用单位开展等级保护工作，定期对信息系统进行安全检查。运营、使用单位应当接受公安机关的安全监督、检查、指导，如实向公安机关提供有关材料。

第 2 章
等级保护准备阶段

从本章开始，我们将以一个虚拟的等级保护三级测评案例来详细讲解整个等级保护测评流程，同时将等级保护测评后的整改方案也一并编写，组织成一个由测评至整改的完整项目。

为了给广大读者一个良好的阅读体验，等级保护测评项目的部分测评模板将不填充内容。

2.1　项目分工界面

等级保护项目的第一阶段是准备阶段，而准备阶段的首要工作是测评机构团队与被测评单位进行项目分工，以便于顺利开展接下来的测评工作。通常内容如表2.1所示。

表2.1　项目分工

项目阶段	项目任务	任务子项	实施过程说明	职责分工	
				测评机构	客户（甲方）
项目准备	组建项目组	任命项目经理	1）测评机构内部任命项目经理，并组建项目实施团队，项目团队内部完成工作交接 2）甲方需要指派具体的项目接口人员以及项目实施的配合人员	售前售后交接，指定专门的售后服务人员、客户经理	指派项目配合人员
		组建项目团队			
		甲方指派接口配合人员			
项目准备	项目实施前准备	制订实施计划	通过与客户的沟通，确定项目的实施计划。在计划中需要明确实施内容、实施范围、交付结果，以及时间进度安排	提出配合需求	安排人员配合实施、确认
		培训	1）由测评机构向甲方相关人员进行安全培训，介绍实施过程中具体的方法、流程以及注意事项 2）甲方需要向测评机构项目实施人员培训介绍业务方面的情况 3）甲方需要进行项目培训的环境准备工作，如培训教室、投影仪、白板、白板笔等	提供培训	1）向测评机构项目实施人员介绍业务情况 2）指定培训会议室、提供投影仪；组织相关人员参加培训
定级		摸底调查	1）测评机构项目组在进行摸底调查前，将摸底调研表提前发放给甲方的接口人员 2）甲方需要对调研表的内容进行仔细填写，甲方填好后，确定现场沟通时间，双方进行当面沟通	测评机构提前发放调研表	客户指定配合人员，填写调研表，并提供信息系统资料
		撰写定级报告	1）测评机构项目组根据调研结果，以及相关定级指南及行业定级要求，编写定级报告 2）双方对初步的报告进行沟通	根据系统信息及定级指南编写定级报告	提供行业定级要求；提供信息系统资料
		专家评审	甲方组织专家对定级报告进行评审	编写评审汇报PPT文件	邀请专家
		备案	根据定级报告备案要求，甲方填写备案表内容，并按要求向主管部门（如同级的公安机关）提交备案	辅助填写技术部分	填写备案表

（续）

项目阶段	项目任务	任务子项	实施过程说明	职责分工	
				测评机构	客户（甲方）
评估	技术评估	物理安全	1）测评机构项目组根据等级保护要求，对甲方物理安全进行评估。甲方需要指定人员配合 2）测评机构项目组编写报告 3）手段：访谈	评估、编写报告	指派项目配合人员
		网络安全	1）测评机构项目组根据等级保护要求，对甲方网络安全进行评估。甲方需要指定人员配合。测评机构项目组编写报告 2）手段：访谈、上机检查、渗透测试、扫描	评估、编写报告	指派项目配合人员
评估	技术评估	主机安全	1）测评机构项目组根据等级保护要求，对客户方主机安全进行评估。客户方需要指定人员配合。测评机构项目组编写报告 2）手段：访谈、上机检查、渗透测试、扫描	评估、编写报告	指派项目配合人员
		应用安全	1）测评机构项目组根据等级保护要求，对客户方应用安全进行评估。客户方需要指定人员配合。测评机构项目组编写报告 2）手段：访谈、上机检查、渗透测试、扫描	评估、编写报告	指派项目配合人员
		数据安全及备份恢复	1）测评机构项目组根据等级保护要求，对客户方数据安全及备份恢复进行评估。客户方需要指定人员配合。测评机构项目组编写报告 2）手段：访谈、上机检查	评估、编写报告	指派项目配合人员
	管理评估	安全管理制度	1）测评机构项目组根据等级保护要求，对客户方安全管理制度进行评估。客户方需要指定人员配合。测评机构项目组编写报告 2）手段：访谈、检查文档	评估、编写报告	
		安全管理机构	1）测评机构项目组根据等级保护要求，对客户方安全管理机构进行评估。客户方需要指定人员配合。测评机构项目组编写报告 2）手段：访谈、检查文档	评估、编写报告	1）提供现有信息安全管理制度清单及文档内容 2）指派项目配合人员
		人员安全管理	1）测评机构项目组根据等级保护要求，对客户方人员安全管理进行评估。客户方需要指定人员配合。测评机构项目组编写报告 2）手段：访谈、检查文档	评估、编写报告	

（续）

项目阶段	项目任务	任务子项	实施过程说明	职责分工	
				测评机构	客户（甲方）
评估	管理评估	系统建设管理	1）测评机构项目组根据等级保护要求，对客户方系统建设管理进行评估。客户方需要指定人员配合。测评机构项目组编写报告 2）手段：访谈、检查文档	评估、编写报告	1）提供现有信息安全管理制度清单及文档内容 2）指派项目配合人员
		系统运维管理	1）测评机构项目组根据等级保护要求，对客户方系统运维管理进行评估。客户方需要指定人员配合。测评机构项目组编写报告 2）手段：访谈、检查文档	评估、编写报告	
整改方案		根据评估内容及等级保护要求，编写整改方案	测评机构项目组根据等级保护要求及客户信息安全现状编写整改方案	编写整改报告	沟通讨论
规划		编写规划方案	测评机构项目组根据等级保护要求、信息安全评估报告、客户信息安全、业务信息安全保障要求，编写安全规划方案	编写规划方案	沟通讨论
整改		技术整改	客户方根据信息安全评估报告，以及安全规划方案，组织安全集成商、安全服务商及其他厂商进行技术整改	根据项目实际情况，确定工作内容	根据评估结果整改
		管理制度整改	客户方根据评估以及现有制度，利用测评机构负责提供的文档模板，对管理制度进行修订 测评机构协助客户方对修订后的制度进行核对	1）测评机构负责提供模板 2）协助客户方对修订后的制度进行核对	根据模板结合自身实际进行制度修订
协助测评			客户方邀请专业的测评机构对整改后的情况进行等级测评，测评通过后进行备案	协助客户方进行测评，在测评机构检查期间提供技术支持	邀请测评机构进行测评
初验	项目初验	初验报告	根据合同进行项目的初步验收，并进行初验签字	提交验收报告	确认
正式验收	项目正式验收	终验报告	客户方根据合同及其他约定进行项目的最终验收，并进行签字确认	提交验收报告	确认

2.2 准备阶段培训

今天，高科技领域正处于快速发展的阶段，信息安全理论和技术的多样化和复杂性同时大大提高，要赶上业界技术的发展水平，始终保持在信息安全需求的领先位置，无论公司或个人都必须投入大量精力和时间。

安全教育是整体安全水平提高的基础。测评机构明白客户对信息安全的重视和需要，提供全系列的教育服务，帮助客户和它们的雇员跟上信息技术的时代潮流。信息安全专家为客户提供需要的知识和工具，使客户能及时跟上业界技术的改变，确保成功进行安全管理。

以下是一个安全培训议程示例。

1. 培训综述

（1）培训目的

为了确保 XX 单位 X 业务系统的正常运作，即将启动 XX 信息安全评估和体系总体设计项目，将对 XX 单位的 IT 系统进行全面的安全评估，以了解其业务风险现状、存在问题；在评估的基础上通过安全加固提高 IT 系统安全性，并将结合《XX 行业信息安全保障体系建设指南》要求，对 XX 单位 IT 系统安全定级提出建议。本培训的目的就是让管理人员和技术人员掌握最新的安全动态、了解安全评估和等级保护的理论，以及了解信息安全评估和体系总体设计项目的实施过程。

（2）培训对象

本次培训的对象是 XX 单位的信息系统主管和信息化技术人员。

（3）培训地点

XX 单位会议室。

（4）培训方式

本次培训方式主要为 PPT 授课。

2. 培训内容

本次培训的内容主要为以下几个方面。

（1）安全趋势介绍

- 网络安全发展历程。
- 网络攻击示例。
- 网络安全发展趋势。

（2）风险评估理论

- 风险评估的基本概念和理念。
  - 安全基本概念。
  - 安全典型特征。
  - 信息系统安全。
  - 信息安全服务特性。
- 风险评估的主要流程和方法。
  - 风险评估方法基本概念。
  - 风险评估原则。
  - 风险评估技术流程。
  - 风险评估主要方法。
- 风险评估的工具介绍。

（3）等级保护理论

- 等级保护政策文件。
  - 等级保护政策文件。
  - 等级保护管理结构。
- 等级保护的含义。
  - 等级保护是什么。
  - 等级保护做什么。
  - 等级保护如何实施。
- 等级保护需求分析。
- 等级保护实施流程。
  - 整体流程。
  - 详细测评流程及方法。
- 等级保护案例介绍。

（4）项目实施计划

- 项目目标。
- 项目范围。
- 项目时间计划。
- 需要配合的方面。

3. 培训环境需求

（1）培训场地

可以容纳30人培训，可以为30台便携计算机提供电源。

（2）一台投影仪

培训场地安装一个投影仪。

（3）白板、水笔

4. 详细课程安排

根据2天培训时间以及授课内容做培训计划，如表2.2所示。

表 2.2 培训课程安排

日期	时间	课程	内容描述
第一天	15:00-15:15	课程介绍	
	15:15-16:30	安全趋势介绍	介绍当前安全趋势
	16:30-16:45	茶歇	
	16:45-17:30	风险评估理论（I）	介绍风险评估概念和理论
第二天	09:00-10:10	风险评估理论（II）	介绍风险评估流程和方法及使用工具
	10:10-10:25	茶歇	
	10:25-11:30	风险评估理论（III）	介绍风险评估流程和方法及使用工具
	11:30-15:00	午餐、午休	
	15:00-15:45	等级保护理论（I）	介绍等级保护政策文件、等级保护的含义及需求分析

（续）

日期	时间	课程	内 容 描 述
	15：45-16：00	茶歇	
第二天	16：00-16：50	等级保护理论（Ⅱ）	介绍等级保护实施流程及案例
	16：50-17：30	交流和答疑	交流和答疑
	15：00-15：45	项目实施介绍（Ⅰ）	项目概况
第三天	15：45-16：00	茶歇	
	16：00-16：50	项目实施介绍（Ⅱ）	项目中需要配合的方面
	16：50-17：30	交流和答疑	交流和答疑

2.3　启动会议文件

启动会议文件包括《保密协议》与《项目范围约定表》，这两个文件也是项目实施的必要前提。

2.3.1　保密协议

等级保护测评项目启动会议中的《保密协议》为重要文件，通常内容如下。

甲方：XX

地址：

邮编：

电话：

乙方：XX 测评机构

地址：

邮编：

电话：

为了保护甲乙双方在商业和技术合作中涉及的专有信息（如本协议第一款所定义的内容），经友好协商，甲乙双方签订如下协议。

1．定义

1.1　专有信息的定义

本协议所称的"专有信息"是指所有涉密信息、商业秘密、技术秘密、通信或与该产品相关的其他信息，无论是书面的、口头的、图形的、电磁的或其他任何形式的信息，包括（但不限于）数据、模型、样品、草案、技术、方法、仪器设备和其他信息，上述信息必须以如下形式确定。

1.1.1　对于书面的或其他有形的信息，在交付接收方时，必须标明专有或秘密，并注明专有信息属于甲方或乙方。

1.1.2 对于口头信息，在透露给接收方前必须声明是专有信息，进行书面记录，并注明专有信息属于甲方或乙方。

1.2 "接收方"：本协议所称的"接收方"是指接收专有信息的一方。

1.3 "透露方"：本协议所称的"透露方"是指透露专有信息的一方。

2. 权利保证

"透露方"保证其向"接受方"透露的专有信息不侵犯任何第三方的知识产权及其他权益。

3. 保密义务

3.1 "接收方"同意严格控制"透露方"所透露的专有信息，保护的程度不能低于"接收方"保护自己的专有信息的保护程度。但无论如何，"接收方"对该专有信息的保护程度不能低于一个管理良好的技术企业保护自己的专有信息的保护程度。

3.2 "接收方"保证采取所有必要的方法对"透露方"提供的专有信息进行保密，包括（但不限于）执行和坚持令人满意的作业程序来避免非授权透露、使用或复制专有信息。

3.3 "接收方"保证不向任何第三方透露本协议的存在或本协议的任何内容。

4. 使用方式和不使用的义务

4.1 "接收方"同意如下内容：

4.1.1 "透露方"所透露的信息只能被"接收方"用于评价产品商业开发的可能性。

4.1.2 不能将"透露方"所透露的专有信息用于其他任何目的。

4.1.3 除"接收方"的高级职员和直接参与本项工作的普通职员之外，不能将专有信息透露给其他任何人。

4.1.4 无论如何，不能将此专有信息的全部或部分进行复制或仿造。

4.2 "接收方"应当告知并以适当方式要求其参与本项工作之雇员遵守本协议规定，若参与本项工作之雇员违反本协议规定，"接收方"应承担连带责任。

5. 例外情况

5.1 "接收方"保密和不使用的义务不适用于下列专有信息：

5.1.1 有书面材料证明，"透露方"在未附加保密义务的情况下公开透露的信息。

5.1.2 有书面材料证明，在未进行任何透露之前，"接收方"在未受任何限制的情况下已经拥有的专有信息。

5.1.3 有书面材料证明，该专有信息已经被"接收方"之外的他方公开。

5.1.4 有书面材料证明，"接收方"通过合法手段从第三方在未受到任何限制的情况下获得该专有信息。

6. 专有信息的交回

6.1 当"透露方"以书面形式要求"接收方"交回专有信息时，"接收方"应当立即交回所有书面的或其他有形的专有信息以及所有描述和概括该专有信息的文件。

6.2 没有"透露方"的书面许可，"接收方"不得丢弃和处理任何书面的或其他有形的专有信息。

7. 否认许可

除非"透露方"明确地授权，"接收方"不能认为"透露方"授予其包含该专有信息的任何专利权、专利申请权、商标权、著作权、商业秘密或其他的知识产权。

8. 救济方法

8.1　双方承认并同意如下内容：

8.1.1　"透露方"透露的专有信息是有价值的商业秘密。

8.1.2　遵守本协议的条款和条件对于保护专有信息的秘密是有必要的。

8.1.3　所有违约对该专有信息进行未被授权的透露或使用将对"透露方"造成不可挽回的和持续的损害。

8.2　如果发生"接收方"违约，双方同意如下内容：

"接收方"应当按照"透露方"的指示采取有效的方法对该专有信息进行保密，所需费用由"接收方"承担。

9. 保密期限

9.1　自本协议生效之日起，双方的合作交流都要符合本协议的条款。

9.2　除非"透露方"通过书面通知明确说明本协议所涉及的某项专有信息可以不用保密，接收方必须按照本协议所承担的保密义务对在结束协议前收到的专有信息进行保密，保密期限不受本协议有效期限的限制。

10. 适用法律

本协议受中华人民共和国法律管辖，并在所有方面依其进行解释。

11. 争议的解决

由本协议产生的一切争议由双方友好协商解决。协商不成，双方约定本协议纠纷的管辖法院。

12. 生效及其他事项

12.1　本协议一式两份，甲乙双方各执一份。

12.2　本协议有中文和英文两种文本，若在协议内容的解释上有冲突时，以中文文本为准。

12.3　本协议签订于　年　月　日，于　　签订之日生效，任何于协议签订前经双方协商但未记载于本协议之事项，对双方皆无约束力。

12.4　本协议及其附件对双方具有同等法律约束力，但若附件与本协议相抵触时，以本协议为准。

12.5　本协议包含如下附件：

12.5.1　附件一。

......

12.6　未尽事宜由双方友好协商解决。

甲方：　　　　　　　　　　　　　　　乙方：

（签章）　　　　　　　　　　　　　　（签章）

日期：　　　　　　　　　　　　　　　日期：

2.3.2　项目范围约定表

通过下列表格内容，明确约定安全服务项目的工作范围及内容。

1. 基础信息

基础信息填写见表2.3。

表 2.3 基础信息表

项目名称	XX 单位等级保护测评服务		
客户联系人		单位及职务	信息中心主任
座机电话		手机	Email

2. 项目范围

物理范围：请详细描述本项目涉及的物理位置，如表 2.4 所示。

表 2.4 物理范围表

	物理位置名称	物理位置地址	联络人
1	XX 单位机房	XX 市	XX
2	X 机房	XX 市	XX

应用系统范围：请详细描述本项目涉及的系统名称，见表 2.5。

表 2.5 应用系统范围表

	系统名称	所在物理位置	所涉及管理人员姓名及联系	备注
1	XX 应用系统	XX 单位机房	XX	

计算机设备范围：请详细描述本项目涉及的计算机操作系统，如表 2.6 所示。

表 2.6 计算机设备范围表

	计算机名	操作系统（请选择）	所属业务系统	设备 IP（为保密，请在现场提供）
1	geek	Win/Linux/UNIX	XX 应用系统	略
2	webs	Win/Linux/UNIX	XX 应用系统	略
3	serv	Win/Linux/UNIX	XX 应用系统	略
4	ora	Win/Linux/UNIX	XX 应用系统	略
5	Apa	Win/Linux/UNIX	XX 应用系统	略

网络设备范围：请详细描述本项目涉及的路由或交换设备，如表 2.7 所示。

表 2.7 网络设备范围表

	设备名及型号	属性（请选择）	所在物理位置	设备 IP（为保密，请在现场提供）
1	Cisco C6509	核心/汇聚/接入	XX 单位机房	略
2	Cisco C6509	核心/汇聚/接入	XX 单位机房	略
3	Huawei S9312	核心/汇聚/接入	X 机房	略

网络安全设备范围：请详细描述本项目涉及的防火墙、VPN、IPS 等安全设备，如表 2.8所示。

表 2.8 网络安全设备范围表

	设备名及型号	类型（请选择）	所在物理位置	厂商	设备 IP（为保密，请在现场提供）
1	H3CSecPath F5000-A5	FW/VPN/IPS	XX 单位机房	X	略
2	H3CSecPath F5000-A5	FW/VPN/IPS	XX 单位机房	X	略

安全管理访谈人员范围：请详细描述本项目涉及的人员访谈情况，如表 2.9 所示。

表 2.9　安全管理访谈人员范围表

	人员姓名	部门	职位	联络（为保密，请在现场提供）
1	郭信	信息中心	安全管理员（网络运行处）	略
2	高兴	信息中心	服务器管理员	略
3	范迪	信息中心	数据库管理员	略
4	张兵	信息中心	网络管理员	略
5	胡可	信息中心	网络管理员	略
6	金州	信息中心	文档管理员	略
7	武钟	信息中心	第三方测试	略

安全制度评估范围：请详细描述本项目能提供的安全制度情况，如表 2.10 所示。

表 2.10　安全制度评估范围表

	安全制度名称	颁布时间	颁发部门	当前使用情况
1	《机房出入制度》	2014 年 10 月	信息中心	略
2	《VPN 使用制度》	2014 年 10 月	全单位	略
3	《人员使用互联网安全制度》	2014 年 10 月	全单位	略

3. 项目会议议程

在等级保护测评开展实施前，需要进行一次项目会议，内容如表 2.11 所示。

表 2.11　项目会议议程表

项目名称	XX 单位等级保护测评服务		
会议主题	项目实施交流		
会议主持人	郭主任	会议记录	胡可
会议时间	2019 年 X 月 X 日	会议地点	XX 单位第一会议室
XX 出席人员	XX 单位信息中心全体员工		
测评机构出席人员	测评项目组所有成员		
会议议程	1. 介绍双方项目组人员 2. 测评机构提交实施计划草案，项目组双方进行详细讨论 3. 测评机构介绍实施流程 4. 测评机构提交《保密协议》给 XX 5. 明确 XX 需提供的支持和第三方公司的配合 6. 确定的事项		
备注			

4. 项目启动会议纪要

项目会议结束后，将讨论结果总结为项目启动会议纪要，如表 2.12 所示。

表 2.12　项目启动会议纪要表

项目名称	XX 单位等级保护测评服务		
会议主题	项目实施交流	会议记录	胡可
会议时间	2019 年 X 月 X 日	会议地点	XX 单位第一会议室
XX 单位出席人员	XX 单位信息中心全体员工		
测评机构出席人员	测评项目组所有成员		
会议内容	1. 介绍双方项目组人员 2. 测评机构提交实施计划草案，项目组双方进行详细讨论 3. 测评机构介绍实施流程 4. 测评机构提交《保密协议》给 XX 5. 测评机构提交《项目启动书》给 XX 6. 明确 XX 需提供的支持和第三方公司的配合		
备注			
签名确认	甲方： 日期：	乙方： 日期：	

2.4　测评实施方案

《测评实施方案》是等级保护测评项目实施的重要依据，方案中需要明确测评范围、测评指标和定级结果，测评方法和工具，测评内容、测评时间和进度安排等。

2.4.1　概述

在等级保护测评方案的初始，要说明项目的背景以及实施等级保护测评的标准依据，以保证方案可正确实施。

1. 项目背景

2019 年 9 月，XX 单位委托 XX 测评机构对 XX 系统进行安全等级测评。通过本次安全等级测评，检验 XX 系统是否符合 GB/T 22239-2008《信息安全技术 信息系统安全等级保护基本要求》第 X 级的安全要求，全面、完整地了解信息安全等级保护要求的基本安全控制在信息系统中的实施配置情况以及系统的整体安全性，出具安全等级测评的结论；指出该系统存在的安全问题并提出相应的整改建议，为委托方进一步完善被评估系统安全管理策略、采取适当的安全保障措施提供依据。

2. 实施依据

- GB/T 22239-2008《信息安全技术 信息系统安全等级保护基本要求》。
- GB/T 28448-2012《信息安全技术 信息系统安全等级保护测评要求》。
- GB/T 28449-2012《信息安全技术 信息系统安全等级保护测评过程指南》。
- GB/T 20984-2007《信息安全技术 信息安全风险评估规范》。

2.4.2　被测系统概述

1. 系统总体结构

XX 系统由核心业务处理层、管网数据采集层、管网数据库层、管网业务层和管网用户服务层组成，涵盖了 XX 公司的大部分业务。

2. 物理和环境

XX 单位的主机房位于大楼的二层，主要的网络和安全设备以及服务器都存放在该机房内。机房铺设防静电地板，系统主要设备均固定在机柜上，并在明显位置贴有标签；机房设有门禁系统对进出机房的人员进行访问控制；机房配有防盗、防火、防水、防静电、恒温恒湿空调等保障设备。

3. 网络层结构

XX 系统的服务器部署在核心应用区内。在核心应用区的边界处部署了防火墙和防毒墙，连接各服务器的交换机上接入了安全审计系统和入侵检测系统，并在交换机上设置了端口监听。日志服务器和安全审计系统的管理服务器部署在辅助业务区，辅助业务区的边界处部署了防火墙。核心应用区和辅助业务区均连接到内部网络的核心交换机上。各部门网络组成内部网络中的内部办公区。内部网络有两个互联网出口。

4. 主机层结构

XX 系统共涉及 X 台服务器，其中 X 台应用服务器，X 台数据库服务器，X 台备份服务器。主、备应用服务器操作系统均采用 Windows Server 2003，主、备数据库服务器操作系统均采用 Windows Server 2003，备份服务器操作系统采用 Windows Server 2003，主、备数据库管理系统均采用 Oracle 10g。

5. 应用层结构

从逻辑体系架构来看，XX 系统由五个层面组成，分别为人机交互层、应用服务层、数据接口层、数据存储层和系统支撑层。

2.4.3　测评范围

根据 XX 系统的等级备案资料，并考虑到系统主管和运维单位的有效管理控制范围和安全责任范围，本次安全等级测评的测评范围边界为核心区边界处的防火墙。

2.4.4　测评指标和定级结果

GB/T 22239-2008《信息安全技术 信息系统安全等级保护基本要求》中对不同等级信息系统的安全功能和措施做了具体的要求，信息安全等级测评要根据信息系统的等级从中选取相应等级的安全测评指标，并根据 GB/T 22239-2008《信息安全技术 信息系统安全等级保护基本要求》的要求，对信息系统实施安全等级测评。因此，本次测评将根据 XX 系统的等级选取相应级别的测评指标。

依据《XX 单位 XX 系统安全等级保护定级报告》，信息系统定级结果如下：XX 系统的安全保护等级为三级。

2.4.5　测评方法和工具

需要在等级保护测评方案中列明测评使用的具体方法以及在测评过程中所涉及的软件工具，确保测评方法科学可靠，同时确保使用的软件工具安全可靠。

1. 测评方法

本次测评中涉及的测评方法主要包括以下几项。

（1）访谈

测评人员通过与信息系统有关人员（个人/群体）进行交流、讨论等活动，获取证据以证明信息系统安全保护措施有效的一种方法。

（2）检查

不同于行政执法意义上的监督检查，是指测评人员通过对测评对象进行观察、查验、分析等活动，获取证据以证明信息系统安全保护措施有效的一种方法。

（3）测试

测评人员使用预定的方法/工具使测评对象产生特定的行为，通过查看、分析这些行为的结果，获取证据以证明信息系统安全保护措施有效的一种方法。

（4）风险分析

测评人员依据等级保护的相关规范和标准，采用风险分析的方法分析等级测评结果中存在的安全问题可能对被测评系统安全造成的影响。

分析过程包括：

1）判断安全问题被威胁利用的可能性，可能性的取值范围为高、中和低。

2）判断安全问题被威胁利用后，对信息系统安全（业务信息安全和系统服务安全）造成的影响程度，影响程度取值范围为高、中和低。

3）综合 1）和 2）的结果对信息系统面临的安全风险进行赋值，风险值的取值范围为高、中和低。

4）结合信息系统的安全保护等级对风险分析结果进行评价，即对国家安全、社会秩序、公共利益以及公民、法人和其他组织的合法权益造成的风险。

2. 测评工具

本次安全测评使用的工具如表 2.13 所示。

表 2.13　安全测评使用的工具

工 具 名 称	版　本
XX 数据库安全扫描系统	V1.0
XX 远程安全评估系统	V1.0
XX 应用系统评估系统	V1.0

3. 测评工具接入点

为了发挥测评工具的作用，达到测评的目的，各种测评工具需要接入被测评的信息系统网络中,并需要配置恰当的 IP 地址。测评工具接入网络的不同接入点后,在该点执行具体操作。

2.4.6 测评内容

本次安全测评是对 XX 系统是否符合国家信息系统安全等级保护相关技术标准要求的一次评判活动。

GB/T 22239-2008《信息安全技术 信息系统安全等级保护基本要求》中,对信息系统的安全等级保护从技术和管理方面提出了基本要求,本次对 XX 系统的安全测评选择了技术和管理方面的整体测评。

1. 单元测评

(1) 安全技术测评

a) 物理安全

物理安全测评将通过访谈和检查相结合的方式评测信息系统的物理安全保障情况。主要涉及对象为机房。

在内容上,物理安全层面的测评实施过程涉及 10 个工作单元,具体如表 2.14 所示。

表 2.14 物理安全测评项

序号	工作单元名称	工作单元描述
1	物理位置选择	通过访谈物理安全负责人,检查机房,测评机房物理场所在位置上是否具有防震、防风和防雨等多方面的安全防范能力
2	物理访问控制	检查机房出入口等过程,测评信息系统在物理访问控制方面的安全防范能力
3	防盗窃和防破坏	检查机房内的主要设备、介质和防盗报警设施等过程,测评信息系统是否采取必要的措施预防设备、介质等丢失和被破坏
4	防雷击	检查机房设计/验收文档,测评信息系统是否采取相应的措施预防雷击
5	防火	检查机房防火方面的安全管理制度,检查机房防火设备等过程,测评信息系统是否采取必要的措施防止火灾的发生
6	防水和防潮	检查机房及其除潮设备等过程,测评信息系统是否采取必要措施来防止水灾和机房潮湿
7	防静电	检查机房等过程,测评信息系统是否采取必要措施防止静电的产生
8	温湿度控制	检查机房的温湿度自动调节系统,测评信息系统是否采取必要措施对机房内的温湿度进行控制
9	电力供应	检查机房供电线路、设备等过程,测评是否具备为信息系统提供一定电力供应的能力
10	电磁防护	检查电源和通信线缆,测评信息系统是否具备一定的电磁防护能力

b) 网络安全

网络安全测评将通过访谈、检查和测试的方式评测信息系统的网络安全保障情况。主要涉及机房的网络设备、网络安全设备以及网络拓扑结构三大类对象。在内容上,网络安全层面的测评过程涉及 7 个工作单元,具体如表 2.15 所示。

表 2.15 网络安全测评项

序号	工作单元名称	工作单元描述
1	结构安全	检查网络拓扑情况，核查核心交换机、路由器，测评分析网络架构与网段划分、隔离等情况的合理性和有效性
2	访问控制	检查防火墙等网络访问控制设备，测试系统对外暴露安全漏洞的情况等，测评分析信息系统对网络区域边界相关的网络隔离与访问控制能力；检查拨号接入路由器，测评分析信息系统远程拨号访问控制规则的合理性和安全性
3	安全审计	检查核心交换机、路由器等网络互联设备的安全审计情况等，测评分析信息系统审计配置和审计记录保护情况
4	边界完整性检查	检查边界完整性检查设备，接入边界完整性检查设备进行测试等过程，测评分析信息系统私自连到外部网络的行为
5	入侵防范	测评分析信息系统对攻击行为的识别和处理情况
6	恶意代码防范	检查网络防恶意代码产品等过程，测评分析信息系统网络边界和核心网段对病毒等恶意代码的防护情况
7	网络设备防护	检查交换机、路由器等网络互联设备以及防火墙等网络安全设备，查看它们的安全配置情况，包括身份鉴别、登录失败处理、限制非法登录和登录连接超时等，考察网络设备自身的安全防范情况

c）主机安全

主机安全测评将通过访谈、检查的方式评测信息系统的主机安全保障情况。在内容上，主机安全层面测评实施过程涉及 7 个工作单元，具体如表 2.16 所示。

表 2.16 主机安全测评项

序号	工作单元名称	工作单元描述
1	身份鉴别	检查服务器的身份标识与鉴别和用户登录的配置情况
2	访问控制	检查服务器的访问控制设置情况，包括安全策略覆盖、控制粒度以及权限设置情况等
3	安全审计	检查服务器的安全审计配置情况，如覆盖范围、记录的项目和内容等；检查安全审计进程和记录的保护情况
4	剩余信息保护	检查服务器鉴别信息的存储空间，被释放或再分配给其他用户前得到完全清除
5	入侵防范	检查服务器在运行过程中的入侵防范措施，如关闭不需要的端口和服务、最小化安装、部署入侵防范产品等
6	恶意代码防范	检查服务器的恶意代码防范情况
7	资源控制	检查服务器对单个用户的登录方式、网络地址范围、会话数量等限制情况

d）应用安全

应用安全测评将通过访谈、检查和测试的方式评测信息系统的应用安全保障情况，为信息系统整体安全性进行综合评价做准备。

在内容上，应用安全层面的测评实施过程涉及 9 个工作单元，具体如表 2.17 所示。

表 2.17 应用安全测评项

序号	工作单元名称	工作单元描述
1	身份鉴别	检查应用系统的身份标识与鉴别功能设置和使用配置情况 检查应用系统对用户登录各种情况的处理，如登录失败处理、登录连接超时等

（续）

序号	工作单元名称	工作单元描述
2	访问控制	检查应用系统的访问控制功能设置情况，如访问控制的策略、访问控制粒度、权限设置情况等
3	安全审计	检查应用系统的安全审计配置情况，如覆盖范围、记录的项目和内容等 检查应用系统安全审计进程和记录的保护情况
4	剩余信息保护	检查应用系统的剩余信息保护情况，如将用户鉴别信息以及文件、目录和数据库记录等资源所在的存储空间再分配时的处理情况
5	通信完整性	检查应用系统客户端和服务器端之间的通信完整性保护情况
6	通信保密性	检查应用系统客户端和服务器端之间的通信保密性保护情况
7	抗抵赖	检查应用系统对原发方和接收方的抗抵赖实现情况
8	软件容错	检查应用系统的软件容错能力，如输入输出格式检查、自我状态监控、自我保护、回退等能力
9	资源控制	检查应用系统的资源控制情况，如会话限定、用户登录限制、最大并发连接以及服务优先级设置等

e）数据安全及备份恢复

数据安全及备份恢复测评将通过访谈、检查相结合的方式评测信息系统的数据安全保障情况。本次测评重点检查系统的数据在采集、传输、处理和存储过程中的安全。

在内容上，数据安全及备份恢复层面的测评实施过程涉及 3 个工作单元，具体如表 2.18 所示。

表 2.18　数据安全及备份恢复测评项

序号	工作单元名称	工作单元描述
1	数据完整性	检查鉴别信息和用户数据在传输和保存过程中的完整性保护情况
2	数据保密性	检查鉴别信息和用户数据在传输和保存过程中的保密性保护情况
3	备份和恢复	检查信息系统的安全备份情况，如重要信息的备份情况

（2）安全管理测评

a）安全管理制度

安全管理制度测评将通过访谈和检查的形式评测安全管理制度的制订、发布、评审和修订等情况。主要涉及安全主管人员、安全管理人员、各类其他人员、各类管理制度、各类操作规程文件等对象。

在内容上，安全管理制度测评实施过程涉及 3 个工作单元，具体如表 2.19 所示。

表 2.19　安全管理制度测评项

序号	工作单元名称	工作单元描述
1	管理制度	通过访谈安全主管，检查有关管理制度文档和重要操作规程，测评信息系统管理制度在内容覆盖上是否全面、完善
2	制订和发布	通过访谈安全主管，检查有关制度制订和发布程序的文档，测评信息系统管理制度的制订和发布过程是否遵循一定的流程
3	评审和修订	通过访谈安全主管，检查管理制度评审记录等过程，测评信息系统管理制度定期评审和修订情况

b) 安全管理机构

安全管理机构测评将通过访谈和检查的形式评测安全管理机构的组成情况和机构工作组织情况。主要涉及安全主管人员、安全管理人员、相关的文件资料和工作记录等对象。

在内容上，安全管理机构测评实施过程涉及 5 个工作单元，具体如表 2.20 所示。

表 2.20　安全管理机构测评项

序号	工作单元名称	工作单元描述
1	岗位设置	通过访谈安全主管，检查部门/岗位职责文件，测评信息系统安全主管部门的设置情况以及各岗位设置和岗位职责情况
2	人员配备	通过访谈安全主管，检查人员名单等文档，测评信息系统各个岗位的人员配备情况
3	授权和审批	通过访谈安全主管，检查相关文档，测评组织机构对关键活动的授权和审批情况
4	沟通和合作	通过访谈安全主管，检查相关文档，测评与外部单位间的沟通与合作情况
5	审核和检查	通过访谈安全主管，检查记录文档等过程，测评信息系统安全工作的审核和检查情况

c) 人员安全管理

人员安全管理测评将通过访谈和检查的形式评测机构人员安全控制方面的情况。主要涉及安全主管人员、人事管理人员、相关管理制度、相关工作记录等对象。

在内容上，人员安全管理测评实施过程涉及 5 个工作单元，具体如表 2.21 所示。

表 2.21　人员安全管理测评项

序号	工作单元名称	工作单元描述
1	人员录用	通过访谈人事负责人，检查人员录用文档，测评组织机构录用人员时是否对人员提出要求、是否对其进行各种审查和考核
2	人员离岗	通过访谈人事负责人，检查人员离岗记录，测评组织机构人员离岗时是否按照一定的规程办理手续
3	人员考核	通过访谈安全主管，检查有关考核的记录，测评是否定期对人员进行安全技能及安全认知的考核
4	安全意识教育和培训	通过访谈安全主管，检查培训计划和执行记录等文档，测评是否对人员进行了安全方面的教育和培训
5	外部人员访问管理	通过访谈安全主管，检查有关文档等过程，测评对外部人员访问受控区域是否采取必要的控制措施

d) 系统建设管理

系统建设管理测评将通过访谈和检查的形式评测系统建设管理过程中的安全控制情况。主要涉及安全主管人员、系统建设负责人、各类管理制度、操作规程文件、执行过程记录等对象。

在内容上，系统建设管理测评实施过程涉及 11 个工作单元，具体如表 2.22 所示。

表 2.22　系统建设管理测评项

序号	工作单元名称	工作单元描述
1	系统定级	通过访谈安全主管，检查系统定级相关文档等过程，测评是否按照一定要求确定系统的安全等级

（续）

序号	工作单元名称	工作单元描述
2	安全方案设计	通过访谈系统建设负责人，检查系统安全建设方案等文档，测评系统整体的安全规划设计是否按照一定流程进行
3	产品采购和使用	通过访谈安全主管、系统建设负责人和安全产品等过程，测评是否按照一定的要求进行系统的产品采购
4	自行软件开发	通过访谈系统建设负责人，检查相关软件开发文档等，测评自行开发的软件是否采取必要的措施保证开发过程的安全性
5	外包软件开发	通过访谈系统建设负责人，检查相关文档，测评外包开发的软件是否采取必要的措施保证开发过程的安全性和日后的维护工作能够正常开展
6	工程实施	通过访谈系统建设负责人，检查相关文档，测评系统建设的实施过程是否采取必要的措施使其在机构可控的范围内进行
7	测试验收	通过访谈系统建设负责人，检查测试验收等相关文档，测评系统运行前是否对其进行测试验收工作
8	系统交付	通过访谈系统运维负责人，检查系统交付清单等过程，测评是否采取必要的措施对系统交付过程进行有效控制
9	系统备案	通过访谈系统建设负责人，检查系统定级备案工作的开展情况，是否完成定级、备案工作
10	等级测评	通过访谈系统建设负责人，检查系统是否定期进行等级测评，是否选择有资质的单位完成此项工作
11	安全服务商选择	通过访谈系统运维负责人，测评是否选择符合国家有关规定的安全服务单位进行相关的安全服务工作

e）系统运维管理

系统运维管理测评将通过访谈和检查的形式评测系统运维管理过程中的安全控制情况。主要涉及安全主管人员、安全管理人员、各类运维人员、各类管理制度、操作规程文件、执行过程记录等对象。

在内容上，系统运维管理测评实施过程涉及 13 个工作单元，具体如表 2.23 所示。

表 2.23　系统运维管理测评项

序号	工作单元名称	工作单元描述
1	环境管理	通过访谈物理安全负责人，检查机房安全管理制度，机房和办公环境等过程，测评是否采取必要的措施对机房的出入控制以及办公环境的人员行为等方面进行安全管理
2	资产管理	通过访谈资产管理员，检查资产清单，检查系统、网络设备等过程，测评是否采取必要的措施对系统的资产进行分类标识管理
3	介质管理	通过访谈资产管理员，检查介质管理记录和各类介质等过程，测评是否采取必要的措施对介质存放环境、使用、维护和销毁等方面进行管理
4	设备管理	通过访谈资产管理员、系统管理员，检查设备使用管理文档和设备操作规程等过程，测评是否采取必要的措施确保设备在使用、维护和销毁等过程中的安全
5	监控管理和安全管理中心	通过访谈系统运维负责人，测评是否采取必要的措施对重要主机的运行和访问权限进行监控管理
6	网络安全管理	通过访谈安全主管、系统管理员，检查系统安全管理制度、系统审计日志和系统漏洞扫描报告等过程，测评是否采取必要的措施对系统的安全配置、系统账户、漏洞扫描和审计日志等方面进行有效的管理

（续）

序号	工作单元名称	工作单元描述
7	系统安全管理	通过访谈安全主管、网络管理员，检查网络安全管理制度、网络审计日志和网络漏洞扫描报告等过程，测评是否采取必要的措施对网络的安全配置、网络用户权限和审计日志等方面进行有效的管理，确保网络安全运行
8	恶意代码防范管理	通过访谈系统运维负责人，检查恶意代码防范管理文档和恶意代码检测记录等过程，测评是否采取必要的措施对恶意代码进行有效管理，确保系统具有恶意代码防范能力
9	密码管理	通过访谈安全员，测评是否能够确保信息系统中密码算法和密钥的使用符合国家密码管理规定
10	变更管理	通过访谈系统运维负责人，检查变更方案和变更管理制度等过程，测评是否采取必要的措施对系统发生的变更进行有效管理
11	备份与恢复管理	通过访谈系统管理员、网络管理员，检查系统备份管理文档和记录等过程，测评是否采取必要的措施对重要业务信息、系统数据和系统软件进行备份，并确保必要时能够对这些数据进行有效恢复
12	安全事件处置	通过访谈系统运维负责人，检查安全事件记录分析文档、安全事件报告和处置管理制度等过程，测评是否采取必要的措施对安全事件进行等级划分和对安全事件的报告、处理过程进行有效管理
13	应急预案管理	通过访谈系统运维负责人，检查应急响应预案文档等过程，测评是否针对不同安全事件制订相应的应急预案，是否对应急预案展开培训、演练和审查等

2. 整体测评

（1）安全控制间安全测评

安全控制间的安全测评主要考虑同一区域内、同一层面上的不同安全控制间存在的功能增强、补充或削弱等关联作用。安全功能上的增强和补充可以使两个不同强度、不同等级的安全控制发挥更强的综合效能，可以使单个低等级安全控制在特定环境中达到高等级信息系统的安全要求。安全功能上的削弱可能会使一个安全控制的引入影响另一个安全控制的功能发挥或者给其带来新的脆弱性，使其在特定环境中不能达到该等级信息系统的安全要求。

（2）层面间安全测评

层面间的安全测评主要考虑同一区域内的不同层面之间存在的功能增强、补充和削弱等关联作用。安全功能上的增强和补充可以使两个不同层面上的安全控制发挥更强的综合效能，可以使单个低等级安全控制在特定环境中达到高等级信息系统的安全要求。安全功能上的削弱会使一个层面上的安全控制影响另一个层面安全控制的功能发挥或者给其带来新的脆弱性。

（3）区域间安全测评

区域间的安全测评主要考虑互连互通（包括物理上和逻辑上的互联互通等）的不同区域之间存在的安全功能增强、补充和削弱等关联作用，特别是有数据交换的两个不同区域。安全功能上的增强和补充可以使两个不同区域上的安全控制发挥更强的综合效能，可以使单个低等级安全控制在特定环境中达到高等级信息系统的安全要求。安全功能上的削弱会使一个区域上的安全功能影响另一个区域安全功能的发挥或者给其带来新的脆弱性。

（4）系统结构安全测评

系统结构安全测评主要考虑信息系统整体结构的安全性和整体安全防范的合理性。测评分析信息系统整体结构的安全性，主要是指从信息安全的角度，分析信息系统的物理布局、网络结构和业务逻辑等在整体结构上是否合理、简单、安全有效。测评信息系统整体安全防范的合理性，主要是指从系统的角度，分析研究信息系统安全防范在整体上是否遵循纵深防御的思路，明晰系统边界，确定重点保护对象，在适当的位置部署恰当的安全技术和安全管理措施等。

2.4.7　测评安排

1. 测评人员组成

测评机构项目组的人员组成如表 2.24 所示。

表 2.24　测评机构项目组

姓名	岗位
郭鑫	项目组长
李彬	等保测评人员
陈文	等保测评人员
刘欢欢	等保测评人员
郝志向	质量监督员

2. 配合事项

本次安全等级测评因涉及 XX 系统的实地环境，需 XX 单位紧密配合。为使测评工作能有效、系统、顺利地进行，希望 XX 单位建立专门的安全测评工作小组，小组内应包括系统安全管理人员、网络系统和计算机系统的运行维护人员以及系统用户。同时，在一些具体测评过程中要根据具体测评条件，准备相应的网络端口和电源插座、测评用的 IP 地址以及核查中相关的管理、技术文档。

被测评方应在现场核查测试开始之前做好相关的准备工作。

3. 现场核查测评

- 内容：涉及的单元测评（包括安全技术测评和安全管理测评的现场数据采集工作）。
- 时间：　　年　　月　　日。

4. 等级评估

- 涉及的单元测评（包括安全技术测评和安全管理测评的现场数据采集工作）；根据现场核查测评结果形成安全等级测评报告，并组织对安全等级测评报告进行评审。
- 时间：完成安全建设整改后 XX 个工作日。

5. 综合评估

- 内容：根据现场核查测评结果形成安全等级测评报告，并组织对安全等级测评报告进行评审。
- 时间：　　年　　月　　日至　　年　　月　　日。

第 3 章

等级保护定级

3.1 信息安全等级保护定级指南

所有被测评单位在测评前都需要对本单位待测评系统进行信息安全等级保护定级，可根据本节的 GB/T 22240-2008 定级指南来确定待测评系统的等级保护级别。

3.1.1 范围

本标准规定了信息系统安全等级保护的定级方法，适用于为信息系统安全等级保护的定级工作提供指导。

3.1.2 规范性引用文件

下列文件中的条款通过在本标准的引用而成为本标准的条款。凡是注明日期的引用文件，其随后所有的修改单（不包括勘误的内容）或修订版不适用于本标准，然而，鼓励根据本标准达成协议的各方研究是否使用这些文件的最新版本。凡是不注明日期的引用文件，其最新版本适用于本标准。

- GB/T 5271.8《信息技术 词汇 第 8 部分：安全》（GB/T 5271.8-2001，idt ISO/IEC 2382-8：1998）。
- GB 17853《计算机信息系统安全保护等级划分准则》。

3.1.3 术语和定义

GB/T 5271.8 和 GB 17589-1999 确立的以及下列术语和定义适用于本标准。

- 等级保护对象（target of classified security）：信息安全等级保护工作直接作用的具体的信息和信息系统。
- 客体（object）：受法律保护的、等级保护对象受到破坏时所侵害的社会关系，如国家安全、社会秩序、公共利益以及公民、法人或其他组织的合法权益。
- 客观方面（objective）：对客体造成侵害的客观外在表现，包括侵害方式和侵害结果等。
- 系统服务（system service）：信息系统为支撑其所承载业务而提供的程序化过程。

3.1.4 定级原理

1. 信息系统安全保护等级

根据等级保护相关管理文件，信息系统的安全保护等级分为以下五级。

第一级，信息系统受到破坏后，会对公民、法人和其他组织的合法权益造成损害，但不损害国家安全、社会秩序和公共利益。

第二级，信息系统受到破坏后，会对公民、法人和其他组织的合法权益产生严重损害，或者对社会秩序和公共利益造成损害，但不损害国家安全。

第三级，信息系统受到破坏后，会对社会秩序和公共利益造成严重损害，或者对国家安全造成损害。

第四级，信息系统受到破坏后，会对社会秩序和公共利益造成特别严重损害，或者对国家安全造成严重损害。

第五级，信息系统受到破坏后，会对国家安全造成特别严重损害。

2. 信息系统安全保护等级的定级要素

信息系统的安全保护等级由两个定级要素决定：等级保护对象受到破坏时所侵害的客体和对客体造成侵害的程度。

（1）受侵害的客体

等级保护对象受到破坏时所侵害的客体包括以下三个方面。

1）公民、法人和其他组织的合法权益。

2）社会秩序、公共利益。

3）国家安全。

（2）对客体的侵害程度

等级保护对象受到破坏后对客体造成侵害的程度归结为以下三种。

1）造成一般损害。

2）造成严重损害。

3）特别严重损害。

3. 定级要素与等级的关系

定级要素与信息系统安全保护等级的关系如表 3.1 所示。

表 3.1　定级要素与安全保护等级的关系

受侵害的客体	对客体的侵害程度		
	一般损害	严重损害	特别严重损害
公民、法人和其他组织的合法权益	第一级	第二级	第二级
社会秩序、公共利益	第二级	第三级	第四级
国家安全	第三级	第四级	第五级

3.1.5　定级方法

1. 定级的一般流程

信息系统安全包括业务信息安全和系统服务安全，与之相关的受侵害客体和对客体的侵害程度可能不同，因此，信息系统定级也应由业务信息安全和系统服务安全两方面确定。

从业务信息安全角度反映的信息系统安全保护等级称为业务信息安全保护等级。

从系统服务安全角度反映的信息系统安全保护等级称为系统服务安全保护等级。

确定信息系统安全保护等级的一般流程如下。

1）确定作为定级对象的信息系统。

2）确定业务信息安全受到破坏时所侵害的客体。

3）根据不同的受侵害客体，从多个方面综合评定业务信息安全被破坏对客体的侵害程度。

4）依据表3.2，得到业务信息安全保护等级。

5）确定系统服务安全受到破坏时所侵害的客体。

6）根据不同的受侵害客体，从多个方面综合评定系统服务安全被破坏对客体的侵害程度。

7）依据表3.3，得到系统服务安全保护等级。

8）将业务信息安全保护等级和系统服务安全保护等级的较高者确定为定级对象的安全保护等级。

上述步骤如图3.1所示。

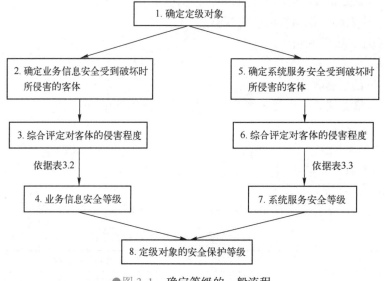

●图3.1　确定等级的一般流程

2. 确定定级对象

一个单位内运行的信息系统可能比较庞大，为了体现重要部分的重点保护，有效控制信息安全建设成本，优化信息安全资源配置的等级保护原则，可将较大的信息系统划分为若干个较小的、可能具有不同安全保护等级的定级对象。

作为定级对象的信息系统应具有如下基本特征。

1）具有唯一确定的安全责任单位。作为定级对象的信息系统应能够唯一地确定其安全责任单位。如果一个单位的某个下级单位负责信息系统安全建设、运行维护等过程的全部安全责任，则这个下级单位可以成为信息系统的安全责任单位；如果一个单位中的不同下级单位分别承担信息系统不同方面的安全责任，则该信息系统的安全责任单位应是这些下级单位共同所属的单位。

2）具有信息系统的基本要素。作为定级对象的信息系统应该是由相关的和配套的设备、设施按照一定的应用目标和规则组合而成的有形实体。应避免将某个单一的系统组件，如服务器、终端、网络设备等作为定级对象。

3）承载单一或相对独立的业务应用。定级对象承载"单一"的业务应用是指该业务应用的业务流程独立，且与其他业务应用没有数据交换，且独享所有信息处理设备。定级对象承载"相对独立"的业务应用是指其业务应用的主要业务流程独立，同时与其他业务应用有少量的数据交换，定级对象可能会与其他业务应用共享一些设备，尤其是网络传输设备。

3. 确定受侵害的客体

定级对象受到破坏时所侵害的客体包括国家安全、社会秩序、公众利益以及公民、法人和其他组织的合法权益。

侵害国家安全的事项包括以下方面。
- 影响国家政权稳固和国防实力。
- 影响国家统一、民族团结和社会安定。
- 影响国家对外活动中的政治、经济利益。
- 影响国家重要的安全保卫工作。
- 影响国家经济竞争力和科技实力。
- 其他影响国家安全的事项。

侵害社会秩序的事项包括以下方面。
- 影响国家机关社会管理和公共服务的工作秩序。
- 影响各种类型的经济活动秩序。
- 影响各行业的科研、生产秩序。
- 影响公众在法律约束和道德规范下的正常生活秩序等。
- 其他影响社会秩序的事项。

影响公共利益的事项包括以下方面。
- 影响社会成员使用公共设施。
- 影响社会成员获取公开信息资源。
- 影响社会成员接受公共服务等方面。
- 其他影响公共利益的事项。

影响公民、法人和其他组织的合法权益是指由法律确认的并受法律保护的公民、法人和其他组织所享有的一定的社会权利和利益。

确定作为定级对象的信息系统受到破坏后所侵害的客体时，应首先判断是否侵害国家安全，然后判断是否侵害社会秩序或公众利益，最后判断是否侵害公民、法人和其他组织的合法权益。

各行业可根据本行业业务特点，分析各类信息和各类信息系统与国家安全、社会秩序、公共利益以及公民、法人和其他组织的合法权益的关系，从而确定本行业各类信息和各类信息系统受到破坏时所侵害的客体。

4. 确定对客体的侵害程度

（1）侵害的客观方面

在客观方面，对客体的侵害外在表现为对定级对象的破坏，其危害方式表现为对信息安全的破坏和对信息系统服务的破坏，其中信息安全是指确保信息系统内信息的保密性、完整性和可用性等，系统服务安全是指确保信息系统可以及时、有效地提供服务，以完成预定的业务目标。由于业务信息安全和系统服务安全受到破坏所侵害的客体和对客体的侵害程度可能会有所不同，在定级过程中，需要分别处理这两种危害方式。

信息安全和系统服务安全受到破坏后，可能产生以下危害后果。

- 影响行使工作职能。
- 导致业务能力下降。
- 引起法律纠纷。
- 导致财产损失。
- 造成社会不良影响。
- 对其他组织和个人造成损失。
- 其他影响。

（2）综合判定侵害程度

侵害程度是客观方面的不同外在表现的综合体现，因此，应首先根据不同的受侵害客体、不同危害后果分别确定其危害程度。对不同危害后果确定其危害程度所采取的方法和所考虑的角度可能不同，例如系统服务安全被破坏导致业务能力下降的程度可以从信息系统服务覆盖的区域范围、用户人数或业务量等不同方面确定，业务信息安全被破坏导致的财物损失可以从直接的资金损失大小、间接的信息恢复费用等方面进行确定。

在针对不同的受侵害客体进行侵害程度的判断时，应参照以下不同的判别基准。

- 如果受侵害客体是公民、法人或其他组织的合法权益，则以本人或本单位的总体利益作为判断侵害程度的基准。
- 如果受侵害客体是社会秩序、公共利益或国家安全，则应以整个行业或国家的总体利益作为判断侵害程度的基准。

不同危害后果的三种危害程度描述如下。

- 一般损害：工作职能受到局部影响，业务能力有所降低但不影响主要功能的执行，出现较轻的法律问题，较低的财产损失，有限的社会不良影响，对其他组织和个人造成较低损害。
- 严重损害：工作职能受到严重影响，业务能力显著下降且严重影响主要功能执行，出现较严重的法律问题，较高的财产损失，较大范围的社会不良影响，对其他组织和个人造成比较严重的损害。
- 特别严重损害：工作职能受到特别严重影响或丧失行使能力，业务能力严重下降且或功能无法执行，出现极其严重的法律问题，极高的财产损失，大范围的社会不良影响，对其他组织和个人造成非常严重的损害。

信息安全和系统服务安全被破坏后对客体的侵害程度，由对不同危害结果的危害程度进行综合评定得出。由于各行业信息系统所处理的信息种类和系统服务特点各不相同，信息安全和系统服务安全受到破坏后关注的危害结果、危害程度的计算方式均可能不同，各行业可根据本行业信息特点和系统服务特点，制订危害程度的综合评定方法，并给出侵害不同客体造成一般损害、严重损害、特别严重损害的具体定义。

5. 确定定级对象的安全保护等级

根据业务信息安全被破坏时所侵害的客体以及对相应客体的侵害程度，依据表 3.2 业务信息安全保护等级矩阵表，即可得到业务信息安全保护等级。

表 3.2　业务信息安全保护等级矩阵表

业务信息安全被破坏时所侵害的客体	对相应客体的侵害程度		
	一般损害	严重损害	特别严重损害
公民、法人和其他组织的合法权益	第一级	第二级	第二级
社会秩序、公共利益	第二级	第三级	第四级
国家安全	第三级	第四级	第五级

根据系统服务安全被破坏时所侵害的客体以及对相应客体的侵害程度，依据表 3.3 系统服务安全保护等级矩阵表，即可得到系统服务安全保护等级。

表 3.3　系统服务安全保护等级矩阵表

系统服务安全被破坏时所侵害的客体	对相应客体的侵害程度		
	一般损害	严重损害	特别严重损害
公民、法人和其他组织的合法权益	第一级	第二级	第二级
社会秩序、公共利益	第二级	第三级	第四级
国家安全	第三级	第四级	第五级

作为定级对象的信息系统的安全保护等级由业务信息安全保护等级和系统服务安全保护等级的较高者决定。

3.1.6　等级变更

在信息系统的运行过程中，安全保护等级应随着信息系统所处理的信息和业务状态的变化进行适当的变更，尤其是当状态变化可能导致业务信息安全或系统服务受到破坏后的受侵害客体和对客体的侵害程度有较大的变化，可能影响到系统的安全保护等级时，应根据本标准的定级方法重新定级。

3.2　信息安全等级保护备案摸底调查表

备案摸底调查表是备案与下一步等保测评的重要依据，分为存储与保障设备调查表、软件调查表、信息设备调查表、网络环境情况调查表、网络设备调查表、网络拓扑等。

3.2.1　存储与保障设备调查表

存储与保障设备调查表如表 3.4 所示。

表 3.4 存储与保障设备调查表

序号	设备名称及型号	IP	主要用途	操作系统	物理位置	管理员	重要性					备注
							F	T	C	S	L	
1	2Q-1	略	虚拟云	ESX4.1	XX 单位机房	XX	/	/	/	/	/	
2	2Q-2	略	虚拟云	ESX4.1	XX 单位机房	XX		/	/	/	/	

3.2.2 软件调查表

软件调查表如表 3.5 所示。

表 3.5 软件调查表

序号	软件名称	版本	主要用途	物理位置	管理员	重要性					备注
						F	T	C	S	L	
1	XX 应用系统	1.0	略	XX 单位机房	XX	/	/	/	/	/	

3.2.3 外部接入线路及设备端口（局域环境边界）情况调查表

外部接入线路及设备端口（局域环境边界）情况调查表如表 3.6 所示。

表 3.6 外部接入线路及设备端口（局域环境边界）情况调查表

序号	外部接入名称（边界名称）	所属局域计算环境	连接对象名称	接入线路种类	线路可信度	传输速率	接入设备及端口	数据交换方式	主要业务应用	备注
1	中国联通	略		光纤	可信	1G	略	略	略	
2	中国电信	略		光纤	可信	1G	略	略	略	

3.2.4 网络安全设备调查表

网络安全设备调查表如表 3.7 所示。

表 3.7 网络安全设备调查表

序号	设备名称及型号	IP	主要用途	操作系统	物理位置	管理员	重要性					备注
							F	T	C	S	L	
1	华为 USG5320	略	防火墙	略	XX 单位机房	张兵	/	/	/	/	/	
2	华为 USG5320	略	防火墙	略	XX 单位机房	张兵	/	/	/	/	/	

3.2.5 网络环境情况调查表

网络环境情况调查表如表 3.8 所示。

表 3.8　网络环境情况调查表

序号	网络局域环境名称	业务范围和信息描述	与其连接的其他局域环境	局域环境边界设备	重要程度	责任部门	备注
1	内部办公网	内部网络办公用	无	略	高	信息中心	

3.2.6　网络设备调查表

网络设备调查表如表 3.9 所示。

表 3.9　网络设备调查表

序号	设备名称及型号	IP	主要用途	物理位置	管理员	重要性					备注
						F	T	C	S	L	
1	Cisco C6509	略	略	XX 单位机房	胡可	/	/	/	/	/	
2	Cisco C6509	略	略	XX 单位机房	胡可	/	/	/	/	/	
3	Huawei NE40E	略	略	XX 单位机房 B1 机柜	胡可	/	/	/	/	/	
4	Huawei S9312	略	略	XX 单位机房 B1 机柜	胡可	/	/	/	/	/	
5	Huawei S9312	略	略	X 机房	胡可	/	/	/	/	/	
6	Huawei S9312	略	略	X 机房	胡可	/	/	/	/	/	

3.2.7　系统边界描述表

系统边界描述表如表 3.10 所示。

表 3.10　系统边界描述表

编号	边界名称	边界类型	路径系统	发起方	数据流向	现有安全措施
1	XX 应用系统	系统类	内外部系统	本系统/终端用户	双向	防火墙

3.2.8　信息安全人员调查表

信息安全人员调查表如表 3.11 所示。

表 3.11　信息安全人员调查表

编号	调查问题	结　果	备　注
1	单位是否有常设的安全领导小组，其人员构成和职责是什么	有，包括郭信（信息中心处长）；张兵（网络管理员）；胡可（网络管理员）	
2	单位专职负责信息安全工作的最高职务是什么，专职负责信息安全工作的人员一共多少人	单位专职负责信息安全工作的最高职务是总经理，专职负责信息安全工作的人员一共 2 人	

（续）

编号	调 查 问 题	结　　果	备　　注
3	单位负责信息安全工作的工作人员是否充分。如果不足，是哪类工作人员不足	充分	
4	单位是否有专门的安全服务提供商，提供哪些产品和服务	无	
5	是否有专人负责与安全服务单位进行工作协调	有	
6	单位是否有专门的网络运维提供商，提供哪些服务	有	
7	单位是否根据不同的业务系统维护和安全管理设置了相应的岗位，根据什么业务区分	无	
8	不同的业务系统维护相关人员的权限和责任是否明确，如何区分职能	责任明确，通过硬件与网络不同进行区别职能	
9	单位网络安全维护相关人员的权限和责任是否明确，如何区分职能	不明确	
10	单位各部门是否有安全联络员，人数如何分配	无	
11	安全管理部门员工是否还兼做某些业务工作	无	
12	单位内部是否有兼职安全管理员，工作职责是什么，由谁领导	无	
13	是否有专人负责对已公布的安全制度进行评估，检查和修改其中不合适的地方	无	
14	是否有专人负责对各级部门的安全管理资料进行登记管理	有	
15	是否有专人负责单位内部网络的维护	有	
16	是否有专人负责安全设备的采购和维护	无	
17	是否有专人负责客户端的安全管理和维护	有	
18	是否有专人定期负责备份重要数据	有	
19	是否有专人为各种安全设备的部署和配置进行修改记录	有	
20	是否有专人定期检查安全系统（病毒等）和安全监控设备（IDS、SCAN 等）	有	
21	是否有专人负责定期审计和管理各种安全产品的安全日志	有	
22	是否有专人负责对各种应用系统和设备中的账户使用进行登记和审计，对不再使用的账户进行删除	有	
23	是否有专人负责定期审查和管理单位用户的访问权限	有	
24	是否有专人负责应急响应工作，是否成立安全应急小组	无	
25	单位是否有员工获得信息安全资质认证，有多少人，是什么资质	无	

3.2.9　应用系统调查表

应用系统调查表如表 3.12 所示。

表 3.12　应用系统调查表

应用系统名称	主要用途	管理及维护部门	使用部门	管理员	重要性					备注
					F	T	C	S	L	
XX 应用系统	略	信息中心	XX 单位	范迪	/	/	/	/	/	

3.2.10　用户及用户群情况调查表

用户及用户群情况调查表如表 3.13 所示。

表 3.13　用户及用户群情况调查表

序号	用户名称	所属业务应用	特权/普通用户	涉及数据及访问权限	用户数量	本地/远程	所属局域计算环境	所属部门	备注
1	终端用户	结算系统	普通用户	略	略	本地和远程	略	略	

3.2.11　重要服务器调查表

重要服务器调查表如表 3.14 所示。

表 3.14　重要服务器调查表

主要用途	操作系统	物理位置	管理员	重要性					备注
				F	T	C	S	L	
虚拟化资源池	ESX 4.1	XX 单位机房	高兴	/	/	/	/	/	
虚拟化资源池	Asianux 3.0	XX 单位机房	高兴	/	/	/	/	/	

3.3　信息安全等级保护备案表

根据《信息安全等级保护管理办法》（公通字［2007］43 号）之规定，制作本节的表格。

本节的表格由第二级以上信息系统运营使用单位或主管部门（以下简称"备案单位"）填写，由四张表单构成。表 3.15 为单位信息，每个填表单位填写一张。表 3.16 为信息系统情况，表 3.17 为信息系统定级信息，表 3.16、表 3.17 每个信息系统填写一张。表 3.18 为第三级以上信息系统需要同时提交的内容，每个第三级以上信息系统填写一张，并完成系统建设、整改、测评等工作。

3.3.1　单位信息表

单位信息表如表 3.15 所示。

表 3.15　单位信息表

单位名称	XX 单位				
单位地址	北京省（自治区、直辖市）北京市（地、州、盟） 海淀县（区、市、旗）				
邮政编码	1 0 0 0 8 9		行政区划代码		1 1 0 1 0 8
单位负责人	姓　名	王永强	职务/职称		总经理
	办公电话		电子邮件		
责任部门	信息中心				
责任部门 联系人	姓　名	郭信	职务/职称		信息中心主任
	办公电话		电子邮件		
	移动电话				
隶属关系	□1 中央 ■2 省（自治区、直辖市）　　□3 市（地、州、盟） □4 县（区、市、旗）　　□9 其他				
单位类型	□1 党委机关　□2 政府机关　□3 事业单位　□4 企业　□9 其他				
行业类别	□11 电信　　　　□12 广电　　　　□13 经营性公众互联网 □21 铁路　　　　□22 银行　　　　□23 海关　　　　　　□24 税务 □25 民航　　　　□26 电力　　　　□27 证券　　　　　　□28 保险 □31 国防科技工业　□32 公安　　　□33 人事劳动和社会保障　□34 财政 □35 审计　　　　□36 商业贸易　　□37 国土资源　　　　□38 能源 □39 交通　　　　□40 统计　　　　□41 工商行政管理　　□42 邮政 □43 教育　　　　□44 文化　　　　□45 卫生　　　　　　□46 农业 □47 水利　　　　□48 外交　　　　□49 发展改革　　　　□50 科技 □51 宣传　　　　□52 质量监督检验检疫 ■99 其他				
信息系统 总数	个	第二级信息系统数	个	第三级信息系统数	个
		第四级信息系统数	个	第五级信息系统数	个

3.3.2　信息系统情况表

信息系统情况表如表 3.16 所示。

表 3.16　信息系统情况表

系统名称		XX 信息系统	系统编号			
系统承载 业务情况	业务类型	□1 生产作业　　□2 指挥调度　　□3 管理控制　　□4 内部办公 ■5 公众服务　　□9 其他				
	业务描述	略				

（续）

系统名称		XX 信息系统		系统编号				

系统服务情况	服务范围	▎10 全国　　　　　□11 跨省（区、市）跨　个 □20 全省（区、市）　□21 跨地（市、区）跨　个 □30 地（市、区） □99 其他
	服务对象	□1 单位内部人员　　□2 社会公众人员　　▎3 两者均包括　　□9 其他
系统网络平台	覆盖范围	▎1 局域网　　▎2 城域网　　▎3 广域网　　□9 其他
	网络性质	□1 业务专网　　▎2 互联网　　□9 其他
系统互联情况		□1 与其他行业系统连接　　□2 与本行业其他单位系统连接 ▎3 与本单位其他系统连接　　□9 其他		

关键产品使用情况		产品类型	数量	使用国产产品率		
				全部使用	全部未使用	部分使用及使用率
	1	安全专用产品	4	▎	□	□　　％
	2	网络产品	3	▎	□	□　　％
	3	操作系统	N	▎	□	□　　％
	4	数据库	N	▎	□	□　　％
	5	服务器	N	▎	□	□　　％
	6	其他		▎	□	□　　％

系统采用服务情况		服务类型		服务责任方类型		
				本行业（单位）	国内其他服务商	国外服务商
	1	等级测评	□有▎无	□	□	□
	2	风险评估	□有▎无	□	□	□
	3	灾难恢复	□有▎无	□	□	□
	4	应急响应	□有▎无	□	□	□
	5	系统集成	□有▎无	□	□	□
	6	安全咨询	□有▎无	□	□	□
	7	安全培训	□有▎无	□	□	□
	8	其他		□	□	□

等级测评单位名称	北京华圣龙源科技有限公司
何时投入使用	年　　月　　日
系统是否为分系统	□是　　▎否（如选择是，请填下两项）
上级系统名称	
上级系统所属单位名称	

3.3.3　信息系统定级信息表

信息系统定级信息表如表 3.17 所示。

表 3.17 信息系统定级信息表

	损害客体及损害程度	级 别
确定业务信息安全保护等级	□仅对公民、法人和其他组织的合法权益造成损害	□第一级
	□对公民、法人和其他组织的合法权益造成严重损害 □对社会秩序和公共利益造成损害	□第二级
	▌对社会秩序和公共利益造成严重损害 ▌对国家安全造成损害	□第三级
	□对社会秩序和公共利益造成特别严重损害 □对国家安全造成严重损害	□第四级
	□对国家安全造成特别严重损害	□第五级

信息系统安全保护等级	□第一级 □第二级 ▌第三级 □第四级 □第五级
定级时间	年 月 日
专家评审情况	□已评审 ▌未评审
是否有主管部门	□有 ▌无（如选择有，请填下两项）
主管部门名称	
主管部门审批定级情况	□已审批 □未审批
系统定级报告	□有，报告名称： ▌无
填表人	填表日期： 年 月 日

3.3.4 第三级以上信息系统提交材料情况表

第三级以上信息系统提交材料情况表如表 3.18 所示。

表 3.18 第三级以上信息系统提交材料情况表

系统拓扑结构及说明	▌有	□无	附件名称
系统安全组织机构及管理制度	▌有	□无	附件名称
系统安全保护设施设计实施方案或改建实施方案	□有	▌无	附件名称
系统使用的安全产品清单及认证、销售许可证明	▌有	□无	附件名称
系统等级测评报告	□有	▌无	附件名称
专家评审情况	□有	▌无	附件名称
上级主管部门审批意见	□有	▌无	附件名称

3.4 信息安全等级保护定级报告

被测评单位依据《信息系统安全等级保护定级指南》，将本单位待测评系统进行等级保护定级，并编写定级报告。

3.4.1 信息系统描述

简述确定该系统为定级对象的理由。从三方面进行说明。

一是描述承担信息系统安全责任的相关单位或部门，说明本单位或部门对信息系统具有信息安全保护责任，该信息系统为本单位或部门的定级对象。

二是该定级对象是否具有信息系统的基本要素，描述基本要素、系统网络结构、系统边界和边界设备。

三是该定级对象是否承载着单一或相对独立的业务，进行业务情况描述。

伴随着我国社会公共安全风险评估应用技术研究的深入，以及风险评估对社会安全管理和建设支撑决策认识的提高，社会公共安全风险评估必将成为安全防范工程建设决策、规划、设计、管理的必要前置需求。由此，也将产生相应的专业化服务机构满足社会的需求。

3.4.2 信息系统安全保护等级确定

1. 业务信息安全保护等级的确定

● 业务信息描述。

描述信息系统处理的主要业务信息等。

● 业务信息受到破坏时所侵害客体的确定。

说明信息受到破坏时侵害的客体是什么，即对三个客体（国家安全；社会秩序和公众利益；公民、法人和其他组织的合法权益）中的哪些客体造成侵害。

● 信息受到破坏后对侵害客体的侵害程度的确定。

说明信息受到破坏后，会对侵害客体造成什么程度的侵害，即说明是一般损害、严重损害还是特别严重损害。

● 业务信息安全等级的确定。

依据信息受到破坏时所侵害的客体以及侵害程度，确定业务信息安全等级。

2. 系统服务安全保护等级的确定

● 系统服务描述。

描述信息系统的服务范围、服务对象等。

● 系统服务受到破坏时所侵害客体的确定。

说明系统服务受到破坏时侵害的客体是什么，即对三个客体（国家安全；社会秩序和公众利益；公民、法人和其他组织的合法权益）中的哪些客体造成侵害。

● 系统服务受到破坏后对侵害客体的侵害程度的确定。

说明系统服务受到破坏后，会对侵害客体造成什么程度的侵害，即说明是一般损害、严重损害还是特别严重损害。

● 系统服务安全等级的确定。

依据系统服务受到破坏时所侵害的客体以及侵害程度确定系统服务安全等级。

3. 安全保护等级的确定

信息系统的安全保护等级由业务信息安全等级和系统服务安全等级较高者决定，最终确定系统安全保护等级为第几级，如表 3.19 所示。

表 3.19　信息系统的安全保护等级表

信息系统名称	安全保护等级	业务信息安全等级	系统服务安全等级
XX 信息系统	X	X	X

3.5　信息安全等级保护专家评审意见表

信息安全等级保护专家评审意见表如表 3.20 所示。

表 3.20　信息安全等级保护专家评审意见表

信息系统所属单位	XX 单位
信息系统名称	XX 信息系统
评审时间	XX 年 X 月 X 日
专家组成员	郭鑫、郝志向、刘欢欢、陈文
专家组评审建议	XX 年 X 月 X 日，在 XX 单位组织召开了"XX 信息系统"信息安全等级保护定级专家评审会。专家听取了 XX 单位信息中心对此次定级工作意见的汇报，并就有关问题进行了质询，认为： 1. XX 单位在自主评估的基础上，对"XX 信息系统"的业务重要性、系统安全边界和风险威胁情况进行了描述，依据《信息系统安全等级保护定级指南》的要求，提出了定级意见。 2. "XX 信息系统"从数据交换、整体保护以及业务连续性的角度来看，"XX 信息系统"提出定为三级的意见是合适的。 专家组成员签字：
备注	

第 *4* 章
等级保护评估测评

4.1　评估授权书

在等级保护测评项目的测评开始实施之前，需要签订《评估授权书》，包括对网络设备、安全设备、主机操作系统、中间件、数据库、存储设备及应用系统的检测渗透，主要内容如下所示。

致　XX 单位：

应贵公司要求，XX 测评机构将帮助贵方进行等级保护评估测评服务。我方在实施过程中需要得到有可能涉及此次安全问题的网络拓扑、网络设备、安全设备、主机操作系统、中间件、数据库、存储设备及应用系统的安全授权，我方保证得到具体授权后，严格按照实施规范进行操作，对贵方的所有机密信息进行保密，并且在取消授权后，销毁所有涉及授权的机密资料。

授权方：XX　　　　　　　　　　　被授权方：XX 测评机构

授权代表签字：　　　　　　　　　　被授权代表签字：

职务：　　　　　　　　　　　　　　职务：

日期：　　　　　　　　　　　　　　日期：

4.2　工具扫描申请报告

等级保护评估测评中需要采用专业网络安全扫描工具对 XX 单位 XX 系统的网络进行全面扫描，检查其路由器、Web 服务器、UNIX 服务器、Linux 服务器、安全设备的弱点，识别被入侵者用来非法进入网络的漏洞。

（1）扫描对象

扫描对象表参考表 4.1。

表 4.1　扫描对象表

客户名称	XX 单位		
项目名称	XX 等保测评服务		
测评负责人	郭鑫		
客户负责人	郭信	联系方式	略

（2）扫描服务需求

扫描服务需求表参考表 4.2。

表 4.2　扫描服务需求表

软件安装	APPSCAN、Nessus
扫描类型	系统扫描、应用扫描
扫描策略	全策略

（续）

管理员	高兴	联系方式	略
扫描对象	操作系统	用途	IP 地址
XX 单位所有个人计算机、服务器及网络设备等	略	略	略
所需协助	网络连接		
实施时间	2019 年 11 月		
对系统应用有无影响	无		
注意事项与要求	无		
备注：			
客户负责人／（签字）			

4.3　渗透测试申请报告

等级保护评估测评中需要采用专业的脆弱性识别工具对 XX 单位的 XX 系统的网络进行全面扫描，检查其路由器、Web 服务器、UNIX 服务器、Linux 服务器、安全设备的弱点，识别入侵者用来非法进入网络的漏洞，并模拟攻击者行为对目标系统进行入侵，以取得最高权限为目的。

（1）渗透对象

渗透对象表参考表 4.3。

表 4.3　渗透对象表

客户名称	XX 单位		
项目名称	XX 等保测评服务		
测评负责人	郭鑫		
客户负责人	郭信	联系方式	略

（2）渗透服务需求

渗透服务需求参考表 4.4。

表 4.4　渗透服务需求表

软件安装	在客户端安装渗透测试工具		
渗透类型	应用程序		
渗透策略	不使用拒绝服务工具		
管理员	高兴	联系方式	略
渗透对象	操作系统	用途	IP 地址
XX 应用系统	略	略	略
所需协助	提供网络连接		

（续）

实施时间	2019 年 11 月
对系统应用有无影响	无
注意事项与要求	无

备注：

1. 渗透风险。采用诸如数据库注入、网络数据包破译、系统软件 Bug 等方式对网络系统进行攻击，渗透测试等工具的运行需要占用一定的带宽。数据库注入采用手工注入，以降低可能引起的业务数据无法被正常调用、读取、更新的风险。

2. 整个渗透过程应避开农商行的业务高峰期，并在渗透测试前进行全系统备份，IT 安全部门需对渗透测试过程中的数据进行全程监控。

3. 渗透策略。不使用强度大的策略，如拒绝服务攻击。

4. 测试前，系统管理员要进行书面确认，并做好业务数据、系统备份以及人员准备（必要时，联络设备或软件厂商在实施时到位，或提前准备应急处理）

客户负责人/（签字）	

4.4　主机安全测评

等级保护测评机构针对被测评单位不同操作系统的主机使用相应的检查策略。

4.4.1　Windows XP 检查列表

1. 身份鉴别

对 Windows XP 的身份鉴别测评内容如表 4.5 所示。

表 4.5　Windows XP 身份鉴别测评表

测试类别：信息系统安全等级测评（三级）
测试类：主机安全
测试项：身份鉴别
测试要求： 1. 应对登录操作系统的用户进行身份标识和鉴别。 2. 操作系统管理用户身份标识应具有不易被冒用的特点，口令应有复杂度要求并定期更换。 3. 应启用登录失败处理功能，可采取结束会话、限制非法登录次数和自动退出等措施
测试记录： 1. 用户账号设置情况 鉴别方式：　■ 用户名/口令　　□ 证书　　□ 生物　　□ 其他： 2. 操作系统密码策略 密码必须符合复杂性要求：　□ 启用　　■ 停用 密码组成：至少 8 位，包括数字、字母、符号 3. 操作系统账号锁定策略：□ 无 复位账户锁定计数器：　□ 适用，　　　分钟 账户锁定时间：　　　　　□ 适用，　　　分钟　　□ 不适用

（续）

账户锁定阈值：□ 次无效登录　　　□ 不锁定
备注：操作系统版本：Windows Server 2008 Enterprise SP1 　　　主机名：XX 　　　IP 地址：XX

2. 访问控制

对 Windows XP 的访问控制测评内容如表 4.6 所示。

表 4.6　Windows XP 访问控制测评表

测试类别：信息系统安全风险评估
测试类：操作系统脆弱性识别
测试项：访问控制
测试要求： 1. 应启用访问控制功能，依据安全策略控制用户对资源的访问。 2. 应严格限制默认账户的访问权限，重命名系统默认账户，修改这些账户的默认口令。 3. 应及时删除多余的、过期的账户，避免共享账户的存在
测试记录： 1. 系统用户权限：user 用户，无法远程链接 屏保密码保护是否启用：否 2. 默认账户管理 Administrator 是否已更名：未更名 Guest 账号是否被禁用：禁用 3. 普通账户管理 是否存在多余的、过期的账户：无 是否存在共享账户：无
备注：

3. 安全审计

对 Windows XP 的安全审计测评内容如表 4.7 所示。

表 4.7　Windows XP 安全审计测评表

测试类别：信息系统安全风险评估
测试类：操作系统脆弱性识别
测试项：安全审计
测试要求： 1. 审计范围应覆盖服务器和重要客户端上的每个操作系统用户。 2. 审计内容应包括重要用户行为、系统资源的异常使用和重要系统命令的使用等系统内重要的安全相关事件。 3. 审计记录应包括事件的日期、时间、类型、主体标识、客体标识和结果等
测试记录： 1. 审计是否涉及每个系统用户：■ 是　　　□ 否 2. 审计内容自动记录 登录事件：　　□ 无　　　□ 成功　　　□ 失败 账户登录事件：□ 无　　　□ 成功　　　□ 失败 3. 审计文件管理策略 系统日志存储位置：■ 默认　　　□ 其他： 最大日志文件大小：□ 默认 512 K　　　□ 其他： 日志覆写规则：□ 改写久于 7 天　　　□ 其他： 安全日志存储位置：■ 默认　　　□ 其他：

（续）

最大日志文件大小：默认 512 K   □ 其他： 日志覆写规则：□ 改写久于 7 天   □ 其他： 应用日志存储位置：■ 默认   □ 其他： 最大日志文件大小：□ 默认 512 K   □ 其他： 日志覆写规则：□ 改写久于 7 天   □ 其他 3. 审计要素：事件日期、事件时间、事件类型、事件主体、事件客体、事件结果
备注：

4. 入侵防范

对 Windows XP 的入侵防范测评内容如表 4.8 所示。

表 4.8　Windows XP 入侵防范测评表

测试类别：信息系统安全风险评估
测试类：操作系统脆弱性识别
测试项：入侵防范
测试要求： 1. 应能够检测到对重要服务器进行入侵的行为，能够记录入侵的源 IP、攻击类型、攻击目的、攻击时间，并在发生严重入侵事件时提供报警。 2. 操作系统应遵循最小安装的原则，仅安装需要的组件和应用程序，并通过设置升级服务器等方式保证系统及时得到更新
测试记录： 1. 是否安装入侵防范软件：■ 是   □ 否 终端入侵防范软件名称：趋势科技防毒墙网络版客户端 版本号：11. 0. 4664 sp1 最后升级日期：10. 13 2. 是否开启多余服务：server print task 共享情况：默认共享 系统已安装补丁情况：2019-8-19
备注：iNode 检查是否安装趋势客户端

5. 恶意代码防范

对 Windows XP 的恶意代码防范测评内容如表 4.9 所示。

表 4.9　Windows XP 恶意代码防范测评表

测试类别：信息系统安全风险评估
测试类：操作系统脆弱性识别
测试项：恶意代码防范 测试要求： 应安装防恶意代码软件，并及时更新防恶意代码软件版本和恶意代码库
测试记录： 是否安装防病毒软件：■ 是   □ 否 防病毒软件名称：趋势科技防毒墙网络版客户端 版本号：11. 0. 4664 sp1 病毒库最后升级日期：10. 13
备注：

4.4.2　Windows Server 2008 检查列表

1. 身份鉴别

对 Windows Server 2008 的身份鉴别测评内容如表 4.10 所示。

表 4.10　Windows Server 2008 身份鉴别测评表

测试类别：信息系统安全等级测评（三级）
测试类：主机安全
测试项：身份鉴别
测试要求： 1. 应对登录操作系统的用户进行身份标识和鉴别。 2. 操作系统管理用户身份标识应具有不易被冒用的特点，口令应有复杂度要求并定期更换。 3. 应启用登录失败处理功能，可采取结束会话、限制非法登录次数和自动退出等措施。 4. 当对服务器进行远程管理时，应采取必要措施，防止鉴别信息在网络传输过程中被窃听。 5. 应为操作系统的不同用户分配不同的用户名，确保用户名具有唯一性。 6. 应采用两种或两种以上组合的鉴别技术对管理用户进行身份鉴别

测试记录：
1. 用户账号设置情况
鉴别方式：■ 用户名/口令　　□ 证书　　□ 生物
生物认证方式：
如果有证书认证方式请填写发证机构：
管理方式：通过用户名、口令、动态口令卡登录办公生产安全桌面，再登录堡垒机，通过 CRT（用户名、口令、动态口令卡 1 分钟更换一次）登录
2. 是否有口令复杂度和更换频率的相关规定：无
操作系统密码策略：密码至少 8 位，至少包含 1 数字、1 大写字母、1 小写字母、1 字符，半年更换一次
密码必须符合复杂性要求：□ 启用　　■ 停用
密码长度最小值：　　　个字符
密码最长使用期限：　　　天
密码最短使用期限：　　　天
强制密码历史：　　　个
用可还原的加密来储存密码：□ 启用　　■ 停用
3. 操作系统账号锁定策略：无
复位账户锁定计数器：□ 适用：　分钟　　□ 不适用
账户锁定时间：□ 适用：　分钟　　□ 不适用
账户锁定阀值：□　次无效登录　　□ 不锁定
锁定策略所适用的账户：
4. 系统管理方式：□本地　　■ 远程
远程管理采用的方式、程序：远程桌面
传输中的鉴别信息是否加密：■ 是　　　□否
5. 查看账户列表

账户名	用户组	用途	口令长度	口令复杂度
Administrator		管理		
		监控		
		应用（标准用户，非管理员）		
		值班管理员		

（续）

是否采用两种及两种以上身份鉴别技术的组合进行身份鉴别：■是　　　□否
备注： 操作系统版本：Windows Server 2008 Enterprise SP1 主机名：XX IP 地址：XX

2. 访问控制

对 Windows Server 2008 的访问控制测评内容如表 4.11 所示。

表 4.11　Windows Server 2008 访问控制测评表

测试类别：信息系统安全等级测评（三级）
测试类：主机安全
测试项：访问控制
测试要求： 1. 应启用访问控制功能，依据安全策略控制用户对资源的访问。 2. 应根据管理用户的角色分配权限，实现管理用户的权限分离，仅授予管理用户所需的最小权限。 3. 应实现操作系统和数据库系统特权用户的权限分离。 4. 应严格限制默认账户的访问权限，重命名系统默认账户，修改这些账户的默认口令。 5. 应及时删除多余的、过期的账户，避免共享账户的存在。 6. 应对重要信息资源设置敏感标记。 7. 应依据安全策略严格控制用户对有敏感标记重要信息资源的操作。
测试记录： 1. 是否对用户使用系统资源制订了策略：■ 是　　　□ 否 策略描述：默认 对重要文件的访问权限的限制情况：默认 2. 各个活动账户权限分配

账　户　名	权　　　　限
Administrator	Administrators

3. 分配给操作系统不同使用者的用户是否做到权限分离（如用户管理权限、审计权限、操作权限是否分离）：无数据库 　4. 默认账户管理 系统是否存在默认账户：■ 是：Administrator　　　□ 否 默认账户口令是否已修改：■ 是　　　□ 否 系统管理员账号是否更改默认名称：□ 是：　　　■ 否 Guest 账号是否被禁用：■ 已禁用　　　□ 未禁用　　　□ 已删除 　5. 普通账户管理 是否存在多余的、过期的账户：□ 是：　　　■否 是否存在共享账户：□ 是：　　　■ 否 　6. 重要信息资源设置敏感标记 重要信息：／ 重要信息标记方式：／ 　7. 是否依照安全策略限制用户对有敏感标记的重要信息资源的操作：　　　□ 是　　　■ 否 限制方式描述：／ 尝试以未授权用户身份或角色访问客体：／
备注：

3. 安全审计

对 Windows Server 2008 的安全审计测评内容如表 4.12 所示。

表 4.12　Windows Server 2008 的安全审计测评表

测试类别：信息系统安全等级测评（三级）
测试类：主机安全
测试项：安全审计
测试要求： 1. 审计范围应覆盖服务器和重要客户端上的每个操作系统用户。 2. 审计内容应包括重要用户行为、系统资源的异常使用和重要系统命令的使用等系统内重要的安全相关事件。 3. 审计记录应包括事件的日期、时间、类型、主体标识、客体标识和结果等。 4. 应能够根据记录数据进行分析，并生成审计报表。 5. 应保护审计进程，避免受到未预期的中断。 6. 应保护审计记录，避免受到未预期的删除、修改或覆盖等
测试记录： 1. 审计对象 审计涉及的系统用户　堡垒机录屏 ■ 系统管理账户　□ 系统特权账户　　■ 一般账户 审计涉及的重要客户端用户： _____ 2. 审计内容：□ 无　　　□ 自动记录 策略更改：□ 无　　□ 成功　□ 失败　　　登录事件：□ 无　　　□ 成功　　□ 失败 对象访问：□ 无　　□ 成功　□ 失败　　　过程跟踪：□ 无　　　□ 成功　　□ 失败 目录服务访问：□ 无　　□ 成功　□ 失败　　特权使用：□ 无　　　□ 成功　　□ 失败 系统事件：□ 无　　□ 成功　□ 失败　　　账户登录事件：□ 无　　　□ 成功　　□ 失败 账户管理：□ 无　　□ 成功　□ 失败 其他措施：_____ 审计文件管理策略： 系统日志存储位置：■ 默认　　□ 其他： 最大日志文件大小：■ 默认 16384K　　□ 其他： 日志覆写规则：　　■ 按需覆盖　　□ 其他： 安全日志存储位置：■ 默认　　□ 其他： 最大日志文件大小：■ 默认 16384K　　□ 其他： 日志覆写规则：　　■ 按需覆盖　　□ 其他： 应用日志存储位置：■ 默认　　□ 其他： 最大日志文件大小：■ 默认 16384K　　□ 其他： 日志覆写规则：　　■按需覆盖　　　□ 其他： 3. 审计要素 事件日期、事件时间、事件类型、事件主体、事件客体、事件结果 4. 审计分析能力 是否进行审计记录分析：■ 是　　　□ 否 所用工具或手段：　堡垒机 组织是否建立了系统审计分析制度：□ 是　　　□ 否 系统的审计分析制度：是否能够生成报表：■ 是　　　□ 否 5. 审计进程保护 　■ 审计进程得到保护　　　□ 审计进程得到监控　　□ 审计进程无保护 6. 审计数据保护 对审计记录的保护是否为系统默认设置：■ 是　　　□ 否 审计数据保存方式：■ 本地　　□ 集中审计服务器 IP 地址：_____ 日志文件的访问控制权限：仅管理员 日志文件的备份策略：定期将堡垒机审计日志导出到 NAS 做场外备份 是否与实际情况相符：■ 是　　　□ 否
备注：

4. 剩余信息保护

对 Windows Server 2008 的剩余信息保护测评内容如表 4.13 所示。

表 4.13　Windows Server 2008 剩余信息保护测评表

测试类别：信息系统安全等级测评（三级）
测试类：主机安全
测试项：剩余信息保护
测试要求： 1. 应保证操作系统用户的鉴别信息所在的存储空间被释放或再分配给其他用户前得到完全清除，无论这些信息是存放在硬盘上还是在内存中。 2. 应确保系统内文件、目录等资源所在的存储空间被释放或重新分配给其他用户前得到完全清除。
测试记录： 登录时不显示上次的用户名：　　□ 已启用　　■ 已停用 关机：清理虚拟内存页面：　　□ 已启用　　■ 已停用 用可还原的加密来储存密码：　　□ 已启用　　■ 已停用
备注：

5. 入侵防范

对 Windows Server 2008 的入侵防范测评内容如表 4.14 所示。

表 4.14　Windows Server 2008 入侵防范测评表

测试类别：信息系统安全等级测评（三级）
测试类：主机安全
测试项：入侵防范
测试要求： 1. 应能够检测到对重要服务器进行入侵的行为，能够记录入侵的源 IP、攻击类型、攻击目的、攻击时间，并在发生严重入侵事件时提供报警。 2. 应能够对重要程序的完整性进行检测，并在检测到完整性受到破坏后具有恢复的措施。 3. 操作系统应遵循最小安装的原则，仅安装需要的组件和应用程序，并通过设置升级服务器等方式保证系统及时得到更新
测试记录： 1. 入侵防范能力：无 措施： 厂家： 版本： 部署情况及策略描述： 记录的信息（查看日志）： □ 源 IP　　□ 攻击类型　　□ 攻击目的　　□ 攻击时间　　□ 其他： 报警能力： □ 可提供报警，报警事件： □ 不提供报警 报警方式： □ 文字闪烁　　□ 弹出窗口　　□ 手机短信　　□ 声音　　□ 邮件　　□ 其他： 2. 系统数据完整性保护 完整性检测方法：无 完整性检测对象： □ 系统文件　　□ 系统配置文件　　□ 应用程序　　□ 其他： 完整性破坏后的响应： □ 报警　　□ 自动修复　　□ 无措施 完整性破坏后恢复的措施：变更之前做一次或每年做一次操作系统备份，本地，磁带库各一份

（续）

3. 系统组件及升级管理 系统组件安装情况：无多余 系统软件安装情况：无多余 系统开放服务、开放端口、开放共享的情况： 服务：server printsploor task 端口：21 135 199 445 2301 3389 1002 共享：默认共享 系统升级方式：未升级，仅内部使用 □ 通过互联网自动升级　　□ 通过升级服务器自动升级　　□ 手动升级 系统升级频度：□ 自动　　□ 每日　　□ 每周　　□ 每月　　□ 更长时间 系统已安装的升级补丁包情况：／
备注：

6. 恶意代码防范

对 Windows Server 2008 的恶意代码防范测评内容如表 4.15 所示。

表 4.15　Windows Server 2008 恶意代码防范测评表

测试类别：信息系统安全等级测评（三级）
测试类：主机安全
测试项：恶意代码防范
测试要求： 1. 应安装防恶意代码软件，并及时更新防恶意代码软件版本和恶意代码库。 2. 主机防恶意代码产品应具有与网络防恶意代码产品不同的恶意代码库。 3. 应支持防恶意代码的统一管理。
测试记录： 1. 检查主机上是否安装了防病毒软件：□ 是　　■ 否 防病毒软件名称： 版本号： 升级日期： 特征库的升级策略： 扫描策略： 2. 是否有网络防恶意代码产品：□ 是　　□ 否 主机防恶意代码产品与网络防恶意代码产品是否有不同恶意代码库：□ 是　　■ 否 3. 是否支持统一管理： □ 是，所指向的升级服务器地址为： ■ 否
备注：

7. 资源控制

对 Windows Server 2008 的资源控制测评内容如表 4.16 所示。

表 4.16　Windows Server 2008 资源控制测评表

测试类别：信息系统安全等级测评（三级）
测试类：主机安全
测试项：资源控制

（续）

测试要求： 1. 应通过设定终端接入方式、网络地址范围等条件限制终端登录。 2. 应根据安全策略设置登录终端的操作超时锁定。 3. 应对重要服务器进行监视，包括监视服务器的 CPU、硬盘、内存、网络等资源的使用情况。 4. 应限制单个用户对系统资源的最大或最小使用限度。 5. 应能够对系统的服务水平降低到预先规定的最小值进行检测和报警。 6. 所有的服务器应全部专用化，不使用服务器进行收取邮件、浏览互联网操作。
测试记录： 1. 终端接入方式：网络中限制用户仅能通过堡垒机登录服务器 是否限制可登录终端地址：□ 是　　　■ 否 限制描述：／ 终端登录限制有效性（尝试登录）：■ 有效　　　□ 无效 2. 终端登录的操作超时锁定： 在"计算机配置->管理模板->Windows 组件->终端服务->会话"中，查看"为处于活动状态 但空闲的终端服务会话指定时间限制"设置：无 查看屏幕保护设置：　　　未开启 3. 是否对系统资源进行监视：■ 是，方式：BMC Patrol　　　□ 否 范围：■CPU　　■ 硬盘　　■ 内存　　■ 网络 4. 限制单个用户对系统资源的最大或最小使用限度：无 5. 系统资源管理和检测： 是否对系统资源的使用进行了检测： □ 是，方式：BMC Patrol　　　对服务水平的最低要求：CPU：黄色 75-85，红色 85 以上；内存：80-90、90 以上； 硬盘：80-90、90 以上 □ 否 报警能力： ■ 可提供报警（红色告警：发短信、打电话；黄色：发邮件）　　　□ 不提供报警 报警方式： □ 文字闪烁　　□ 弹出窗口　　■ 手机短信　　□ 其他： 6. 服务器是否专用化：■ 是　　　□ 否
备注：

4.4.3　Linux 检查列表

1. 身份鉴别

对 Linux 的身份鉴别测评内容如表 4.17 所示。

表 4.17　Linux 身份鉴别测评表

测试类别：信息系统安全等级测评（三级）
测试类：操作系统脆弱性识别
测试项：身份鉴别
测试要求： 1. 应对登录操作系统的用户进行身份标识和鉴别。 2. 操作系统管理用户身份标识应具有不易被冒用的特点，口令应有复杂度要求并定期更换。 3. 应启用登录失败处理功能，可采取结束会话、限制非法登录次数和自动退出等措施。 4. 当对服务器进行远程管理时，应采取必要措施，防止鉴别信息在网络传输过程中被窃听。 5. 应为操作系统的不同用户分配不同的用户名，确保用户名具有唯一性。 6. 应采用两种或两种以上组合的鉴别技术对管理用户进行身份鉴别。

（续）

测试记录：
1. 用户鉴别情况：
鉴别方式：■用户名/口令　　□证书　　□生物　　□其他：
生物认证方式：/
如果有证书认证方式请填写：/
发证机构：/
管理方式：通过用户名、口令、动态口令卡登录办公生产安全桌面，再通过 CRT（用户名、口令、动态口令卡）登录
2. 是否有口令复杂度和更换频率的相关规定：
口令策略设置：
PASS_MIN_DAYS：
PASS_MAX_DAYS：
PASS_WARN_AGE：
PASS_MIN_LEN：
用户口令复杂度：minlen =　　　　dcredit =
其他参数设置：
3. 用户账号登录失败处理策略：
账户锁定时间：□适用，lock_time =　　　　□不适用
账户锁定阈值：□适用，deny =　　　　□不锁定
Sshd_conf 中 MaxAuthTries 设置：
锁定策略所适用的账户：
登录错误后的提示信息：/
4. 系统管理方式：□本地　　■远程
远程管理采用的方式、程序：ssh
传输中的鉴别信息是否加密：■是　　□否
5. 查看账户列表：/etc/shadow

账　户　名	所　属　组	用　　途	口　令　长　度	口令复杂度
root		Db2 监控		
sudoroot				

6. 是否采用两种及两种以上身份鉴别技术的组合进行身份鉴别：　　■是　　□否

备注：
机器名：
IP 地址：
操作系统版本：

2. 访问控制

对 Linux 的访问控制测评内容如表 4.18 所示。

表 4.18　Linux 访问控制测评表

测试类别：信息系统安全等级测评（三级）
测试类：操作系统脆弱性识别
测试项：访问控制
测试要求： 1. 应启用访问控制功能，依据安全策略控制用户对资源的访问。 2. 应根据管理用户的角色分配权限，实现管理用户的权限分离，仅授予管理用户所需的最小权限。 3. 应实现操作系统和数据库系统特权用户的权限分离。 4. 应严格限制默认账户的访问权限，重命名系统默认账户，修改这些账户的默认口令。 5. 应及时删除多余的、过期的账户，避免共享账户的存在。 6. 应对重要信息资源设置敏感标记。 7. 应依据安全策略严格控制用户对有敏感标记重要信息资源的操作。

（续）

测试记录：
1. 资源控制
是否对用户使用系统资源制订了策略：■ 是　　　□ 否
策略描述：默认
未限制 root 账户的远程登录
对重要文件访问权限的限制情况：
/etc/passwd　/etc/shadow　/etc/services　/etc/profile
/etc/inet. conf　/etc/xinet. conf　/etc/ssh/sshd_config
/etc/hosts. allow　/etc/hosts. deny　/etc/init. d/network　/etc/resolv. conf
/etc/sysconfig/network
可 su 成 root 的账户有：未限制
2. 各个活动账户权限分配

账　户　名	权　　　　限
Sudoroot	运维 监控 应用

3. 分配给操作系统不同使用者的用户是否做到权限分离（如用户管理权限、审计权限、操作权限是否分离）：是
4. 默认账户管理
是否存在可登录的默认账号：
■ 是：root
□ 否
可登录默认账户口令是否已修改：
■ 是
□ 否，未修改口令的可用默认账户有：
未禁用的默认账户的权限：无
5. 普通账户管理
是否存在多余的、过期的账户：□ 是：　　　■ 否
是否存在共享账户：□ 是：　　　■ 否
6. 重要信息资源设置敏感标记
重要信息：/
重要信息标记方式：/
7. 是否依照安全策略限制用户对敏感信息资源的操作：□ 是　　　□ 否
限制方式描述：/

备注：

3. 安全审计

对 Linux 的安全审计测评内容如表 4. 19 所示。

表 4. 19　Linux 安全审计测评表

测试类别：信息系统安全等级测评（三级）
测试类：操作系统脆弱性识别
测试项：安全审计
安全要求： 1. 审计范围应覆盖服务器和重要客户端上的每个操作系统用户。 2. 审计内容应包括重要用户行为、系统资源的异常使用和重要系统命令的使用等系统内重要的安全相关事件。 3. 审计记录应包括事件的日期、时间、类型、主体标识、客体标识和结果等。 4. 应能够根据记录数据进行分析，并生成审计报表。 5. 应保护审计进程，避免受到未预期的中断。

（续）

6. 应保护审计记录，避免受到未预期的删除、修改或覆盖等。
测试记录： 1. 审计对象　堡垒机录屏 是否打开 syslog 服务：□ 是　　　□ 否 是否打开 audit 服务：□ 是　　　□ 否 审计涉及的系统用户： □ 系统管理账户　　　□ 系统特权账户　　　□ 一般账户 2. 审计内容 记录 syslog.conf、audit.rules 配置内容： 3. 审计要素 ■ 事件日期　　■ 事件时间　　■ 消息所来自的计算机名　　■ 产生消息的程序或服务名 ■ 发送此消息的程序的进程号　　■ 消息本身　　□ 其他： 审计分析能力： 是否进行审计记录分析：■ 是：《XX 单位运维操作行为分析报告》　　　□ 否 所用工具或手段：splunk 组织是否建立了系统审计分析制度：□ 是　　　□ 否 记录系统的审计分析制度： 是否能够生成报表：■ 是　　　□ 否 4. 审计数据保护 审计数据保存方式：□ 本地　　　■ 集中审计服务器，IP 地址为：日志服务器（XX）、splunk 日志分析平台 日志文件的访问控制权限：仅管理员 日志文件的备份策略：日志服务器三个月以上、splunk 日志分析平台三年 是否与实际情况相符：■ 是　　　□ 否 5. 审计进程保护 ■ 审计进程得到保护　　　□ 审计进程得到监控　　　□ 审计进程无保护 6. 审计记录保护 日志文件的访问控制权限：仅管理员
备注：

4. 剩余信息保护

对 Linux 的剩余信息保护测评内容如表 4.20 所示。

表 4.20　Linux 剩余信息保护测评表

测试类别：信息系统安全等级测评（三级）
测试类：操作系统脆弱性识别
测试项：剩余信息保护
测试要求： 1. 应保证操作系统用户的鉴别信息所在的存储空间被释放或再分配给其他用户前得到完全清除，无论这些信息是存放在硬盘上还是在内存中。 2. 应确保系统内的文件、目录等资源所在的存储空间被释放或重新分配给其他用户前得到完全清除。
测试记录： 1. 系统用户鉴别信息的安全保护 ■ 有效保护　　　□ 无效保护　　　□ 无措施 保护措施描述：默认 2. 系统数据保护 ■ 有效保护　　　□ 无效保护　　　□ 无措施 保护措施描述：默认 删除用户时是否将其密码信息、身份验证信息、初始目录及其中文件同时删除： ■ 是　　　□ 否 搜索临时文件，如：find　／ -name "～*"
备注：

5. 入侵防范

对 Linux 的入侵防范测评内容如表 4.21 所示。

表 4.21　Linux 入侵防范测评表

测试类别：信息系统安全等级测评（三级）
测试类：操作系统脆弱性识别 测试项：入侵防范
测试要求： 　1. 应能够检测到对重要服务器进行入侵的行为，能够记录入侵的源 IP、攻击类型、攻击目的、攻击时间，并在发生严重入侵事件时提供报警。 　2. 应能够对重要程序的完整性进行检测，并在检测到完整性受到破坏后具有恢复的措施。 　3. 操作系统应遵循最小安装的原则，仅安装需要的组件和应用程序，并通过设置升级服务器等方式保证系统及时得到更新。
测试记录： 1. 重要服务器入侵保护（如使用 Snort 软件） 入侵防范能力：无 措施： 厂家： 版本： 部署情况及策略描述： 记录的信息： □ 源 IP　　□ 攻击的类型　　□ 攻击目的　　□ 攻击时间　　□ 其他： 报警能力： □ 可提供报警　　　报警事件： □ 不提供报警 报警方式： □ 文字闪烁　　□ 弹出窗口　　□ 手机短信　　□ 声音　　□ 邮件　　□ 其他： 2. 系统数据完整性保护 完整性检测方法（是否使用 tripwire 安全工具?）：无 完整性检测对象： □ 系统文件　　□ 系统配置文件　　□ 应用程序　　□ 其他： 完整性破坏后响应： □ 报警　　□ 自动修复　　□ 无措施 完整性破坏后恢复的措施：变更之前做一次或每年做一次操作系统备份，本地，磁带库各一份 3. 系统组件及升级管理 系统中安装的软件包：无多余 系统开放服务、开放端口的情况： 服务：无多余 端口：无多余 系统升级方式： □ 通过互联网自动升级　　　　□ 通过升级服务器自动升级　　　　□ 手动升级 系统升级频度： □ 自动　　□ 每日　　□ 每周　　□ 每月　　■ 更长时间 系统已安装的升级补丁包情况：不定期打补丁
备注：

6. 恶意代码防范

对 Linux 的恶意代码防范测评内容如表 4.22 所示。

表 4.22　Linux 恶意代码防范测评表

测试类别：信息系统安全等级测评（三级）
测试类：操作系统脆弱性识别

（续）

测试项：恶意代码防范
测试要求： 1. 应安装防恶意代码软件，并及时更新防恶意代码软件版本和恶意代码库。 2. 主机防恶意代码产品应具有与网络防恶意代码产品不同的恶意代码库。 3. 应支持防恶意代码的统一管理。 4. 应建立病毒监控中心，对网络内计算机感染病毒的情况进行监控。
测试记录： 1. 检查主机上是否安装了防病毒软件：□ 是　　　■ 否 防病毒软件名称： 版本号： 升级日期： 特征库的升级策略： 扫描策略： 2. 是否有网络防恶意代码产品：□ 是　　　□ 否 主机防恶意代码产品与网络防恶意代码产品是否为不同恶意代码库：□ 是　　　□ 否 3. 是否支持统一管理： □ 是，所指向的升级服务器地址为： □ 否 服务器的升级频度： 升级包是下发还是自取： 4. 是否建立病毒监控中心：□ 是　　　■ 否
备注：

7. 资源控制

对 Linux 的资源控制测评内容如表 4.23 所示。

表 4.23　Linux 资源控制测评表

测试类别：信息系统安全等级测评（三级）
测试类：操作系统脆弱性识别
测试项：资源控制
测试要求： 1. 应通过设定终端接入方式、网络地址范围等条件限制终端登录。 2. 应根据安全策略设置登录终端的操作超时锁定。 3. 应对重要服务器进行监视，包括监视服务器的 CPU、硬盘、内存、网络等资源的使用情况。 4. 应限制单个用户对系统资源的最大或最小使用限度。 5. 应能够对系统的服务水平降低到预先规定的最小值进行检测和报警。 6. 所有的服务器应全部专用化，不使用服务器进行收取邮件、浏览互联网操作。
测试记录： 1. 终端登录限制方式 终端接入方式： 是否限制可登录终端地址 Hosts. allow： Hosts. deny： 账户 root 是否可以远程登录：PermitRootLogin： 以 SSH 方式登录账户限定：AllowUsers；DenyUsers： 终端登录限制有效性：□ 有效　　　□ 无效 2. 终端操作空闲超时设置：应用需求未设置 ClientAliveInterval 值：　　　/ ClientAliveCountMax 值：　　　/ TMOUT=　　　　　　　　　　　　/

（续）

3. 是否对系统资源进行监视：■是，方式：BMC Patrol/Ultra NMS（客户端）　　□ 否 ■CPU　　　■ 硬盘　　　■ 内存　　　■ 网络 4. 限制单个用户对系统资源的最大或最小使用限度 磁盘配额情况： limits. conf 文件限制： □ domain　　　□ type　　　□ item　　　□ value 5. 系统资源管理和检测 是否对系统资源的使用进行了检测：■ 是，方式：BMC Patrol/Ultra NMS（客户端） 对服务水平的最低要求：CPU：黄色 75~85，红色 85 以上；内存：80~90、90 以上 □ 否 报警能力： ■ 可提供报警（红色告警：发短信、打电话；黄色：发邮件）　　□ 不提供报警 报警方式： □ 文字闪烁　　　□ 弹出窗口　　　■手机短信　　　□ 其他： 6. 服务器是否专用化：■ 是　　　□ 否
备注：

4.4.4　UNIX 主机检查列表

1. 身份鉴别

对 UNIX 的身份鉴别测评内容如表 4.24 所示。

表 4.24　UNIX 身份鉴别测评表

测试类别：信息系统安全等级测评（三级）
测试类：操作系统脆弱性识别
测试项：身份鉴别
测试要求： 1. 应对登录操作系统的用户进行身份标识和鉴别。 2. 操作系统管理用户身份标识应具有不易被冒用的特点，口令应有复杂度要求并定期更换。 3. 应启用登录失败处理功能，可采取结束会话、限制非法登录次数和自动退出等措施。 4. 当对服务器进行远程管理时，应采取必要措施，防止鉴别信息在网络传输过程中被窃听。 5. 应为操作系统的不同用户分配不同的用户名，确保用户名具有唯一性。 6. 应采用两种或两种以上组合的鉴别技术对管理用户进行身份鉴别。
测试记录： 1. 用户鉴别情况： 鉴别方式：■用户名/口令　　□ 证书　　□ 生物　　□其他： 生物认证方式：/ 如果有证书认证方式请填写：/ 发证机构：/ 管理方式：通过用户名、口令、动态口令卡登录办公生产安全桌面，再登录堡垒机（用户名、口令、动态口令卡 1 分钟更换一次），登录服务器 2. 是否有口令复杂度和更换频率的相关规定： 口令策略设置：堡垒机 8 位，至少包含 1 数字、1 大写字母、1 小写字母、1 字符 3. 用户账号登录失败处理策略：登录堡垒机 5 次，需管理员解锁 账户锁定时间：□ 适用，lock_time =　　　□ 不适用 账户锁定阈值：□ 适用，deny =　　　□ 不锁定 Sshd_conf 中的 MaxAuthTries 设置：注释

（续）

账 户 名	所 属 组	用 途	口 令 长 度	口 令 复 杂 度

锁定策略所适用的账户：所有
登录错误后的提示信息：/
4. 系统管理方式：□ 本地　 ■ 远程
远程管理采用的方式、程序：ssh
传输中的鉴别信息是否加密：■ 是　　 □ 否
5. 查看账户列表：/etc/shadow

账 户 名	所 属 组	用 途	口 令 长 度	口 令 复 杂 度
root		运维账户		
sudoroot		数据库		
oracle		应用用户		
fssftp		监控平台		

6. 是否采用两种及两种以上身份鉴别技术的组合进行身份鉴别：■ 是　　 □ 否

备注：
机器名：
IP 地址：
操作系统版本：

2. 访问控制

对 UNIX 的访问控制测评内容如表 4.25 所示。

表 4.25　UNIX 访问控制测评表

测试类别：信息系统安全等级测评（三级）
测试类：操作系统脆弱性识别
测试项：访问控制 测试要求： 1. 应启用访问控制功能，依据安全策略控制用户对资源的访问。 2. 应根据管理用户的角色分配权限，实现管理用户的权限分离，仅授予管理用户所需的最小权限。 3. 应实现操作系统和数据库系统特权用户的权限分离。 4. 应严格限制默认账户的访问权限，重命名系统默认账户，修改这些账户的默认口令。 5. 应及时删除多余、过期的账户，避免共享账户的存在。 6. 应对重要信息资源设置敏感标记。 7. 应依据安全策略严格控制用户对有敏感标记的重要信息资源的操作。
测试记录： 1. 资源控制 是否对用户使用系统资源制订了策略：■ 是　　 □ 否 策略描述：默认 未限制 root 账户的远程登录 对重要文件访问权限的限制情况： /etc/passwd　/etc/shadow　/etc/services　/etc/profile /etc/inet.conf　/etc/xinet.conf　/etc/ssh/sshd_config /etc/hosts.allow　/etc/hosts.deny　/etc/init.d/network　/etc/resolv.conf /etc/sysconfig/network 可 su 成 root 的账户有：未限制 其他账户的 umask＝022 2. 各个活动账户的权限分配：

（续）

账　户　名	权　　限
root	运维账户
sudoroot	数据库
oracle	应用用户
fssview	监控平台

3. 分配给操作系统不同使用者的用户是否做到权限分离（如用户管理权限、审计权限、操作权限是否分离）：分离
4. 默认账户管理
是否存在可登录的默认账号：
■ 是：root
□ 否
可登录的默认账户口令是否已修改：
■ 是
□ 否，未修改口令的可用默认账户有：
未禁用的默认账户权限：无
5. 普通账户管理
是否存在多余、过期的账户：□ 是：　　■ 否
是否存在共享账户：□ 是：　　■ 否
6. 重要信息资源设置敏感标记
重要信息：/
重要信息标记方式：/
7. 是否依照安全策略限制用户对敏感信息资源的操作：□ 是　　□ 否
限制方式描述：/

备注：

3. 安全审计

对 UNIX 的安全审计测评内容如表 4.26 所示。

表 4.26　UNIX 安全审计测评表

测试类别：信息系统安全等级测评（三级）
测试类：操作系统脆弱性识别
测试项：安全审计
安全要求： 1. 审计范围应覆盖服务器和重要客户端上的每个操作系统用户。 2. 审计内容应包括重要用户行为、系统资源的异常使用和重要系统命令的使用等系统内重要的安全相关事件。 3. 审计记录应包括事件的日期、时间、类型、主体标识、客体标识和结果等。 4. 应能够根据记录数据进行分析，并生成审计报表。 5. 应保护审计进程，避免受到未预期的中断。 6. 应保护审计记录，避免受到未预期的删除、修改或覆盖等。
测试记录： 1. 审计对象　堡垒机录屏 是否打开 syslog 服务：■ 是　　□ 否 是否打开 audit 服务：□ 是　　■ 否 审计涉及的系统用户： ■ 系统管理账户　　□ 系统特权账户　　■ 一般账户 2. 审计内容 记录 syslog. conf、audit. rules 配置内容： mail. debug ＊. info；mail. none

（续）

3. 审计要素 ■ 事件日期　　■ 事件时间　　■ 消息所来自的计算机名　　■ 产生消息的程序或服务名 ■ 发送此消息的程序进程号　　■ 消息本身　　□ 其他： 4. 审计分析能力 是否进行审计记录分析：■ 是：《XX 单位运维操作行为分析报告》　　□ 否 所用工具或手段：splunk 组织是否建立了系统审计分析制度：□ 是　　□ 否 记录系统的审计分析制度： 是否能够生成报表：■ 是　　□ 否 5. 审计进程保护（默认 root 可中断） ■ 审计进程得到保护　　□ 审计进程得到监控　　□ 审计进程无保护 6. 审计数据保护 审计数据保存方式：□ 本地　　■ 集中审计服务器，IP 地址为：日志服务器（XX）、splunk 日志分析平台 日志文件的访问控制权限：仅管理员 日志文件的备份策略：日志服务器（XX）三个月以上、splunk 日志分析平台三年 是否与实际情况相符：■ 是　　□ 否
备注：

4. 剩余信息保护

对 UNIX 的剩余信息保护测评内容如表 4.27 所示。

表 4.27　UNIX 剩余信息保护测评表

测试类别：信息系统安全等级测评（三级）
测试类：操作系统脆弱性识别
测试项：剩余信息保护
测试要求： 1. 应保证操作系统用户鉴别信息所在的存储空间被释放或再分配给其他用户前得到完全清除，无论这些信息存放在硬盘上还是在内存中。 2. 应确保系统内的文件、目录等资源所在的存储空间被释放或重新分配给其他用户前得到完全清除。
测试记录： 1. 系统用户鉴别信息的安全保护 ■ 有效保护　　□ 无效保护　　□ 无措施 保护措施描述：默认 2. 系统数据保护 ■ 有效保护　　□ 无效保护　　□ 无措施 保护措施描述： 删除用户时是否将其密码信息、身份验证信息、初始目录及其中文件同时删除： ■ 是　　□ 否 搜索临时文件，如：find　/ -name "～ *"
备注：

5. 入侵防范

对 UNIX 的入侵防范测评内容如表 4.28 所示。

表 4.28　UNIX 入侵防范测评表

测试类别：信息系统安全等级测评（三级）
测试类：操作系统脆弱性识别
测试项：入侵防范

（续）

测试要求：
1. 应能够检测到对重要服务器进行入侵的行为，能够记录入侵的源 IP、攻击类型、攻击目的、攻击时间，并在发生严重入侵事件时提供报警。 2. 应能够对重要程序的完整性进行检测，并在检测到完整性受到破坏后具有恢复措施。 3. 操作系统应遵循最小安装的原则，仅安装需要的组件和应用程序，并通过设置升级服务器等方式保持系统补丁及时得到更新。
测试记录： 1. 重要服务器入侵保护（如使用 Snort 软件） 入侵防范能力：无 措施： 厂家： 版本： 部署情况及策略描述： 记录的信息： □ 源 IP   □ 攻击类型   □ 攻击目的   □ 攻击时间   □ 其他： 报警能力： □ 可提供报警，报警事件： □ 不提供报警 报警方式： □ 文字闪烁   □ 弹出窗口   □ 手机短信   □ 声音   □ 邮件   □ 其他： 2. 系统数据完整性保护 完整性检测方法（是否使用 tripwire 安全工具）：无 完整性检测对象： □ 系统文件   □ 系统配置文件   □ 应用程序   □ 其他： 完整性破坏后的响应： □ 报警   □ 自动修复   □ 无措施 完整性破坏后的恢复措施：变更之前做一次或每年做一次操作系统备份，本地，磁带库各一份 3. 系统组件及升级管理 系统中安装的软件包：无多余 系统开放服务、开放端口的情况： 服务：无多余 端口：无多余 系统升级方式： □ 通过互联网自动升级   □ 通过升级服务器自动升级   ■ 手动升级 系统升级频度：不定期 □ 自动   □ 每日   □ 每周   □ 每月   □ 更长时间 系统已安装的升级补丁包情况：不定期打补丁 PHCO_48235
备注：

6. 恶意代码防范

对 UNIX 的恶意代码防范测评内容如表 4.29 所示。

表 4.29　UNIX 恶意代码防范测评表

测试类别：信息系统安全等级测评（三级）
测试类：操作系统脆弱性识别
测试项：恶意代码防范
测试要求： 1. 应安装防恶意代码软件，并及时更新防恶意代码软件版本和恶意代码库。 2. 主机防恶意代码产品应具有与网络防恶意代码产品不同的恶意代码库。 3. 应支持防恶意代码的统一管理。 4. 应建立病毒监控中心，对网络内计算机感染病毒的情况进行监控。

（续）

测试记录：
1. 检查主机上是否安装了防病毒软件：□ 是　　■ 否
防病毒软件名称：
版本号：
升级日期：
特征库的升级策略：
扫描策略：
2. 是否有网络防恶意代码产品：□ 是　　□ 否
主机防恶意代码产品与网络防恶意代码产品是否为不同恶意代码库：□ 是　　□ 否
3. 是否支持统一管理：
□ 是，所指向的升级服务器地址为：
■ 否
服务器的升级频度：
升级包是下发还是自取：
4. 是否建立病毒监控中心：□ 是　　■ 否

备注：

7. 资源控制

对 UNIX 的资源控制测评内容如表 4.30 所示。

表 4.30　UNIX 资源控制测评表

测试类别：信息系统安全等级测评（三级）

测试类：操作系统脆弱性识别

测试项：资源控制

测试要求：
1. 应通过设定终端接入方式、网络地址范围等条件限制终端登录。
2. 应根据安全策略设置登录终端的操作超时锁定。
3. 应对重要服务器进行监视，包括服务器的 CPU、硬盘、内存、网络等资源的使用情况。
4. 应限制单个用户对系统资源的最大或最小使用限度。
5. 应能够对系统的服务水平降低到预先规定的最小值进行检测和报警。
6. 所有的服务器应全部专用化，不使用服务器收取邮件、浏览互联网。

测试记录：
1. 终端登录限制方式
终端接入方式：网络中限制用户仅能通过堡垒机登录服务器
是否限制可登录终端地址
Hosts. allow：无
Hosts. deny：无
账户 root 是否可以远程登录：PermitRootLogin：注释
以 SSH 方式登录账户限定：AllowUsers：/
DenyUsers：/
终端登录限制有效性：
有效□　　无效□
2. 终端操作空闲超时设置：应用需求未设置
ClientAliveInterval 值：　　　　　　/
ClientAliveCountMax 值：　　　　/
TMOUT＝　　　　　　　　　　　　/
3. 是否对系统资源进行监视：■是，方式：BMC Patrol/Ultra NMS（客户端）　　□ 否
■CPU　　■ 硬盘　　■ 内存　　■ 网络
4. 限制单个用户对系统资源的最大或最小使用限度
磁盘配额情况：fssviewdata1048576
stack131072

（续）

nofiles 15000 limits. conf 文件限制： □ domain   □ type   □ item   □ value 5. 系统资源管理和检测 是否对系统资源的使用进行了检测：■ 是：BMC Patrol 对服务水平的最低要求：CPU 黄色 75~85，红色 85 以上；内存 80~90、90 以上；硬盘 80~90、90 以上 □ 否 报警能力： ■ 可提供报警（红色告警：发短信、打电话；黄色：发邮件）   □ 不提供报警 报警方式： □ 文字闪烁   □ 弹出窗口   ■手机短信   □ 其他： 6. 服务器是否专用化：■ 是   □ 否
备注：

4.5　物理安全测评

等级保护测评机构针对被测评单位的物理环境实际情况，对物理位置、物理访问控制、防盗窃和防破坏、防雷击、防火、温湿度控制、电力供应、电磁防护、防静电、防水和防潮等方面进行相应的策略测评。

4.5.1　物理位置的选择

对物理位置的测评内容如表 4.31 所示。

表 4.31　物理位置测评表

测试类别：信息系统安全等级测评（三级）
测试类：物理安全
测试项：物理位置
测试要求： 1. 机房和办公场地应在具有防震、防风和防雨等能力的建筑内。 2. 机房场地应避免设在建筑物的高层或地下室，以及用水设备的下层或隔壁。
测试记录： 1. 机房和办公场地场所所在建筑物具有建筑物抗震设防审批文档。 机房和办公场地未出现以下情况： a. 雨水渗透痕迹。 b. 风导致的较严重尘土。 c. 屋顶、墙体、门窗或地面等破损开裂。 目前机房处在装修阶段，装修在 12 月中旬结束。 2. 机房未部署在以下位置： a. 建筑物的高层。 b. 地下室。 c. 用水设备的下层或隔壁。 机房已采取防水和防潮措施。
备注：

4.5.2　物理访问控制

对物理访问控制的测评内容如表 4.32 所示。

表 4.32　物理访问控制测评表

测试类别：信息系统安全等级测评（三级）
测试类：物理安全
测试项：物理访问控制
测试要求： 1. 机房出入口应安排专人值守，控制、鉴别和记录进入的人员。 2. 需进入机房的来访人员应经过申请和审批流程，并限制和监控其活动范围。 3. 应对机房划分区域进行管理，区域和区域之间设置物理隔离装置，在重要区域前设置交付或安装等过渡区域。 4. 重要区域应配置电子门禁系统，控制、鉴别和记录进入的人员。
测试记录： 1. 机房所有出入口都有专人值守。 2. 对所有进入机房的人员进行鉴别和记录，并保存记录。 3. 来访人员需进行申请审批后才能进入机房，且保存申请审批记录。 4. 申请审批记录应至少明确来访人员的姓名、时间、来访目的。 5. 应专人陪同来访人员进入机房，对其行为进行限制和监控。 6. 机房已划分区域。 7. 机房各区域间设置了有效的物理隔离装置。 8. 机房重要区域前已设置交付或安装等过渡区域。 9. 机房重要区域配置了电子门禁系统。 10. 电子门禁系统正常工作，可对进入人员进行控制、鉴别和记录。 11. 电子门禁系统有运行和维护记录。
备注：

4.5.3　防盗窃和防破坏

对防盗窃和防破坏的测评内容如表 4.33 所示。

表 4.33　防盗窃和防破坏测评表

测试类别：信息系统安全等级测评（三级）
测试类：物理安全
测试项：防盗窃和防破坏
测试要求： 1. 应将主要设备放置在机房内。 2. 应将设备或主要部件进行固定，并设置明显的不易除去的标记。 3. 应将通信线缆铺设在隐蔽处，可铺设在地下或管道中。 4. 应对介质分类标识，存储在介质库或档案室中。 5. 应利用光、电等技术设置机房防盗报警系统。 6. 应对机房设置监控报警系统。

（续）

测试记录：
1. 主要设备均放置在机房。
2. 设备或主要部件均已上架并固定。设备或主要部件均有标签。
3. 通信线缆均铺设在地下管道等隐蔽处。
4. 介质进行了合理分类。介质进行了明确标识。介质存储在介质库或档案室等专用场所内。
5. 机房配置了防盗报警系统。防盗报警系统正常工作，可利用光、电等技术进行报警，并保存报警记录。防盗报警系统有运行和维护记录。
6. 机房安装有远程监控系统；监控报警系统正常工作，可进行监控和报警，并保存监控报警记录；监控报警系统有运行和维护记录。

备注：

4.5.4 防雷击

对防雷击的测评内容如表 4.34 所示。

表 4.34　防雷击测评表

测试类别：信息系统安全等级测评（三级）
测试类：物理安全
测试项：防雷击
测试要求： 1. 机房建筑应设置避雷装置。 2. 应设置防雷保安器，防止感应雷。 3. 机房应设置交流电源地线。
测试记录： 1. 机房建筑设置了避雷装置。避雷装置有通过验收或国家有关部门的技术检测。 2. 机房设备设置了防雷保安器。防雷保安器通过具有防雷检测资质的检测部门的测试。 3. 机房设置了交流电源地线。交流电源接地检测结果符合要求。
备注：

4.5.5 防火

对防火的测评内容如表 4.35 所示。

表 4.35　防火测评表

测试类别：信息系统安全等级测评（三级）
测试类：物理安全
测试项：防火
测试要求： 1. 机房应设置火灾自动消防系统，能够自动检测火情、自动报警，并自动灭火。

(续)

2. 机房及相关的工作房间和辅助房间应采用具有耐火等级的建筑材料。 3. 机房应采取区域隔离防火措施，将重要设备与其他设备隔离开。
测试记录： 　1. 机房设置了自动检测火情、自动报警、自动灭火的自动消防系统。自动消防系统经消防检测部门检测合格，自动消防系统在有效期内，处于正常运行状态。自动消防系统有运行记录、定期检查和维护记录。 　2. 机房及相关的工作房间和辅助房间采用具有耐火等级的建筑材料。耐火等级建筑材料有相关合格证或验收文档。 　3. 重要设备所在区域与其他区域间设有防火隔离设施。
备注：

4.5.6　温湿度控制

对温湿度控制的测评内容如表 4.36 所示。

表 4.36　温湿度控制测评表

测试类别：信息系统安全等级测评（三级）
测试类：物理安全
测试项：温湿度控制 测试要求： 机房应设置温、湿度自动调节设施，使机房温、湿度的变化在设备运行所允许的范围之内。
测试记录： 　机房配备了温、湿度自动调节设施。温、湿度自动调节设施正常工作，可保证机房内的温、湿度达到运行要求。温、湿度自动调节设施有运行和维护记录。
备注：

4.5.7　电力供应

对电力供应的测评内容如表 4.37 所示。

表 4.37　电力供应测评表

测试类别：信息系统安全等级测评（三级）
测试类：物理安全
测试项：电力供应
测试要求： 1. 应在机房供电线路上配置稳压器和过压防护设备。 2. 应提供短期的备用电力供应，至少满足主要设备在断电情况下的正常运行要求。 3. 应设置冗余或并行的电力电缆线路为计算机系统供电。 4. 应建立备用供电系统。

（续）

测试记录：
1. 机房配备了稳压器和过压防护设备。稳压器和过压防护设备正常工作。稳压器和过压防护设备有运行和维护记录。
2. 机房配备了 UPS。UPS 正常工作，可满足主要设备断电情况下的正常运行要求。UPS 有运行和维护记录。
3. 机房配备了冗余或并行的电力电缆线路。冗余或并行的电力电缆线路均可正常为计算机系统供电。
4. 配备了发电机作为备用供电系统。备用供电系统正常工作，可在电力供应故障的情况下对机房及设备等供电。备用供电系统有运行和维护记录。
备注：

4.5.8　电磁防护

对电磁防护的测评内容如表 4.38 所示。

表 4.38　电磁防护测评表

测试类别：信息系统安全等级测评（三级）
测试类：物理安全
测试项：电磁防护
测试要求：
1. 应采用接地方式防止外界电磁干扰和设备寄生耦合干扰。
2. 电源线和通信线缆应隔离铺设，避免互相干扰。
3. 应对关键设备和磁介质实施电磁屏蔽。
测试记录：
1. 机房中全部机架或机柜均进行了有效的接地。
2. 机房电源线和通信线缆未在同槽内进行铺设。
3. 未使用电子屏蔽容器对关键磁介质进行屏蔽。
备注：

4.5.9　防静电

对防静电的测评内容如表 4.39 所示。

表 4.39　防静电测评表

测试类别：信息系统安全等级测评（三级）
测试类：物理安全
测试项：防静电
测试要求：
1. 主要设备应采用必要的接地防静电措施。
2. 机房应采用防静电地板。
测试记录：
1. 机房有接地防静电措施。

（续）

2. 机房采用防静电地板。 3. 机房不存在静电现象。
备注:

4.5.10　防水和防潮

对防水和防潮的测评内容如表 4.40 所示。

表 4.40　防水和防潮测评表

测试类别：信息系统安全等级测评（三级）
测试类：物理安全
测试项：防水和防潮
测试要求： 1. 水管安装不得穿过机房屋顶和活动地板下。 2. 应采取措施防止雨水通过机房窗户、屋顶和墙壁渗透。 3. 应采取措施防止机房内水蒸气结露和地下积水的转移与渗透。 4. 应安装对水敏感的检测仪表或元件，对机房进行防水检测和报警。
测试记录： 1. 水管没有穿过机房屋顶和活动地板下。 2. 机房不存在以下情况： a. 机房窗户、屋顶或墙壁有雨水渗透痕迹。 b. 屋顶、外墙体、窗户有明显破损。 机房采取了防止雨水渗透的保护措施。 3. 机房不存在以下情况： a. 机房内出现水蒸气结露。 b. 机房内出现积水。 机房采取了防止水蒸气结露的保护措施。 机房采取了防止积水转移和渗透的保护措施。 4. 机房安装了水敏感的检测仪表或元件。 水敏感的检测仪表或元件正常工作，可进行防水检测和报警，并保存检测盒报警记录。 水敏感的检测仪表或元件有运行和维护记录。
备注:

4.6　应用安全测评

等级保护测评机构针对被测评单位的应用系统实际情况，对身份鉴别、访问控制、安全审计、通信完整性、通信保密性、抗抵赖、软件容错、数据完整性、数据保密性、备份和恢复等方面进行相应的策略测评。

4.6.1 身份鉴别

对身份鉴别的测评内容如表 4.41 所示。

表 4.41 身份鉴别测评表

测试类别：信息系统安全等级测评（三级）
测试类：应用安全测评
测试项：防静电
测试要求： 1. 应提供专用的登录控制模块对登录用户进行身份标识和鉴别。 2. 应提供用户身份标识唯一和鉴别信息复杂度检查功能，保证应用系统中不存在重复用户身份标识，身份鉴别信息不易被冒用。 3. 应提供登录失败处理功能，可采取结束会话、限制非法登录次数和自动退出等措施。 4. 应启用身份鉴别、用户身份标识唯一性检查、用户身份鉴别信息复杂度检查以及登录失败处理功能，并根据安全策略配置相关参数。
测试记录： 1. 设备绑定鉴权；二次认证。 2. mac、硬盘号、CPU 编号。 3. 有。 4. 有。
备注：

4.6.2 访问控制

对访问控制的测评内容如表 4.42 所示。

表 4.42 访问控制测评表

测试类别：信息系统安全等级测评（三级）
测试类：应用安全测评
测试项：访问控制
测试要求： 1. 应提供访问控制功能，依据安全策略控制用户对文件、数据库表等客体的访问。 2. 访问控制的范围应包括与资源访问相关的主体、客体及它们之间的操作。 3. 应由授权主体配置访问控制策略，并严格限制默认账户的访问权限。 4. 应授予不同账户为完成各自承担任务所需的最小权限，并在它们之间形成相互制约的关系。
测试记录： 1. SVN 开放了三个端口：svn；防火墙限制 IP 段；Web 端源码。登录密码只有一个人有秘钥。 2. 有。 3. 后台登录：账号名+密码；秘钥；办公环境网络。SVN：3690 端口，未采用加密传输。 4. 权限过大。
备注：

4.6.3　安全审计

对安全审计的测评内容如表 4.43 所示。

表 4.43　安全审计测评表

测试类别：信息系统安全等级测评（三级）
测试类：应用安全测评
测试项：安全审计
测试要求： 1. 应提供覆盖到每个用户的安全审计功能，对应用系统的重要安全事件进行审计。 2. 应保证无法单独中断审计进程，无法删除、修改或覆盖审计记录。 3. 审计记录的内容至少应包括事件的日期、时间、发起者信息、类型、描述和结果等。 4. 应提供对审计记录数据进行统计、查询、分析及生成审计报表的功能。
测试记录： 1. 记录到时间、人员、操作。 2. 无法自己删除。 3. 有。 4. 无法生成报表。
备注：

4.6.4　通信完整性

对通信完整性的测评内容如表 4.44 所示。

表 4.44　通信完整性测评表

测试类别：信息系统安全等级测评（三级）
测试类：应用安全测评
测试项：通信完整性
测试要求： 应采用密码技术保证通信过程中数据的完整性。
测试记录： 对称加密；身份识别码。
备注：

4.6.5　通信保密性

对通信保密性的测评内容如表 4.45 所示。

表 4.45　通信保密性测评表

测试类别：信息系统安全等级测评（三级）
测试类：应用安全测评
测试项：通信保密性
测试要求： 1. 在通信双方建立连接之前，应用系统应利用密码技术进行会话初始化验证。 2. 应对通信过程中的整个报文或会话过程进行加密。
测试记录： 1. HTTP 未采用加密回话。 2. 有。
备注：

4.6.6　抗抵赖

对抗抵赖的测评内容如表 4.46 所示。

表 4.46　抗抵赖测评表

测试类别：信息系统安全等级测评（三级）
测试类：应用安全测评
测试项：抗抵赖
测试要求： 1. 应具有在请求的情况下为数据原发者或接收者提供数据原发证据的功能。 2. 应具有在请求的情况下为数据原发者或接收者提供数据接收证据的功能。
测试记录： 1. 有。 2. 有。
备注：

4.6.7　软件容错

对软件容错的测评内容如表 4.47 所示。

表 4.47　软件容错测评表

测试类别：信息系统安全等级测评（三级）
测试类：应用安全测评
测试项：软件容错
测试要求： 1. 应提供数据有效性检验功能，保证通过人机接口输入或通过通信接口输入的数据格式或长度符合系统设定要求。 2. 应提供自动保护功能，当故障发生时自动保护当前所有状态，保证系统能够进行恢复。

（续）

测试记录： 1. 正则表达式匹配防注入。 2. 有。
备注：

4.6.8　资源控制

对资源控制的测评内容如表 4.48 所示。

表 4.48　资源控制测评表

测试类别：信息系统安全等级测评（三级）
测试类：应用安全测评
测试项：资源控制
测试要求： 1. 当应用系统通信双方中的一方在一段时间内未作任何响应时，另一方应能够自动结束会话。 2. 应能够对系统的最大并发会话连接数进行限制。 3. 应能够对单个账户的多重并发会话进行限制。 4. 应能够对一个时间段内可能的并发会话连接数进行限制。 5. 应能够对一个访问账户或一个请求进程占用的资源分配最大限额和最小限额。 6. 应能够对系统服务水平降低到预先规定的最小值进行检测和报警。 7. 应提供服务优先级设定功能，并在安装后根据安全策略设定访问账户或请求进程的优先级，根据优先级分配系统资源。
测试记录： 1. Web 端结束回话，cookie 失效、验证不通过。 2. 不适用。 3. 单线程，无进程保护。 4. 单线程，无进程保护。 5. 不适用。 6. 不适用。 7. 不适用。
备注：

4.6.9　数据完整性

对数据完整性的测评内容如表 4.49 所示。

表 4.49　数据完整性测评表

测试类别：信息系统安全等级测评（三级）
测试类：应用安全测评
测试项：数据完整性

（续）

测试要求： 1. 应能够检测到系统管理数据、鉴别信息和重要业务数据在传输过程中完整性受到破坏，并在检测到完整性错误时采取必要的恢复措施。 2. 应能够检测到系统管理数据、鉴别信息和重要业务数据在存储过程中完整性受到破坏，并在检测到完整性错误时采取必要的恢复措施。
测试记录： 1. 找寻配置文件建模。 2. 有。
备注：

4.6.10 数据保密性

对数据保密性的测评内容如表 4.50 所示。

表 4.50 数据保密性测评表

测试类别：信息系统安全等级测评（三级）
测试类：应用安全测评
测试项：数据保密性
测试要求： 1. 应采用加密或其他有效措施实现系统管理数据、鉴别信息和重要业务数据传输保密性。 2. 应采用加密或其他保护措施实现系统管理数据、鉴别信息和重要业务数据存储保密性。
测试记录： 1. Web 端 HTTP 传输，SVN 端口。 2. 有。
备注：

4.6.11 备份和恢复

对备份和恢复的测评内容如表 4.51 所示。

表 4.51 备份和恢复测评表

测试类别：信息系统安全等级测评（三级）
测试类：应用安全测评
测试项：备份和恢复
测试要求： 1. 主要设备应采用必要的接地防静电措施。 2. 机房应采用防静电地板。
测试记录： 1. 机房有接地防静电措施。

（续）

2. 机房采用防静电地板。 3. 机房不存在静电现象。
备注：

4.7　网络检查测评

等级保护测评机构针对被测评单位的网络实际情况，对网络脆弱性识别、网络架构安全评估等方面进行相应的策略测评。

4.7.1　网络脆弱性识别

1. 网络设备的脆弱性识别

对网络设备的脆弱性识别的测评如表 4.52 所示。

表 4.52　网络设备的脆弱性识别测评表

测试类别：信息系统安全等级测评（三级）
测试类：网络脆弱性识别
测试项：网络设备的脆弱性识别
测试要求： 1. 网络设备应实现设备的最小服务配置。 2. 应定期对网络设备的配置文件进行备份，发生变动时应及时备份。 3. 应定期对网络设备运行状况进行检查。 4. 对网络设备系统自带的服务端口进行梳理，关掉不必要的系统服务端口，并建立相应的端口开放审批制度。 5. 应定期检验网络设备软件版本信息，避免当前软件版本中出现安全隐患。 6. 软件版本升级前，应对重要文件进行备份。 7. 应及时更新重要安全补丁。 8. 应具有防 DoS/DDoS 的安全设备或有效技术手段。 9. 应提供主要网络设备的热备份。 10. 应按照业务和安全管理需求，划分 VLAN，并配置 VLAN 间的访问控制策略。
测试记录： 1. 网络设备按照最小服务进行配置。 2. 每天对网络设备配置文件做备份，备份文件保存在网管服务器中。 3. 管理员通过中国民生银行网络集中管理平台对网络设备运行情况进行监控。 4. 安全部门对服务端口进行梳理，关掉了网络设备中不必要的服务端口，并建立了相应的端口开放审批制度。 5. 设备厂商每月提供设备软件的升级信息。 6. 软件版本升级前，管理员对网络设备配置文件做备份，备份文件保存在网管服务器中。 7. 管理员每个月通过设备厂商提供的信息更新重要安全补丁。 8. 防火墙仅对 SYN Flood 攻击做了安全防护。 9. 主要网络设备采用双机热备方式部署。 10. 按照业务和安全管理需求划分了 VLAN，并通过防火墙配置了 VALN 间的访问控制策略。
备注：

2. 数据流监测

数据流监测的测评如表 4.53 所示。

表 4.53　数据流监测测评表

测试类别：信息系统安全等级测评（三级）
测试类：网络脆弱性识别
测试项：数据流监测
测试要求： 1. 应能够检测到系统管理数据、鉴别信息和重要业务数据在传输过程中完整性受到破坏，并在检测到完整性错误时采取必要的恢复措施。 2. 应采用加密或其他有效措施实现系统管理数据、鉴别信息和重要业务数据的传输保密性。
测试记录： 1. 采用 HTTP 方式访问应用系统，无法保证通信过程中数据的完整性。 2. 采用 HTTP 方式访问应用系统，无法保证通信过程中数据的保密性。采用 HTTPS/SSH 方式访问网络设备和服务器，管理数据和鉴别数据在传输过程中已加密。
备注：

4.7.2　网络架构安全评估

1. 网络拓扑评估

对网络拓扑评估的测评内容如表 4.54 所示。

表 4.54　网络拓扑评估测评表

测试类别：信息系统安全等级测评（三级）
测试类：网络架构安全评估
测试项：网络拓扑评估
测试要求： 1. 应保证主要网络设备和通信线路冗余，主要网络设备业务处理能力能满足业务高峰期需要的一倍以上，双线路设计时，宜由不同的服务商提供。 2. 应保证网络各个部分的带宽满足业务高峰期需要。 3. 应绘制与当前运行情况相符的网络拓扑结构图。 4. 应根据各部门的工作职能、重要性和所涉及信息的重要程度等因素，划分不同的子网或网段，并按照方便管理和控制的原则为各子网、网段分配地址段，生产网、互联网、办公网之间都应实现有效隔离。
测试记录： 1. 网络设备处理能力： CPU：5%　　　内存：45%　　　带宽：千/万兆 业务高峰期的设备 CPU 利用率：5% 网络设备的处理能力为千兆或万兆，管理员通过中国民生银行网络集中管理平台监控设备状态，监控记录表明设备 CPU、内存利用率等性能能够满足业务高峰需要。 2. 网络各部分带宽需求： 内部线路带宽为千/万兆 上述网络带宽是否满足基本业务高峰期需要： ■ 是　　　□ 否 内部线路带宽为千兆或万兆，外联区通过专线与第三方机构相连，网络各个部分的带宽能够满足业务高峰期需要。 3. 网络拓扑结构图与当前运行的实际网络系统是否一致： ■ 是　　　□ 否

(续)

网络拓扑结构图与当前运行的实际网络系统一致。 4. 网络主要分为外联区、生产业务后台区、生产业务隔离区、办公业务后台区、管理区、内部办公区等。内部办公区再根据不同部门划分子网。
备注：

2. 路由协议评估

对路由协议评估的测评内容如表 4.55 所示。

表 4.55　路由协议评估测评表

测试类别：信息系统安全等级测评（三级）
测试类：网络架构安全评估
测试项：路由协议评估 测试要求： 1. 应在业务终端与业务服务器之间进行路由控制，建立安全的访问路径。 2. 启用动态 IGP（RIPV2、OSPF、ISIS 等）或 EGP（BGP）协议时，应启用路由协议认证功能，如 MD5 加密，确保与可信方进行路由协议交互。 3. 应启用安全配置，防止路由风暴和非法路由注入。 4. 应根据业务和安全策略，配置冗余路由。
测试记录： 1. 业务终端与业务服务器之间进行路由控制的措施：防火墙、交换机上设置静态路由。 2. 启用了路由认证功能，采用 MD5 加密，确保与可信方进行路由协议交互。 3. 启用了路由的安全配置，能够防止路由风暴和非法路由注入。 4. 根据业务和安全策略，配置了冗余路由。
备注：

3. 接入方式评估

对接入方式评估的测评内容如表 4.56 所示。

表 4.56　接入方式评估测评表

测试类别：信息系统安全等级测评（三级）
测试类：网络架构安全评估
测试项：接入方式评估
测试要求： 1. 应避免将重要网段部署在网络边界处且直接连接外部信息系统，重要网段与其他网段之间采取可靠的技术隔离手段。 2. 应在网络边界部署访问控制设备，启用访问控制功能。 3. 应在会话处于非活跃一定时间后或会话结束后终止网络连接。 4. 应在网络区域边界（互联网区域边界、外部区域边界和内部区域边界）对网络最大流量数及网络并发连接数进行监控。 5. 应对拨号接入用户采用数字证书认证机制，并限制具有拨号访问权限的用户数量。 6. 应能够对非授权设备私自连接到内部网络的行为进行检查，准确定出位置，并对其进行有效阻断。 7. 应能够对内部网络用户私自连接到外部网络的行为进行检查，准确定出位置，并对其进行有效阻断。
测试记录： 1. 重要网段与其他网段之间的隔离手段：Juniper 防火墙

（续）

在网络边界处部署了 Juniper 防火墙，防火墙将各个区域进行隔离。 2. 部署的边界网络设备：Juniper 防火墙 是否启用了访问控制功能： ■ 是　　□ 否 在网络边界处部署了 Juniper 防火墙，并启用了访问控制功能。 3. 是否有会话处于非活跃的时间或会话结束后自动终止网络连接的配置： ■ 是：Juniper 防火墙配置了长连接超时时间。 □ 否 各区域防火墙配置了长连接超时时间。 4. 通过 XX 单位网络集中管理平台对网络最大流量数及网络并发连接数进行监控。 5. 无拨号接入用户，不适用。 6. 是否部署了非法接入检测设备/软件： ■ 是，检测设备/软件的名称：中国民生银行安全桌面系统、iNode 智能客户端、趋势科技防毒墙网络版客户端 □ 否 是否能够正确实现定位和阻断功能： ■ 是　　□ 否 交换机对服务器进行了 IP/MAC 绑定，终端部署了安全桌面、智能客户端、趋势科技防毒墙网络版客户端，能够对非授权设备私自连接到内部网络的行为进行检查，并对其进行有效阻断。 7. 是否部署了非法外联检测设备/软件： ■ 是，检测设备/软件的名称：iNode 智能客户端 □ 否 是否能够正确实现定位和阻断功能： ■ 是　　□ 否 终端部署了 iNode 智能客户端，智能客户端禁用了多网卡，能够对内部网络用户私自连接到外部网络的行为进行检查，并对其进行有效阻断。
备注：

4. 协议选择评估

对协议选择评估的测评内容如表 4.57 所示。

表 4.57　协议选择评估测评表

测试类别：信息系统安全等级测评（三级）
测试类：网络架构安全评估
测试项：协议选择评估
测试要求： 1. 应对进出网络的信息内容进行过滤，实现对应用层 HTTP、FTP、TELNET、SMTP、POP3 等协议命令级的控制。 2. 应能根据会话状态信息为数据流提供明确的允许/拒绝访问的能力，控制粒度为端口级。 3. 用 IP 协议进行远程维护的设备应使用 SSH 等加密协议。 4. 对网络设备系统自带的服务端口进行梳理，关掉不必要的系统服务端口，并建立相应的端口开放审批制度。
测试记录： 1. 应用层控制策略中是否对 HTTP、FTP、TELNET、SMTP、POP3 等协议进行了命令级的控制： □ 是　　■ 否 控制策略的描述：无 未对进出网络的信息内容进行过滤，未实现对应用层 HTTP、FTP、TELNET、SMTP、POP3 等协议命令级的控制。 2. 是否根据会话状态信息对数据流进行控制： ■ 是　　□ 否 控制的网段包括：外联区、生产业务后台区、生产业务隔离区、办公业务后台区、管理区、内部办公区等。 控制粒度是否为端口级： ■ 是　　□ 否 根据数据包的源 IP 地址、目的 IP 地址、协议和端口，Juniper 防火墙的访问控制策略配置了明确的允许/拒绝访问的访问控制策略，控制粒度为端口级。

（续）

3. 管理员通过 SSH 方式远程管理设备，鉴别信息在网络传输过程中已加密。 4. 安全部门对服务端口进行梳理，关掉了网络设备中不必要的服务端口，并建立了相应的端口开放审批制度。
备注：

5. 系统 Bug 的检查处理机制

对系统 Bug 的检查处理机制的测评内容如表 4.58 所示。

表 4.58　系统 Bug 的检查处理机制测评表

测试类别：信息系统安全等级测评（三级）
测试类：网络架构安全评估
测试项：系统 Bug 的检查处理机制
测试要求： 1. 应对系统 Bug 数据进行收集并能够在其上进行分析。 2. 应对收集到的 Bug 数据进行分类，并根据严重程度进行标识。 3. 应对 Bug 进行管理和维护，包括 Bug 的发现、收集和上报、解决、复核等过程。 4. 应对 Bug 信息进行管理，应包括 Bug 编号、状态、标题、详细描述、严重程度、紧急程度、来源、发现时间、所属项目/模块、指定解决人、指定解决时间、解决人、处理结果描述、处理时间、复核人、复核结果描述、复核时间等。
测试记录： 1. IT 运维管理系统通过安全管理工单对系统 Bug 数据进行收集，由专人对 Bug 数据进行分析。 2. Bug 数据按照主题、来源、紧急程度等进行分类，根据严重程度进行了标识。 3. IT 运维管理系统通过安全管理工单对 Bug 进行统一管理和维护，安全管理工单中记录了 Bug 的发现、收集和上报、解决、复核等过程。 4. 安全管理工单记录的信息包括流水号、建单人、建单人部门、工单状态、建单时间、处理人、请求人、请求人姓名、请求人部门、请求人手机、请求人邮件、问题主题、问题分类、问题来源、应用系统、环境类型、问题发生时间、紧急程度、问题描述、附件等。
备注：

6. 安全事件紧急响应措施评估

对安全事件紧急响应措施评估的测评内容如表 4.59 所示。

表 4.59　安全事件紧急响应措施评估测评表

测试类别：信息系统安全等级测评（三级）
测试类：网络架构安全评估
测试项：安全事件紧急响应措施评估
测试要求： 1. 应对网络防黑常用配置的资料进行整理、分类和管理。 2. 应对网络故障进行记录，根据记录结果查找原因并分析结果。
测试记录： 1. 管理员对经常入侵或攻击网络的 IP 地址进行记录和整理，在防火墙上设立了黑名单，能够防止黑名单内的 IP 地址对网络进行入侵或攻击。 2. 管理员对网络故障进行了记录，不定期对记录进行整理和分析。
备注：

7. 安全审计制度和实施情况调查

对安全审计制度和实施情况调查的测评内容如表 4.60 所示。

表 4.60 安全审计制度和实施情况调查测评表

测试类别：信息系统安全等级测评（三级）
测试类：网络架构安全评估
测试项：安全审计制度和实施情况调查
测试要求： 1. 应对网络系统中的网络设备运行状况、网络流量、用户行为等进行日志记录。 2. 审计记录应包括事件的日期和时间、用户、事件类型、事件是否成功及其他与审计相关的信息。 3. 应能够根据记录数据进行分析，并生成审计报表。 4. 应对审计记录进行保护，避免受到未预期的删除、修改或覆盖等，保存时间不少于半年。 5. 应开启 NTP 服务保证记录时间的准确性。
测试记录： 1. 核查被测系统的网络设备是否对运行状况、网络流量、用户行为等进行审计，并保存了相应的记录： 记录的用户行为包括：■ 成功登录　■ 失败登录　■ 退出登录　■ 配置更改 设备能够记录自身运行状态、网络流量、用户行为，记录的用户行为包括成功登录、失败登录、退出登录、更改配置等。管理员通过中国民生银行网络集中管理平台对网络设备运行情况、网络流量进行监控。 2. 审计记录信息包括： ■事件的日期和时间　■用户　■事件类型　■事件是否成功　■其他与审计相关的信息：源 IP 地址 设备的审计记录包括事件的日期和时间、用户、源 IP 地址、事件类型、事件结果等信息。 3. 是否对审计记录数据进行了分析，并生成相应的审计报表： ■ 是　　□ 否 对记录的查询条件：时间和日期等 可生成的审计报表种类：堡垒机可以生成柱状图、曲线 设备能够对日志进行条件查询，堡垒机记录用户行为，并能够生成审计报表。 4. 对审计记录进行的保护措施，包括避免受到未预期的删除、修改或覆盖等： 审计数据存储位置：设备本地 审计数据的删除、修改方式：不能修改，管理员可以删除 审计数据的覆盖方式：循环覆盖 日志文件的备份策略：日志服务器 40.2.208.1/2 审计数据存储在设备本地，并实时发送给日志服务器，保存时间为半年以上。审计数据不能被修改，仅管理员可以删除审计数据，覆盖方式为循环覆盖。 5. 网络中部署了 NTP 服务器，保证了记录时间的准确性。
备注：

8. 密码和身份认证手段调查和评估

对密码和身份认证手段调查和评估的测评内容如表 4.61 所示。

表 4.61 密码和身份认证手段调查和评估测评表

测试类别：信息系统安全等级测评（三级）
测试类：网络架构安全评估
测试项：密码和身份认证手段调查和评估
测试要求： 1. 应对网络访问者提供身份标识与鉴别措施。 2. 客户端与服务器应使用安全的协议和强壮的加密算法进行安全、可靠的双向身份认证。双向身份认证是指不仅客户端对服务器身份进行认证，服务器也应认证客户端身份。 3. 整个通信期间，经过认证的通信线路应一直保持安全连接状态。 4. Web 服务器应使用权威机构颁发的数字证书以标识其真实性，内部业务和管理可采用自建证书。 5. 应确保客户获取的金融机构 Web 服务器的根证书真实有效，可采用的方法包括但不限于：在客户开通网上银行时分发根证书，或将根证书集成在客户端控件下载包中分发等。
测试记录： 1. 通过用户名/口令的方式对网络访问者进行标识和鉴别。

（续）

2. 客户端与服务器未进行双向身份认证。 3. 客户端通过 SSH 方式远程访问服务器，整个通信期间，经过认证的通信线路一直保持安全连接状态。 4. 系统中无 Web 服务器，不适用。 5. 系统中无 Web 服务器，不适用。
备注：

9. 访问控制情况调查评估

对访问控制情况调查评估的测评内容如表 4.62 所示。

表 4.62　访问控制情况调查评估测评表

测试类别：信息系统安全等级测评（三级）
测试类：网络架构安全评估
测试项：访问控制情况调查评估
测试要求： 1. 应在网络隔离点部署访问控制设备，启用访问控制功能。 2. 网络设备应按最小安全访问原则设置访问控制权限。 3. 应按用户和系统之间的允许访问规则，决定允许或拒绝用户对受控系统进行资源访问，控制粒度为单个用户。
测试记录： 1. 部署的边界网络设备：Juniper 防火墙 是否启用了访问控制功能： ■ 是　　□ 否 在网络边界处部署了 Juniper 防火墙，并启用了访问控制功能。 2. 网络设备应按最小安全访问原则设置了访问控制权限。 3. 设备的访问控制策略中是否按用户和系统之间的允许访问规则，决定允许或拒绝用户对受控系统进行资源访问： ■ 是　　□ 否 访问控制策略的描述：堡垒机通过配置用户、用户组，并结合访问控制规则实现了对认证成功的用户允许访问受控资源 控制粒度是否为单个用户： ■ 是　　□ 否 堡垒机通过配置用户、用户组，并结合访问控制规则可以实现对认证成功的用户允许访问受控资源，控制粒度为单个用户。
备注：

10. 漏洞评估和入侵检测机制评估

对漏洞评估和入侵检测机制评估的测评内容如表 4.63 所示。

表 4.63　漏洞评估和入侵检测机制评估测评表

测试类别：信息系统安全等级测评（三级）
测试类：网络架构安全评估
测试项：漏洞评估和入侵检测机制评估
测试要求： 1. 应定期对网络系统进行漏洞扫描，对发现的网络系统安全漏洞进行及时的修补。 信息安全管理人员经本部门主管领导批准后，有权对本机构或辖内网络进行安全检测、扫描，检测、扫描结果属敏感信息，未经授权不得对外公开，未经科技主管部门授权，任何外部机构与人员不得检测或扫描机构内部网络。 　2. 应在网络边界监视以下攻击行为：端口扫描、强力攻击、木马后门攻击、拒绝服务攻击、缓冲区溢出攻击、注入式攻击、IP 碎片攻击和网络蠕虫攻击等。

（续）

3. 当检测到攻击行为时，记录攻击源 IP、攻击类型、攻击目的、攻击时间，在发生严重入侵事件时应提供报警。
测试记录： 1. 管理员每季度对网络系统进行漏洞扫描，对发现的网络系统安全漏洞进行分析，并对系统漏洞进行及时修补。 2. 需要经过安全主管授权后，方可进行网络漏洞扫描，漏洞扫描结果仅由安全部门控制。 3. 入侵防范设备/软件名称：IDS。 能够实现的对攻击行为的监控范围包括： ■端口扫描　　■强力攻击　　■木马后门攻击　　■拒绝服务攻击　　■缓冲区溢出攻击　　■IP 碎片攻击 ■网络蠕虫攻击 攻击事件特征库的版本及监控引擎的版本是否为最新版本： ■ 是　　□ 否 对特征库及监控引擎的升级方式：每周一手动下载并更新攻击事件特征库 部署了入侵检测系统，能够对端口扫描、强力攻击、木马后门攻击、拒绝服务攻击、缓冲区溢出攻击、IP 碎片攻击和网络蠕虫攻击等进行检测和记录。管理员每周一手动下载并更新攻击事件特征库，目前攻击事件特征库的版本为最新。 4. 记录的信息包括： ■攻击源 IP　　■攻击类型　　■攻击目的　　■攻击时间　　□其他： 是否能够对严重的入侵事件及时报警： ■ 是，报警方式有哪些：专人查看，实时查看屏显，严重事件电话通知 □ 否 入侵检测日志包括攻击事件的日期和时间、源 IP 地址、目的 IP 地址、事件类型等信息，在发生严重入侵事件时以电话方式提供报警。
备注：

11. 安全策略和安全制度分析评估

对安全策略和安全制度分析评估的测评内容如表 4.64 所示。

表 4.64　安全策略和安全制度分析评估测评表

测试类别：信息系统安全等级测评（三级）
测试类：网络架构安全评估
测试项：安全策略和安全制度分析评估
测试要求： 1. 应建立网络安全运行管理制度，对网络安全配置（最小服务配置）、日志保存时间、安全策略、升级与打补丁、口令更新周期、重要文件备份等方面做出规定。 2. 应制订网络接入管理规范，任何设备接入网络前，接入方案应经过信息部门的审核，审核批准后方可接入网络并分配相应的网络资源。 3. 应制订远程访问控制规范，确因工作需要进行远程访问的，应由访问发起机构信息部门核准，提请被访问机构信息部门（岗）开启远程访问服务，并采取单列账户、最小权限分配、及时关闭远程访问服务等安全防护措施。
测试记录： 1. 制订并发布了《XX 单位信息部门制度汇编》，对网络安全配置、日志保存时间、安全策略、升级与打补丁、口令更新周期、重要文件备份等方面做出了规定。 2. 任何设备接入网络前，需经过信息部门的审核，审核批准后方可接入网络并分配相应的网络资源。 3. 远程访问需经过信息部门的审批，信息部门通过安全桌面和堡垒机对访问用户进行安全控制。
备注：

12. 安全配置均衡性分析

对安全配置均衡性分析的测评内容如表 4.65 所示。

表 4.65 安全配置均衡性分析测评表

测试类别：信息系统安全等级测评（三级）
测试类：网络架构安全评估
测试项：安全配置均衡性分析
测试要求： 1. 安全配置的安全防护措施。 2. 网络设备（特别是核心交换机）的稳定性直接关系到整个网络数据流量能否正常通过，核心层交换机的安全性问题会影响稳定状态的保持，至关重要，保护好核心交换机的安全问题其实是在保护核心交换机的稳定性，做好安全防护工作。 3. 使用 SSH 来作为远程登录的方式。 4. 在虚拟线路中对远程登录的最大连接数进行限制。 5. 为了防范网络设备上的一些恶意攻击行为，禁用所有未用的端口，以免因为一些无知行为或误操作，导致一些无法预料的后果。 6. 为提高安全，应把暂时不需要用到的服务关闭。
测试记录： 1. 设备进入特权模式需要口令，对口令进行了加密；远程登录时，需要输入用户名/口令；采用 HTTPS/SSH 方式远程登录设备。 2. 网络设备由主流的厂商提供，设备性能稳定；管理员通过中国民生银行网络集中管理平台对网络设备进行监控，监控记录表明核心交换机等网络设备的 CPU、内存利用率能够满足业务高峰期的需要。 3. 管理员通过 HTTPS/SSH 方式远程登录设备。 4. 未对远程登录的最大连接数进行限制。 5. 仅对业务中需要的端口进行开放，禁用了所有无用端口。 6. 关闭了所有不需要的服务。
备注：

13. 接入/连接方式的安全性评估

对接入/连接方式的安全性评估如表 4.66 所示。

表 4.66 接入/连接方式的安全性评估测评表

测试类别：信息系统安全等级测评（三级）
测试类：网络架构安全评估
测试项：接入/连接方式的安全性评估
测试要求： 1. 应明确业务终端与业务服务器之间的访问路径。 2. 重要网段应采取技术手段防止地址欺骗。
测试记录： 1. 业务终端与业务服务器之间进行路由控制的措施：防火墙、交换机上设置了静态路由 2. 是否为重要设备设置 IP 地址与 MAC 地址的绑定： ■ 是：交换机对服务器进行了 IP/MAC 绑定 □ 否
备注：

14. 信任网络之间的安全性评估

对信任网络之间的安全性评估如表 4.67 所示。

表 4.67　信任网络之间的安全性评估测评表

测试类别：信息系统安全等级测评（三级）
测试类：网络架构安全评估
测试项：信任网络之间的安全性评估
测试要求： 1. 应在网络边界部署访问控制设备，启用访问控制功能。 2. 应定期检查违反规定拨号上网或其他违反网络安全策略行为的记录。
测试记录： 1. 部署的边界网络设备：Juniper 防火墙 是否启用了访问控制功能： ■ 是　　□ 否 在网络边界处部署了 Juniper 防火墙，并启用了访问控制功能。 2. 终端部署了安全桌面、智能客户端、趋势科技防毒墙网络版客户端，能够对非授权设备私自连接到内部网络和内部网络用户私自连接到外部网络的行为进行检查，并对其进行有效阻断。
备注：

15. 网络节点的安全性评估

对网络节点的安全性评估如表 4.68 所示。

表 4.68　网络节点的安全性评估测评表

测试类别：信息系统安全等级测评（三级）
测试类：网络架构安全评估
测试项：网络节点的安全性评估
测试要求： 1. 网络设备远程管理应具备防窃听措施。 2. 应启用网络设备远程管理防窃听措施。 3. 应对网络设备的管理员登录地址进行限制。 4. 网络设备用户的标识应唯一。 5. 应具有登录失败处理功能，可采取结束会话、限制非法登录次数和网络登录连接超时自动退出等措施。 6. 应实现设备特权用户的权限分离。
测试记录： 1. 网络设备启用了 HTTPS、SSH 等远程管理方式。 2. 管理员通过 HTTPS/SSH 方式对网络设备进行远程管理，鉴别数据在传输过程中被加密。 3. 检查设备是否对管理员的登录地址进行了限制： ■ 是　　□ 否 限制地为：网络设备仅对提供工单的 IP 开放 外联隔离一区 IDS、生产业务后台区 IDS、生产业务隔离区 IDS、堡垒机未限制管理员的登录地址。 4. 网络设备用户的标识唯一。 5. 设备通过堡垒机统一管理，堡垒机连续登录失败 5 次后，将锁定账户，被锁定的账户需要管理员解锁才能恢复使用。 6. 设备通过堡垒机统一管理，堡垒机按照配置管理员、审计管理员和普通用户等划分特权用户，实现了特权用户的权限分离。
备注：

16. 网络架构管理评估

网络架构管理评估如表 4.69 所示。

表 4.69　网络架构管理评估测评表

测试类别：信息系统安全等级测评（三级）
测试类：网络架构安全评估
测试项：网络架构管理评估
测试要求： 　1. 应指定专人对网络进行管理，负责运行日志、网络监控记录的日常维护和报警信息分析和处理工作，并有操作和复核人员的签名，维护记录应至少妥善保存 3 个月。 　2. 以不影响正常网络传输为原则，合理控制多媒体网络应用规模和范围，未经信息主管部门批准，不得在内部网络上提供跨辖区视频点播等严重占用网络资源的多媒体网络应用。 　3. 实行统一规范、分级管理、各负其责的安全管理模式，未经信息主管部门核准，任何机构不得自行与外部机构实施网间互联。 　4. 所有网间互联应用系统和外联网络区应定期进行威胁评估和脆弱性评估并提供威胁和脆弱性评估报告。
测试记录： 　1. 由专人负责网络管理、日常维护和报警分析处理，对运行日志、网络监控进行了记录，记录保存的时间在 3 个月以上。 　2. 内部网络中无严重占用网络资源的多媒体网络应用，不适用。 　3. 与外部机构实施网间互联必须通过安全部门的审批。 　4. 每季度对系统进行漏洞扫描，并生成漏洞扫描报告。
备注：

17. 网络设备认证管理评估

对网络设备认证管理的评估如表 4.70 所示。

表 4.70　网络设备认证管理评估测试表

测试类别：信息系统安全等级测评（三级）
测试类：网络架构安全评估
测试项：网络设备认证管理评估
测试要求： 1. 应对登录网络设备的用户进行身份鉴别。 2. 网络设备不允许使用默认口令。 3. 主要网络设备宜对同一用户选择两种或两种以上方法的组合鉴别。 4. 应定期检查并锁定或撤销网络设备中不必要的用户账号。 5. 应部署集中认证管理系统或设备，实现对网络设备的统一认证管理。
测试记录： 1. 网络设备通过口令对登录用户进行身份鉴别。 2. 网络设备的默认口令已更改。 3. 网络设备通过堡垒机统一管理，堡垒机采用静态口令和动态令牌组合的方式对同一用户进行身份鉴别。 4. 管理员定期删除堡垒机中的无用账户。 5. 所有设备通过堡垒机统一管理，采用 AAA 服务器实现对网络设备的统一认证管理。 堡垒机静态口令为 6 位数字，未配置强制更改密码策略；动态口令为 6 位数字，每分钟更换一次。 AAA 服务器口令长度为 8 位，由字母和数字组成，未配置强制更改密码策略。
备注：

18. 网络的高可用性和可靠性评估

对网络的高可用性和可靠性评估如表 4.71 所示。

表 4.71　网络的高可用性和可靠性评估测评表

测试类别：信息系统安全等级测评（三级）
测试类：网络架构安全评估
测试项：网络的高可用性和可靠性评估
测试要求： 1. 应按照业务服务的重要程度来指定带宽分配优先级别，保证在网络发生拥堵的时候优先保护重要主机。 2. 应提供本地数据备份与恢复功能，采取实时备份与异步备份或增量备份与完全备份的方式，增量数据备份每天一次，完全数据备份每周一次，备份介质场外存放，数据保存期限依照国家相关规定。 3. 应提供异地数据备份功能，利用通信网络将关键数据定时批量传送至备用场地。 4. 同城数据备份中心与生产中心的直线距离应至少达到 30 公里，可以接管所有核心业务的运行；异地数据备份中心与生产中心的直线距离应至少达到 100 公里。 5. 为满足灾难恢复策略的要求，应对技术方案中关键技术应用的可行性进行验证测试，并记录和保存验证测试结果。 6. 数据备份存放方式应以多冗余方式，完全数据备份至少保证以一个星期为周期的数据冗余。 7. 异地备份中心应配备恢复所需的运行环境，并处于就绪状态或运行状态，"就绪状态"指备份中心的所需资源（相关软硬件以及数据等资源）已完全满足但设备 CPU 还没有运行；"运行状态"指备份中心除所需资源完全满足要求外，CPU 也在运行状态。 8. 应采用冗余技术设计网络拓扑结构，避免关键节点存在单点故障。 9. 应提供主要网络设备、通信线路和数据处理系统的硬件冗余，保证系统的高可用性。
测试记录： 1. 在网络拥堵时，是否有带宽分配策略，保证重要业务优先： □ 是　　■ 否 未按照对业务服务的重要程度来指定带宽分配的优先级别。 2. 提供了本地数据备份与恢复功能，每天对数据进行全量备份，重要数据保存到物理带库。 3. 建立了异地灾备中心，定时将关键数据传输到灾备中心。 4. XX 机房和主机房同城互备，直线距离在 30 公里以上；异地灾备中心与生产中心直线距离在 100 公里以上。 5. 所有系统都对数据进行有效性检查，频率为一级系统及关键系统每年两次，二级系统每年一次，其他系统两年一次；生产运维部系统运维中心对验证结果进行记录和保存。 6. 数据备份采用多冗余方式，完全备份数据保存一周以上。 7. 异地备份中心配备了恢复所需的运行环境，并处于运行状态。 8. 网络采用了冗余链路、设备双机热备等冗余技术，以避免关键节点存在单点故障。 9. 网络设备采用双机热备，通信线路采用冗余链路技术，能够保证系统的高可用性。
备注：

4.8　数据安全测评

等级保护测评机构针对被测评单位的数据实际情况，对数据完整性、数据保密性、备份和恢复等方面进行相应的策略测评。

4.8.1　数据完整性

对数据完整性的测评内容如表 4.72 所示。

表 4.72　数据完整性测评表

测试类别：信息系统安全等级测评（三级）
测试类：数据安全测评
测试项：数据完整性

（续）

测试要求： 1. 应能够检测到系统管理数据、鉴别信息和重要业务数据在传输过程中完整性受到破坏，并在检测到完整性错误时采取必要的恢复措施。 2. 应能够检测到系统管理数据、鉴别信息和重要业务数据在存储过程中完整性受到破坏，并在检测到完整性错误时采取必要的恢复措施。
测试记录： 1. 满足。 2. 满足。
备注：

4.8.2 数据保密性

对数据保密性的测评内容如表 4.73 所示。

表 4.73 数据保密性测评表

测试类别：信息系统安全等级测评（三级）
测试类：数据安全测评
测试项：数据保密性
测试要求： 1. 应采用加密或其他有效措施实现系统管理数据、鉴别信息和重要业务数据的传输保密性。 2. 应采用加密或其他保护措施实现系统管理数据、鉴别信息和重要业务数据的存储保密性。
测试记录： 1. 满足。 2. 满足。
备注：

4.8.3 备份和恢复

对备份和恢复的测评内容如表 4.74 所示。

表 4.74 备份和恢复测评表

测试类别：信息系统安全等级测评（三级）
测试类：数据安全测评
测试项：备份和恢复
测试要求： 1. 应提供本地数据备份与恢复功能，完全数据备份至少每天一次，备份介质场外存放。 2. 应提供异地数据备份功能，利用通信网络将关键数据定时批量传送至备用场地。 3. 应采用冗余技术设计网络拓扑结构，避免关键节点存在单点故障。 4. 应提供主要网络设备、通信线路和数据处理系统的硬件冗余，保证系统的高可用性。

（续）

测试记录： 1. 异地备份，每天备份一次。 2. 满足。 3. 满足。 4. 满足。
备注：

4.9　安全管理制度

　　等级保护测评机构针对被测评单位的安全制度实际情况，对管理制度及其制订和发布、评审和修订等方面进行相应的策略测评。

4.9.1　管理制度

　　对管理制度的测评内容如表 4.75 所示。

表 4.75　管理制度测评表

测试类别：信息系统安全等级测评（三级）
测试类：安全管理制度
测试项：管理制度
测试要求： 1. 应制订信息安全工作的总体方针和安全策略，说明机构安全工作的总体目标、范围、原则和安全框架等。 2. 应对安全管理活动中的各类管理内容建立安全管理制度。 3. 应对要求管理人员或操作人员执行的日常管理操作建立操作规程。 4. 应形成由安全策略、管理制度、操作规程等构成的全面的信息安全管理制度体系。
测试记录： 　1. 具有单独的信息安全总体方针文件或其他涵盖信息安全总体方针策略要求的相关管理文件。内容包括信息安全的目标、范围、原则、框架等。 　2. 管理制度完善，能够包含各方面的信息安全管理制度，管理制度应包括但不局限于物理、网络、主机、数据、应用、管理等层面的管理内容。 　3. 具有日常管理岗位的操作规程，如安全主管、安全管理员、网络管理员、主机管理员、安全审计员、数据库管理员、物理管理员等日常操作规程。 　4. 管理制度体系完整，层次覆盖安全方针策略、安全管理制度、操作规程和记录文档等。
备注：

4.9.2　制订和发布

　　对制订和发布的测评内容如表 4.76 所示。

表 4.76 制订和发布测评表

测试类别：信息系统安全等级测评（三级）
测试类：安全管理制度
测试项：制订和发布
测试要求： 1. 应指定或授权专门的部门或人员负责安全管理制度的制订。 2. 安全管理制度应具有统一的格式，并进行版本控制。 3. 应组织相关人员对制订的安全管理制度进行论证和审定。 4. 安全管理制度应通过正式、有效的方式发布。 5. 安全管理制度应注明发布范围，并对收发文进行登记。
测试记录： 1. 指定或授权专门的部门或人员负责安全管理制度的制订。已制订的安全管理制度中可查阅到被授权部门或人员信息。 2. 对于制度的格式、版本标识以及密级的要求等内容有明确规定。相关管理制度文本具有统一的格式。管理制度中可查阅到版本信息。 3. 具有对已发布的安全管理制度进行论证和审定的记录文件。 4. 有针对所有管理制度的正式通知，正式通知中包括生效时间、发布范围等。 5. 具有管理制度发布范围内相关部门的收文记录。有相关管理制度发布范围的文档记录。
备注：

4.9.3 评审和修订

对评审和修订的测评内容如表 4.77 所示。

表 4.77 评审和修订测评表

测试类别：信息系统安全等级测评（三级）
测试类：安全管理制度
测试项：评审和修订
测试要求： 1. 信息安全领导小组应负责定期组织相关部门和相关人员对安全管理制度体系的合理性和适用性进行审定。 2. 应定期或不定期对安全管理制度进行检查和审定，对存在不足或需要改进的安全管理制度进行修订。
测试记录： 1. 有明确的安全管理制度审定周期。有与审定周期相符的定期组织审定的记录。有根据审定结论确定的整改措施。 2. 有已发布管理制度的检查或评审记录。具有与检查或评审记录相符的修订版本的安全管理制度。
备注：

4.10 安全管理机构

等级保护测评机构针对被测评单位的安全管理机构实际情况，对岗位设置、人员配备、授权和审批、沟通和合作、审核和检查等方面进行相应的策略测评。

4.10.1 岗位设置

对岗位设置的测评内容如表 4.78 所示。

表 4.78 岗位设置测评表

测试类别：信息系统安全等级测评（三级）
测试类：安全管理机构
测试项：岗位设置
测试要求： 1. 应设立信息安全管理工作的职能部门，设立安全主管、安全管理各个方面的负责人岗位，并定义各负责人的职责。 2. 应设立系统管理员、网络管理员、安全管理员等岗位，并定义各个工作岗位的职责。 3. 应成立指导和管理信息安全工作的委员会或领导小组，其最高领导由单位主管领导委任或授权。 4. 应制订文件明确安全管理机构各个部门和岗位的职责、分工和技能要求。
测试记录： 1. 设立了信息安全管理工作职能部门；设立了安全主管、安全管理各个方面的负责人岗位；有文件定义了各负责人的职责。 2. 设立了系统管理员、网络管理员、安全管理员等岗位；有文件定义了各个工作岗位的职责。 3. 具有成立信息安全工作委员会或领导小组的正式文件；文件中明确了委员会或领导小组的职责；委员会或领导小组的最高领导是单位主管领导委任或授权的。 4. 具有明确安全管理相关部门和岗位的正式文件；文件规定了相关部门和岗位的职责分工；文件明确了每个岗位的技能要求。
备注：

4.10.2 人员配备

对人员配备的测评内容如表 4.79 所示。

表 4.79 人员配备测评表

测试类别：信息系统安全等级测评（三级）
测试类：安全管理机构
测试项：人员配备
测试要求： 1. 应配备一定数量的系统管理员、网络管理员、安全管理员等。 2. 应配备专职安全管理员，不可兼任。 3. 关键事务岗位应配备多人共同管理。
测试记录： 1. 系统配备的系统管理员、网络管理员、安全管理员数量满足业务需要和相互制约的要求。 2. 配备专职的安全管理员。 3. 对关键事务岗位（如系统管理、网络管理、数据管理等岗位）配备多人共同管理，如 AB 角色。
备注：

4.10.3　授权和审批

对授权和审批的测评内容如表 4.80 所示。

表 4.80　授权和审批置测评表

测试类别：信息系统安全等级测评（三级）
测试类：安全管理机构
测试项：授权和审批
测试要求： 1. 应根据各个部门和岗位的职责明确授权审批事项、审批部门和批准人等。 2. 应针对系统变更、重要操作、物理访问和系统接入等事项建立审批程序，按照审批程序执行审批过程，对重要活动建立逐级审批制度。 3. 应定期审查审批事项，及时更新需授权和审批的项目、审批部门和审批人等信息。 4. 应记录审批过程并保存审批文档。
测试记录： 1. 具有明确授权审批事项的文件，至少包括系统变更、重要操作、物理访问和系统接入；针对审批事项应明确审批部门和批准人。 2. 对全部授权审批事项建立文档化审批程序；审批程序明确了重要活动的逐级审批流程。 3. 定期审查了审批事项，根据需要对授权和审批的项目、审批部门和审批人信息进行更新；提供定期审查审批事项及流程的记录。 4. 能够提供审批记录；审批记录的内容与审批程序文件要求相一致，实时记录、正确、完整。
备注：

4.10.4　沟通和合作

对沟通和合作的测评内容如表 4.81 所示。

表 4.81　沟通和合作测评表

测试类别：信息系统安全等级测评（三级）
测试类：安全管理机构
测试项：沟通和合作
测试要求： 1. 应加强各类管理人员之间、组织内部机构之间以及信息安全职能部门内部的合作与沟通，定期或不定期召开协调会议，共同协作处理信息安全问题。 2. 应加强与兄弟单位、公安机关、电信公司的合作与沟通。 3. 应加强与供应商、业界专家、专业的安全公司、安全组织的合作与沟通。 4. 应建立外联单位联系列表，包括外联单位名称、合作内容、联系人和联系方式等信息。 5. 应聘请信息安全专家作为常年的安全顾问，指导信息安全建设，参与安全规划和安全评审等。
测试记录： 1. 定期或不定期召开协调会议，共同协作处理信息安全问题；形成会议纪要。 2. 与兄弟单位、公安机关、电信公司进行过合作与沟通；提供合作与沟通的证明材料。 3. 与供应商、业界专家、专业的安全公司、安全组织进行过合作与沟通；提供合作与沟通的证明材料。 4. 建立外联单位联系列表；外联单位包括兄弟单位、公安机关、电信公司、供应商、业界专家、专业安全公司、安全组织等，联系列表包括外联单位名称、合作内容、联系人和联系方式等信息。 5. 聘请信息安全专家作为常年的安全顾问；提供聘书或其他证明文件；有信息安全专家指导信息安全建设，参与安全规划和安全评审的证明材料。
备注：

4.10.5　审核和检查

对审核和检查的测评内容如表4.82所示。

表4.82　审核和检查测评表

测试类别：信息系统安全等级测评（三级）
测试类：安全管理机构
测试项：审核和检查
测试要求： 1. 安全管理员应负责定期进行安全检查，检查内容包括系统日常运行、系统漏洞和数据备份等情况。 2. 应由内部人员或上级单位定期进行全面安全检查，检查内容包括现有安全技术措施的有效性、安全配置与安全策略的一致性、安全管理制度的执行情况等。 3. 应制订安全检查表格实施安全检查，汇总安全检查数据，形成安全检查报告，并对安全检查结果进行通报。 4. 应制订安全审核和安全检查制度以规范安全审核和安全检查工作，定期按照程序进行安全审核和安全检查活动。
测试记录： 1. 定期进行日常安全检查，内容包括系统日常运行、系统漏洞和数据备份等情况；提供日常安全检查记录。 2. 定期进行全面安全检查，内容包括现有安全技术措施的有效性、安全配置与安全策略的一致性、安全管理制度的执行情况等；提供年度全面安全检查记录。 3. 具有安全检查表；具有安全检查报告；具有对安全检查结果进行通报的记录。 4. 制订安全审核和检查制度；制度中明确了定期进行全面安全检查，明确了安全检查内容等。安全检查过程符合制度规定。
备注：

4.11　人员安全管理

等级保护测评机构针对被测评单位的人员实际情况，对人员录用、人员离岗、人员考核、安全意识和培训、外部人员访问管理等方面进行相应的策略测评。

4.11.1　人员录用

对人员录用的测评内容如表4.83所示。

表4.83　人员录用测评表

测试类别：信息系统安全等级测评（三级）
测试类：人员安全管理
测试项：人员录用
测试要求： 1. 应指定或授权专门的部门或人员负责人员录用。 2. 应严格规范人员录用过程，对被录用人的身份、背景、专业资格和资质等进行审查，对其所具有的技术技能进行考核。 3. 应签署保密协议。 4. 应从内部人员中选拔从事关键岗位的人员，并签署岗位安全协议。

（续）

测试记录： 1. 已指定或授权专门的部门或人员负责人员录用。 a）有人员录用过程管理规定。 b）有录用在职人员时对其身份、背景、专业资格和资质的审查材料。 c）有人员录用过程中的技能考核文档或记录。 3. 提供被录用人员签署的保密协议；保密协议覆盖保密范围、保密责任、违约责任、协议的有效期和责任人签字等。 4. 明确关键岗位；关键岗位人员内部选拔；提供从事关键岗位人员的岗位安全协议，包括岗位安全责任、违约责任、协议有效期限和责任人签字等。
备注：

4.11.2　人员离岗

对人员离岗的测评内容如表 4.84 所示。

表 4.84　人员离岗测评表

测试类别：信息系统安全等级测评（三级）
测试类：人员安全管理
测试项：人员离岗
测试要求： 1. 应严格规范人员离岗过程，及时终止离岗员工的所有访问权限。 2. 应取回各种身份证件、钥匙、徽章等，以及机构提供的软硬件设备。 3. 应办理严格的调离手续，关键岗位人员离岗前须承诺调离后的保密义务。
测试记录： 1. 建立人员离岗管理规定；人员离岗记录中表明已取消离岗人员的所有访问权限。 2. 提供人员离岗安全处理记录；人员离岗安全处理记录中包括交还身份证件、钥匙、徽章等，以及机构提供的软硬件设备。 3. 具有关键岗位人员离岗的保密承诺。
备注：

4.11.3　人员考核

对人员考核的测评内容如表 4.85 所示。

表 4.85　人员考核测评表

测试类别：信息系统安全等级测评（三级）
测试类：人员安全管理
测试项：人员考核
测试要求： 1. 应定期对各个岗位的人员进行安全技能及安全认知的考核。 2. 应对关键岗位的人员进行全面、严格的安全审查和技能考核。 3. 应对考核结果进行记录并保存。

（续）

测试记录： 1. 制订人员考核计划；人员考核计划覆盖各个岗位；考核内容包括安全技能、安全认知等；考核记录与考核周期一致。 2. 提供关键岗位人员安全审查记录；提供关键岗位人员技能考核记录。 3. 提供考核结果记录；考核文档妥善保存。
备注：

4.11.4　安全意识和培训

对安全意识和培训的测评内容如表 4.86 所示。

表 4.86　安全意识和培训测评表

测试类别：信息系统安全等级测评（三级）
测试类：人员安全管理
测试项：安全意识和培训
测试要求： 1. 应对各类人员进行安全意识教育、岗位技能培训和相关安全技术培训。 2. 应对安全责任和惩戒措施进行书面规定并告知相关人员，对违反安全策略和规定的人员进行惩戒。 3. 应对定期安全教育和培训进行书面规定，针对不同岗位制订不同的培训计划，对信息安全基础知识、岗位操作规程等进行培训。 4. 应对安全教育和培训的情况和结果进行记录并归档保存。
测试记录： 1. 按计划组织开展了各类人员的安全意识教育培训、岗位技能培训、安全技术培训等，提供了相关证明文件（培训通知、培训教材等）。 2. 明确安全责任和惩戒措施管理规定；有对违反规定人员的惩戒记录。 3. 明确定期开展安全教育和培训的管理规定；提供不同岗位的培训计划；培训计划中的内容涵盖信息安全基础知识、岗位操作规程等。 4. 提供参训人员教育培训结果记录；提供历次培训情况的记录；记录与培训计划一致。
备注：

4.11.5　外部人员访问管理

对外部人员访问管理的测评内容如表 4.87 所示。

表 4.87　外部人员访问管理测评表

测试类别：信息系统安全等级测评（三级）
测试类：人员安全管理
测试项：外部人员访问管理
测试要求： 1. 应确保外部人员在访问受控区域前先提出书面申请，被批准后由专人全程陪同或监督，并登记备案。 2. 对外部人员允许访问的区域、系统、设备、信息等内容应进行书面的规定，并按照规定执行。

（续）

测试记录： 1. 提供外部人员访问重要区域的书面申请且有批准人签字；有专人全程陪同或监督登记记录，包括访问重要区域的进入时间、离开时间、访问区域、访问设备或信息及陪同人等。 2. 明确外部人员访问管理规定，包括以下内容： a) 外部人员访问的范围（区域、系统、设备、信息等内容）。 b) 外部人员进入重要区域的批准流程。 c) 外部人员进入重要区域由专人全程陪同或监督的要求。
备注：

4.12　系统建设管理

等级保护测评机构针对被测评单位的系统建设实际情况，对系统定级、安全方案设计、产品采购和使用、自行软件开发、外包软件开发、工程实施、测试验收、系统交付、系统备案、等级测评、安全服务商选择等方面进行相应的策略测评。

4.12.1　系统定级

对系统定级的测评内容如表 4.88 所示。

表 4.88　系统定级测评表

测试类别：信息系统安全等级测评（三级）
测试类：系统建设管理
测试项：系统定级
测试要求： 1. 应明确信息系统的边界和安全保护等级。 2. 应以书面的形式说明确定信息系统为某个安全保护等级的方法和理由。 3. 应组织相关部门和有关安全技术专家对信息系统定级结果的合理性和正确性进行论证和审定。 4. 应确保信息系统的定级结果经过相关部门的批准。
测试记录： 1. 具有信息系统定级报告。定级报告中包括系统描述、系统安全保护等级确定原则、SAG 三个方面的级别，以及明确的系统对象描述和系统边界描述。 2. 在定级报告中详细描述了定级过程，定级的依据、方法和理由，明确分析了系统被破坏后对国家安全、社会秩序与公共利益、公民、法人和其他组织的合法权益造成的影响程度。 3. 组织了主管部门和安全技术专家对定级结果进行论证和审定。论证和审定材料齐全，内容至少包括论证和审定的内容、时间、人员签字和结论。 4. 如果有上级主管部门，定级结果具备上级主管部门确认的书面批准意见。如果没有上级主管部门，定级结果具备本单位主管领导的签字批准意见。
备注：

4.12.2　安全方案设计

对安全方案设计的测评内容如表 4.89 所示。

表 4.89　安全方案设计测评表

测试类别：信息系统安全等级测评（三级）
测试类：系统建设管理
测试项：安全方案设计
测试要求： 　1. 应根据系统的安全保护等级选择基本安全措施，并依据风险分析的结果补充和调整安全措施。 　2. 应指定和授权专门的部门对信息系统的安全建设进行总体规划，制订近期和远期的安全建设工作计划。 　3. 应根据信息系统的等级划分情况，统一考虑安全保障体系的总体安全策略、安全技术框架、安全管理策略、总体建设规划和详细设计方案，并形成配套文件。 　4. 应组织相关部门和有关安全技术专家对总体安全策略、安全技术框架、安全管理策略、总体建设规划、详细设计方案等相关配套文件的合理性和正确性进行论证和审定，并且经过批准后才能正式实施。 　5. 应根据等级测评、安全评估的结果定期调整和修订总体安全策略、安全技术框架、安全管理策略、总体建设规划、详细设计方案等相关配套文件。
测试记录： 　1. 系统建设/整改方案中有根据系统的安全保护等级选择基本安全措施的描述。 　系统建设/整改方案中有根据风险分析结果对系统安全措施进行补充和调整的内容。 　2. 指定了专门的部门对信息系统的安全建设进行总体规划。 　部门岗位职责文档中说明了负责安全建设总体规划的部门，或者该部门具备相关书面授权文件。 　制订了近期的安全建设工作计划，计划内容至少包括近期工作目标、建设内容和责任部门或人员。 　制订了远期的安全建设工作计划，计划内容至少包括远期工作目标、各阶段建设内容和责任部门或人员。 　3. 根据信息系统的等级划分情况统一考虑了总体安全策略、安全技术框架、安全管理策略、总体建设规划和详细设计方案。 　形成总体安全策略、安全技术框架、安全管理策略、总体建设规划和详细设计方案等配套系列文件。 　各文件内容之间保持一致。 　4. 组织相关部门对总体安全策略、安全技术框架、安全管理策略、总体建设规划、详细设计方案等相关配套文件进行了论证和审定。 　组织有关安全技术专家对总体安全策略、安全技术框架、安全管理策略、总体建设规划、详细设计方案等相关配套文件进行了论证和审定。 　具备论证和审定记录，至少包括论证和审定的时间、参与人员、内容与结果。 　经过批准后才正式实施，具备批准记录，至少包括批准时间、批准人员签字。 　5. 定期对配套文件进行评审和修订。 　保留了定期评审和修订记录，至少包括修订时间、人员、修订内容。
备注：

4.12.3　产品采购和使用

　　对产品采购和使用的测评内容如表 4.90 所示。

表 4.90　产品采购和使用测评表

测试类别：信息系统安全等级测评（三级）
测试类：系统建设管理
测试项：产品采购和使用
测试要求： 　1. 应确保安全产品采购和使用符合国家的有关规定。 　2. 应确保密码产品采购和使用符合国家密码主管部门的要求。 　3. 应指定或授权专门的部门负责产品的采购。 　4. 应预先对产品进行选型测试，确定产品的候选范围，并定期审定和更新候选产品名单。

（续）

测试记录：
1. 建立了安全产品采购相关管理规定。采购的安全产品具备采购记录，至少获得了销售许可证。
2. 建立了密码产品采购相关管理制度。采购的密码产品具备采购记录，至少获得了国家密码主管部门颁发的销售许可证。
3. 在采购管理制度中书面指定或授权专门的部门负责产品采购。
4. 采购前预先对产品进行了选型测试，具有产品选型测试结果记录，记录至少包括测试时间、测试地点、测试对象、测试结果、测试人员签字。根据选型测试结果制订了候选产品名单。定期对候选产品名单进行审定，并保留了定期审定记录，内容至少包括审定时间、审定对象、审定人员、审定结论。
备注：

4.12.4　自行软件开发

对自行软件开发的测评内容如表 4.91 所示。

表 4.91　自行软件开发测评表

测试类别：信息系统安全等级测评（三级）
测试类：系统建设管理
测试项：自行软件开发
测试要求： 1. 应确保开发环境与实际运行环境物理隔离，开发人员和测试人员分离，测试数据和测试结果受到控制。 2. 应制订软件开发管理制度，明确说明开发过程的控制方法和人员行为准则。 3. 应制订代码编写安全规范，要求开发人员参照规范编写代码。 4. 应确保提供软件设计的相关文档和使用指南，并由专人负责保管。 5. 应确保对程序资源库的修改、更新、发布进行授权和批准。
测试记录： 1. 授权专门部门负责软件开发管理。 开发环境与实际运行环境物理隔离，软件在独立的开发环境中编写和调试。 开发人员和测试人员分离，开发人员完成开发之后交给测试人员进行内部测试。 测试数据和测试结果受到控制，具备测试数据与结果使用控制记录。 2. 制订了软件开发管理制度，明确了软件设计、开发、测试过程的控制方法和人员行为准则，以及哪些开发活动应经过授权、审批。 3. 制订了代码编写安全规范，明确了代码编写规则及需要避免的不安全编码方式。 参照代码编写安全规范进行软件开发。 4. 提供了软件设计相关文档和使用指南。 软件设计相关文档和使用指南由专人负责保管。 具有软件开发相关文档（软件设计和开发程序文件、测试数据、测试结果、维护手册等）的使用控制记录。 5. 建立了程序资源库的修改、更新、发布管理制度。 具备对程序资源库的修改、更新、发布进行授权和审批的文档或记录，包含授权时间、授权内容和批准人的签字。
备注：

4.12.5　外包软件开发

对外包软件开发的测评内容如表 4.92 所示。

表 4.92　外包软件开发测评表

测试类别：信息系统安全等级测评（三级）
测试类：系统建设管理
测试项：外包软件开发
测试要求： 1. 应根据开发需求检测软件质量。 2. 应在软件安装之前检测软件包中可能存在的恶意代码。 3. 应要求开发单位提供软件设计的相关文档和使用指南。 4. 应要求开发单位提供软件源代码，并审查软件中可能存在的后门。
测试记录： 1. 依据开发要求中的技术指标对软件功能和性能进行了验收测试。 具有功能和性能测试报告，内容至少包括测试时间、测试地点、测试对象、测试所用工具、测试结论、测试人员。 2. 软件安装之前检测了软件中的恶意代码。 具有恶意代码检测报告，内容至少包括测试时间、测试地点、测试对象、测试结论、测试人员。 3. 开发单位提供了软件设计的相关文档和使用指南，如需求分析说明书、软件设计说明书、软件操作手册、使用指南等。 4. 开发单位提供了软件源代码。 提供了软件源代码的后门审查报告，报告内容至少包括审查时间、审查内容、审查结论、审查人。
备注：

4.12.6　工程实施

对工程实施的测评内容如表 4.93 所示。

表 4.93　工程实施测评表

测试类别：信息系统安全等级测评（三级）
测试类：系统建设管理
测试项：工程实施
测试要求： 1. 应指定或授权专门的部门或人员负责工程实施过程的管理。 2. 应制订详细的工程实施方案来控制实施过程，并要求工程实施单位能正确地执行安全工程。 3. 应制订工程实施方面的管理制度，明确说明实施过程的控制方法和人员行为准则。
测试记录： 1. 书面指定或授权了专门部门或人员负责工程实施过程的管理。 2. 制订了详细的工程实施方案，内容至少包括工程时间限制、进度控制和质量控制方面的内容。提供了按照工程实施方案形成的阶段性工程报告文档。 3. 制订了工程实施管理制度，内容至少包括工程实施过程的控制方法、实施参与人员的行为准则方面的内容。工程实施单位提供了其能够安全实施系统建设的资质证明或能力保证证明。
备注：

4.12.7　测试验收

对测试验收的测评内容如表 4.94 所示。

表 4.94　测试验收测评表

测试类别：信息系统安全等级测评（三级）
测试类：系统建设管理
测试项：测试验收
测试要求： 1. 应委托公正的第三方测试单位对系统进行安全性测试，并出具安全性测试报告。 2. 在测试验收前应根据设计方案或合同要求等制订测试验收方案，在测试验收过程中应详细记录测试验收结果，并形成测试验收报告。 3. 应对系统测试验收的控制方法和人员行为准则进行书面规定。 4. 应指定或授权专门的部门负责系统测试验收的管理，并按照管理规定的要求完成系统测试验收工作。 5. 应组织相关部门和相关人员对系统测试验收报告进行审定，并签字确认。
测试记录： 1. 已委托经国家认可的第三方检测机构对系统安全性进行测试。 　具备有效的测试报告，报告具有第三方测试机构的签字或盖章，报告内容至少包括测试时间、测试地点、测试人、测试对象、测试方法、测试过程、测试发现的安全问题、整改建议、测试结论。 2. 已制订工程测试验收方案。工程测试验收方案明确说明了参与测试的部门和人员、测试验收的内容、现场操作过程等内容。对测试验收结果进行了详细记录，记录内容至少包括测试时间、测试人员、现场操作过程和测试验收结果。具备测试验收报告。 3. 制订了测试验收管理制度，内容包括系统测试验收的过程控制方法、参与人员的行为规范等内容。 4. 书面指定或授权专门的部门负责系统测试验收工作。已遵循制订的测试验收管理制度完成系统测试验收工作。 5. 组织相关部门和人员对系统测试验收报告进行了审定。具备验收报告审定记录，记录内容至少包括审定时间、审定结论、审定人员签字。
备注：

4.12.8　系统交付

对系统交付的测评内容如表 4.95 所示。

表 4.95　系统交付测评表

测试类别：信息系统安全等级测评（三级）
测试类：系统建设管理
测试项：系统交付
测试要求： 1. 应制订详细的系统交付清单，并根据交付清单对所交接的设备、软件和文档等进行清点。 2. 应对负责系统运行维护的技术人员进行相应的技能培训。 3. 应确保提供系统建设过程中的文档和指导用户进行系统运行维护的文档。 4. 应对系统交付的控制方法和人员行为准则进行书面规定。 5. 应指定或授权专门的部门负责系统交付的管理工作，并按照管理制度完成系统交付工作。
测试记录： 1. 具备系统交付清单。系统交付清单详细列出了系统交付的各类设备、软件、文档等。依据交付清单对所交接的设备、文档、软件等进行清点，并有相应的交付记录。 2. 对负责系统运维的技术人员进行了技能培训。具备运维人员的培训记录，记录内容至少包括培训时间、培训地点、培训对象、培训内容、培训参与人员签字。 3. 提供了系统建设过程中的文档。提供了指导用户进行系统运维的文档和系统培训手册。 4. 制订了系统交付管理规定，制度内容包括交付过程的控制方法和对交付参与人员的行为限制等内容。 5. 书面指定或授权专门的部门负责系统交付的管理工作。已按照系统交付管理制度完成系统交付工作，并保留了相关过程记录。
备注：

4.12.9 系统备案

对系统备案的测评内容如表4.96所示。

表4.96 系统备案测评表

测试类别：信息系统安全等级测评（三级）
测试类：系统建设管理
测试项：系统备案
测试要求： 1. 应指定专门的部门或人员负责管理系统定级的相关材料，并控制这些材料的使用。 2. 应将系统等级及相关材料报系统主管部门备案。 3. 应将系统等级及其他要求的备案材料报相应公安机关备案。
测试记录： 1. 书面指定专门的部门或人员负责管理系统定级的相关材料。定级相关材料的使用具备严格的流程控制，并具备使用过程记录。 2. 已将系统等级及相关材料报系统主管部门备案，具备相关备案记录。 3. 系统等级备案表、定级报告等备案材料已经报相应公安机关备案，具备公安机关反馈的备案证明。
备注：

4.12.10 等级测评

对等级测评的测评内容如表4.97所示。

表4.97 等级测评测评表

测试类别：信息系统安全等级测评（三级）
测试类：系统建设管理
测试项：等级测评
测试要求： 1. 在系统运行过程中，应至少每年对系统进行一次等级测评，发现不符合相应等级保护标准要求时应及时整改。 2. 应在系统发生变更时及时对系统进行等级测评，发现级别发生变化时及时调整级别并进行安全改造，发现不符合相应等级保护标准要求时应及时整改。 3. 应选择具有国家相关技术资质和安全资质的测评单位进行等级测评。 4. 应指定或授权专门的部门或人员负责等级测评的管理。
测试记录： 1. 系统每年进行一次等级测评工作。 针对最近一次等级测评发现的问题，进行了相应的整改。 2. 管理制度中已规定在系统发生变更时及时对系统进行等级测评。 系统发生变更时，已进行等级测评。 发现级别发生变化时，及时调整了级别并进行了安全改造。 已根据测评结果对系统进行了及时整改。 3. 已选择在《全国等级保护测评机构推荐目录》中的测评单位进行等级测评。 4. 已书面指定或授权专门的部门或人员负责等级测评的管理工作。
备注：

4.12.11　安全服务商选择

对安全服务商选择的测评内容如表 4.98 所示。

表 4.98　安全服务商选择测评表

测试类别：信息系统安全等级测评（三级）
测试类：系统建设管理
测试项：安全服务商选择
测试要求： 1. 应确保安全服务商的选择符合国家的有关规定。 2. 应与选定的安全服务商签订与安全相关的协议，明确约定相关责任。 3. 应确保选定的安全服务商提供技术培训和服务承诺，必要时与其签订服务合同。
测试记录： 1. 选择的安全服务商具备相应的安全服务资质。 2. 与服务商签订了有效的安全责任合同书或保密协议等文档，且文档中至少包括保密范围、安全责任、违约责任、协议的有效期和责任人的签字。 3. 与安全服务商签订了有效的服务合同，至少包括技术培训内容、服务承诺内容、服务期限、双方签字和盖章。
备注：

4.13　系统运维管理

等级保护测评机构针对被测评单位的系统运维实际情况，对环境管理、资产管理、介质管理、设备管理、监控管理和安全管理中心、网络安全管理、系统安全管理、恶意代码防范管理、密码管理、变更管理、备份与恢复管理、安全事件处置、应急预案管理等方面进行相应的策略测评。

4.13.1　环境管理

对环境管理的测评内容如表 4.99 所示。

表 4.99　环境管理测评表

测试类别：信息系统安全等级测评（三级）
测试类：系统运维管理
测试项：环境管理
测试要求： 1. 应指定专门的部门或人员定期对机房供配电、空调、温湿度控制等设施进行维护管理。 2. 应指定部门负责机房安全，并配备机房安全管理人员，对机房的出入、服务器的开机或关机等工作进行管理。 3. 应建立机房安全管理制度，对机房物理访问、物品带进/带出机房和机房环境安全等方面的管理做出规定。 4. 应加强对办公环境的保密性管理，规范办公环境人员行为，包括工作人员调离办公室应立即交还该办公室钥匙、不在办公区接待来访人员，以及工作人员离开座位应确保终端计算机退出登录状态和桌面上没有包含敏感信息的纸质文件等。

（续）

测试记录：
1. 有专人或部门负责对机房设施的维护。有机房维护记录。记录内容完整，维护日期、维护人、维护设备、故障原因、维护结果等。 2. 有专门部门负责机房安全管理工作。有岗位职责文档描述机房安全责任部门和岗位职责。 3. 建立了机房安全管理制度。制度内容覆盖机房物理访问、物品带进/带出机房和机房环境安全等方面。现场观察机房安全管理实际情况符合制度规定。 4. 制度中有办公环境保密性管理、人员行为规范的相关内容。管理内容全面，包括人员离岗管理、来访人管理、终端桌面保密管理等。现场观察办公桌面及终端屏保情况符合要求。
备注：

4.13.2　资产管理

对资产管理的测评内容如表4.100所示。

表4.100　资产管理测评表

测试类别：信息系统安全等级测评（三级）
测试类：系统运维管理
测试项：资产管理
测试要求： 1. 应编制并保存与信息系统相关的资产清单，包括资产责任部门、重要程度和所处位置等内容。 2. 应建立资产安全管理制度，规定信息系统资产管理的责任人员或责任部门，并规范资产管理和使用的行为。 3. 应根据资产的重要程度对资产进行标识管理，根据资产的价值选择相应的管理措施。 4. 应对信息分类与标识方法做出规定，并对信息的使用、传输和存储等进行规范化管理。
测试记录： 1. 已建立资产清单。资产清单内容全面，覆盖资产责任人、所属级别、所处位置、所处部门等信息。 2. 已建立资产管理制度。制度内容全面，包括职责划分、资产使用及维护等方面的管理活动。 3. 明确了按重要程度对资产进行标识的方法。明确了不同重要程度的资产管理策略（措施）。现场查看了资产清单中设备的资产标识情况，符合相关规定。 4. 规定了信息分类标识的原则和方法（如根据信息的重要程度、敏感程度或用途不同进行分类）。规定了对不同类信息进行使用、传输和存储的管理办法。
备注：

4.13.3　介质管理

对介质管理的测评内容如表4.101所示。

表4.101　介质管理测评表

测试类别：信息系统安全等级测评（三级）
测试类：系统运维管理
测试项：介质管理
测试要求： 1. 应建立介质安全管理制度，对介质的存放环境、使用、维护和销毁等方面做出规定。

（续）

2. 应确保介质存放在安全的环境中，对各类介质进行控制和保护，并实行存储环境专人管理。 3. 应对介质在物理传输过程中的人员选择、打包、交付等情况进行控制，对介质归档和查询等进行登记，并根据存档介质的目录清单定期盘点。 4. 应对存储介质的使用过程、送出维修以及销毁等进行严格的管理，对带出工作环境的存储介质进行内容加密和监控管理，对送出维修或销毁的介质应首先清除介质中的敏感数据，对保密性较高的存储介质未经批准不得自行销毁。 5. 应根据数据备份的需要对某些介质实行异地存储，存储地的环境要求和管理方法应与本地相同。 6. 应对重要介质中的数据和软件采取加密存储，并根据所承载数据和软件的重要程度对介质进行分类和标识管理。
测试记录： 1. 已建立介质管理制度。制度内容全面，覆盖介质存放、使用、维修、销毁等过程的操作。 2. 介质存放环境安全，有专人管理。 3. 介质管理制度中对介质安全传输有明确规定。介质的物理传输选择可靠传输人员、选择安全的物理传输途径。有介质使用的登记管理记录，且记录内容完整。有记录表明存档介质定期盘点。 4. 销毁前对数据进行了净化处理。介质安全管理制度中包括对存储介质的使用过程、送出维修以及销毁等进行严格管理的方法和对带出工作环境的存储介质进行内容加密和监控管理的方法。对保密性较高的介质销毁前经领导批准。有存储介质的送修、带出或销毁记录。 5. 介质异地存放环境条件满足安全要求。 6. 重要介质中的数据和软件加密存放。介质的重要性标识符合管理规定。
备注：

4.13.4　设备管理

对设备管理的测评内容如表 4.102 所示。

表 4.102　设备管理测评表

测试类别：信息系统安全等级测评（三级）
测试类：系统运维管理
测试项：设备管理
测试要求： 1. 应对信息系统相关的各种设备（包括备份和冗余设备）、线路等指定专门的部门或人员定期进行维护管理。 2. 应建立基于申报、审批和专人负责的设备安全管理制度，对信息系统各种软硬件设备的选型、采购、发放和领用等过程进行规范化管理。 3. 应建立配套设施、软硬件维护方面的管理制度，对其维护进行有效管理，包括明确维护人员的责任、涉外维修和服务的审批办法、维修过程的监督控制办法等。 4. 应对终端计算机、工作站、便携机、系统和网络等设备的操作和使用进行规范化管理，按操作规程实现主要设备（包括备份和冗余设备）的启动/停止、加电/断电等操作。 5. 应确保信息处理设备必须经过审批才能带离机房或办公地点。
测试记录： 1. 指定专人或专门部门对各类设施、设备进行定期维护。部门或人员岗位职责文档中明确规定了设备维护管理的责任部门。 2. 建立了设备安全管理制度。制度覆盖全面，包括设备选用各个环节（选型、采购、发放等）的管理规定。对设备选型、采购、发放等环节的申报和审批过程保留了记录。 3. 建立了设备维护管理方面的管理制度。制度覆盖全面，包括维护人员的责任、涉外维修和服务的审批办法、维修过程的监督控制办法等方面。对涉外维修和服务的审批、维修过程保留了记录。 4. 有终端计算机、工作站、便携机、系统和网络等设备的操作手册。 5. 设备带离机房是经过审批的。保留了审批记录。
备注：

4.13.5 监控管理和安全管理中心

对监控管理和安全管理中心的测评内容如表 4.103 所示。

表 4.103 监控管理和安全管理中心测评表

测试类别：信息系统安全等级测评（三级）
测试类：系统运维管理
测试项：监控管理和安全管理中心
测试要求： 1. 应对通信线路、主机、网络设备和应用软件的运行状况、网络流量、用户行为等进行监测和报警，形成记录并妥善保存。 2. 应组织相关人员定期对监测和报警记录进行分析、评审，发现可疑行为，形成分析报告，并采取必要的应对措施。 3. 应建立安全管理中心，对设备状态、恶意代码、补丁升级、安全审计等安全相关事项进行集中管理。
测试记录： 1. 对主机、网络设备和应用系统的运行状况进行了监测和报警；监控内容完整，包括通信线路、主机、网络设备和应用软件的运行状况、网络流量、用户行为；保留了监控运维记录，并分类归档和保管。 2. 定期对监控记录进行了分析、评审；形成了异常现象及处理措施的分析报告。 3. 对设备状态、恶意代码、补丁升级、安全审计等相关事项进行了集中管理，采用相关工具进行安全集中管理。
备注：

4.13.6 网络安全管理

对网络安全管理的测评内容如表 4.104 所示。

表 4.104 网络安全管理测评表

测试类别：信息系统安全等级测评（三级）
测试类：系统运维管理
测试项：网络安全管理
测试要求： 1. 应指定专人对网络进行管理，负责运行日志、网络监控记录的日常维护和报警信息的分析和处理工作。 2. 应建立网络安全管理制度，对网络安全配置、日志保存时间、安全策略、升级与打补丁、口令更新周期等方面做出规定。 3. 应根据厂家提供的软件升级版本对网络设备进行更新，并在更新前对现有的重要文件进行备份。 4. 应定期对网络系统进行漏洞扫描，对发现的网络系统安全漏洞进行及时修补。 5. 应实现设备的最小服务配置，并对配置文件进行定期离线备份。 6. 应保证所有与外部系统的连接均得到授权和批准。 7. 应依据安全策略允许或者拒绝便携式和移动式设备的网络接入。 8. 应定期检查违反规定拨号上网或其他违反网络安全策略的行为。
测试记录： 1. 有专人或部门负责对网络进行维护；具有网络安全管理角色的职责文档，职责内容包括运行日志、网络监控记录的日常维护和报警信息的分析和处理工作；有工作记录表明相应人员履行了职责。 2. 建立了网络安全管理制度；网络安全管理制度内容全面，涵盖了网络安全配置、日志保存时间、安全策略、升级与打补丁、口令更新周期等方面的内容；现场有相应的工作记录表明实施了相应工作。 3. 升级软件或补丁来源可靠；当前使用软件为更新版本；软件版本升级的工作记录表明升级前已对重要内容进行备份。

（续）

4. 具有网络漏洞扫描报告，描述了系统存在的漏洞、严重级别、原因分析和改进意见等方面内容；具有对发现漏洞进行修补的文档记录；报告表明漏洞扫描工作定期进行。 5. 网络设备检查表明设备按照最小服务原则进行了配置；漏洞扫描测试结果表明网络设备没有开放多余的服务端口；配置文件进行了远程数据备份；具有定期远程备份配置的工作记录。 6. 所有外部连接均具有授权批准记录；具有定期检查违规联网的工作记录。 7. 具有关于便携式和移动式设备网络接入的安全策略；具有检查便携式和移动式设备网络接入的工具和手段，并留存了相关检查结果；检查结果与安全策略相符。 8. 具有检查违反规定拨号上网或其他违反网络安全策略行为的工作记录；具有检查违反规定拨号上网或其他违反网络安全策略行为的工具和手段，并留存了相关检查结果。
备注：

4.13.7　系统安全管理

对系统安全管理的测评内容如表 4.105 所示。

表 4.105　系统安全管理测评表

测试类别：信息系统安全等级测评（三级）
测试类：系统运维管理
测试项：系统安全管理
测试要求： 1. 应根据业务需求和系统安全分析确定系统的访问控制策略。 2. 应定期进行漏洞扫描，对发现的系统安全漏洞及时进行修补。 3. 应安装系统的最新补丁程序，在安装系统补丁前，首先在测试环境中测试通过，并对重要文件进行备份后，方可实施系统补丁程序的安装。 4. 应建立系统安全管理制度，对系统安全策略、安全配置、日志管理和日常操作流程等方面做出具体规定。 5. 应指定专人对系统进行管理，划分系统管理员角色，明确各个角色的权限、责任和风险，权限设定应当遵循最小授权原则。 6. 应依据操作手册对系统进行维护，详细记录操作日志，包括重要的日常操作、运行维护记录、参数的设置和修改等内容，严禁进行未经授权的操作。 7. 应定期对运行日志和审计数据进行分析，以便及时发现异常行为。
测试记录： 1. 具有系统安全访问控制策略说明文档，规定了根据业务需求和系统安全分析制订系统的访问控制策略，控制分配文件及服务的访问权限；访问控制策略覆盖全面。 2. 具有操作系统和数据库漏洞扫描报告，描述了系统存在的漏洞及其严重级别、原因分析和改进意见等内容；具有对发现漏洞进行修补的文档记录；报告表明漏洞扫描工作定期进行。 3. 升级软件或补丁来源可靠；当前使用软件为补丁更新版本；软件版本升级的工作记录表明升级前对重要内容进行了备份；具有补丁在测试环境中应用的测试报告。 4. 建立了系统安全管理制度。制度内容全面，覆盖系统安全配置（包括系统的安全策略、授权访问、最小服务、升级与打补丁）、系统账户（用户责任、义务、风险、权限审批、权限分配、账户注销等）、审计日志以及配置文件的生成、备份、变更审批、符合性检查等方面。 5. 明确了实施系统管理的各个角色及职责划分，包括系统管理员、数据库管理员、安全管理员、审计管理员等角色；对各类角色建立了相应的工作职责文档；有工作记录表明相应人员履行了相应职责，不存在违反"最小授权原则"的情况。 6. 具有对系统进行日常操作、运维管理等的工作记录；具有系统操作手册，其内容覆盖操作步骤、维护记录、参数配置等方面；日常运维活动符合操作手册。 7. 具有对运行日志和审计数据进行分析的报告；有记录和文档表明，该报告中的分析结果应用到了机构的运维管理等相关工作中。
备注：

4.13.8　恶意代码防范管理

对恶意代码防范管理的测评内容如表 4.106 所示。

表 4.106　恶意代码防范管理测评表

测试类别：信息系统安全等级测评（三级）
测试类：系统运维管理
测试项：恶意代码防范管理
测试要求： 1. 应提高所有用户的防病毒意识，及时告知防病毒软件版本，在读取移动存储设备上的数据以及网络上接收文件或邮件之前，先进行病毒检查，外来计算机或存储设备接入网络系统之前也应进行病毒检查。 2. 应指定专人对网络和主机进行恶意代码检测并保存检测记录。 3. 应对防恶意代码软件的授权使用、恶意代码库升级、定期汇报等做出明确规定。 4. 应定期检查信息系统内各种产品恶意代码库的升级情况并进行记录，对主机防病毒产品、防病毒网关和邮件防病毒网关上截获的危险病毒或恶意代码进行及时分析和处理，并形成书面的报表和总结报告。
测试记录： 1. 以教育、培训等方式向系统使用者宣讲病毒和恶意代码的防治方法；留存了培训记录。 2. 有专人负责恶意代码检测并保存了记录；恶意代码检测记录的内容包括执行人、检测结果、处理方式等。 3. 建立了防恶意代码软件的使用管理规章；管理规章中覆盖防恶意代码软件的授权使用、恶意代码库升级、定期汇报等内容。 4. 有记录表明恶意代码库定期升级；有对查杀恶意代码的书面分析报告；有记录和文档表明，报告中的分析结果应用到了机构的应急处置和漏洞管理等相关工作中。
备注：

4.13.9　密码管理

对密码管理的测评内容如表 4.107 所示。

表 4.107　密码管理测评表

测试类别：信息系统安全等级测评（三级）
测试类：系统运维管理
测试项：密码管理
测试要求： 应建立密码使用管理制度，使用符合国家密码管理规定的密码技术和产品。
测试记录： 建立了密码使用管理制度；密码使用管理制度涵盖产品/技术选型、采购、授权使用、日常维护、弃置等全生命周期管理内容；密码技术和产品具有国家密码主管部门颁发的证书。
备注：

4.13.10　变更管理

对变更管理的测评内容如表 4.108 所示。

表 4.108 变更管理测评表

测试类别：信息系统安全等级测评（三级）
测试类：系统运维管理
测试项：变更管理
测试要求： 1. 应确认系统中要发生的变更，并制订变更方案。 2. 应建立变更管理制度，系统发生变更前向主管领导申请，变更和变更方案经过评审、批准后方可实施变更，并在实施后将变更情况向相关人员通告。 3. 应建立变更控制的申报和审批文件化程序，对变更影响进行分析并文档化，记录变更实施过程，并妥善保存所有文档和记录。 4. 应建立中止变更并从失败变更中恢复的文件化程序，明确过程控制方法和人员职责，必要时对恢复过程进行演练。
测试记录： 1. 以往发生过的系统变更都制订了相应变更方案。系统变更方案对变更类型、变更原因、变更过程、变更前评估等方面进行了规定。 2. 建立了变更管理制度。变更管理制度覆盖变更前审批、变更过程记录、变更后通报等方面的内容。有以往发生过的所有变更方案的评审记录。有以往发生过的所有变更方案的批准记录。以往发生过的所有重要系统变更的变更申请书都有主管领导的批准。有以往发生过的所有重要系统变更的实施情况通告结果。 3. 建立了变更控制的申报和审批文件化程序。变更控制的申报、审批程序规定了需要申报的变更类型、申报流程、审批部门、批准人等方面的内容。有以往发生过的变更影响分析文档。有以往发生过的变更实施过程记录文档。 4. 建立了变更失败后的恢复程序。变更失败后的恢复程序规定了变更过程控制工作方法、恢复流程以及人员职责。变更失败后的恢复过程进行过演练。有恢复过程演练记录。
备注：

4.13.11 备份与恢复管理

对备份与恢复管理的测评内容如表 4.109 所示。

表 4.109 备份与恢复管理测评表

测试类别：信息系统安全等级测评（三级）
测试类：系统运维管理
测试项：备份与恢复管理
测试要求： 1. 应识别需要定期备份的重要业务信息、系统数据及软件系统等。 2. 应建立备份与恢复管理相关的安全管理制度，对备份信息的备份方式、备份频率、存储介质和保存期等进行规范。 3. 应根据数据的重要性和数据对系统运行的影响制订数据的备份策略和恢复策略，备份策略须指明备份数据的放置场所、文件命名规则、介质替换频率和数据离站传输的方法。 4. 应建立控制数据备份和恢复过程的程序，对备份过程进行记录，所有文件和记录应妥善保存。 5. 应定期执行恢复程序，检查和测试备份介质的有效性，确保可以在恢复程序规定的时间内完成备份的恢复。
测试记录： 1. 具有定期备份的重要业务信息列表或清单。具有定期备份的系统数据列表或清单。具有定期备份的软件系统列表或清单。 2. 建立了备份与恢复管理相关的安全管理制度。制度规定了备份信息的备份方式、频率、介质、保存期等内容。现场核查实际备份情况与管理制度相符。 3. 建立了数据备份策略和恢复策略文档。备份策略和恢复策略文档规范了数据的存放场所、文件命名规则、介质替换频率、数据离站传输方法等方面。备份策略和恢复策略文档根据数据的重要性和数据对系统运行的影响，规范了不同的备份与恢复策略。 4. 建立了系统、网络和数据库相关数据的备份和恢复流程。有备份过程记录文档。备份过程记录文档的内容覆盖备份时间、备份内容、备份操作、备份介质存放等方面。备份过程记录文档及内容符合备份和恢复流程要求。

（续）

5. 定期执行主机、网络和数据库备份介质的恢复程序。有定期的备份介质恢复记录。备份介质恢复记录包含恢复内容、恢复操作、介质有效性等内容。备份介质恢复记录内容与备份和恢复策略一致。如恢复过程中有问题，有针对问题进行恢复程序改进的记录或其他因素的调整记录。
备注：

4. 13. 12　安全事件处置

对安全事件处置的测评内容如表 4.110 所示。

表 4.110　安全事件处置测评表

测试类别：信息系统安全等级测评（三级）
测试类：系统运维管理
测试项：安全事件处置
测试要求： 　1. 应报告所发现的安全弱点和可疑事件，但任何情况下用户均不应尝试验证弱点。 　2. 应制订安全事件报告和处置管理制度，明确安全事件的类型，规定安全事件的现场处理、事件报告和后期恢复的管理职责。 　3. 应根据国家相关管理部门对计算机安全事件的等级划分方法和安全事件对本系统产生的影响，对本系统计算机安全事件进行等级划分。 　4. 应制订安全事件报告和响应处理程序，确定事件的报告流程，响应和处置的范围、程度，以及处理方法等。 　5. 应在安全事件报告和响应处理过程中，分析和鉴定事件产生的原因，收集证据，记录处理过程，总结经验教训，制订防止再次发生的补救措施，过程形成的所有文件和记录均应妥善保存。 　6. 对造成系统中断和信息泄密的安全事件应采用不同的处理程序和报告程序。
测试记录： 　1. 有对用户的告知书，要求其在发现安全弱点和可疑事件时应进行及时报告，但不允许私自尝试验证弱点。有系统运维过程中发现的安全弱点和可疑事件对应的报告或相关文档。安全弱点和可疑事件报告文档内容详细。 　2. 有安全事件报告和处置管理制度。制度根据安全事件类型明确与安全事件有关的工作职责，包括报告单位（人）、接报单位（人）和处置单位等的职责。 　3. 建立了安全事件定级文档。安全事件定级文档明确了安全事件的定义、安全事件等级划分的原则、等级描述等方面的内容。建立了本系统已发生的和需要防止发生的安全事件列表或清单及事件等级。 　4. 建立了安全事件报告和响应处理程序。处理程序文档规范了事件的报告流程、响应和处理的范围、程度及处理方法等方面的内容。 　5. 有安全事件报告和响应处置记录。响应处置记录文档中记录了引发安全事件的系统弱点、不同安全事件发生的原因、处置过程、经验教训、补救措施等内容。现场核查响应处置记录与"安全事件报告和处置管理制度"和"安全事件报告和响应处理程序"中的要求保持一致。 　6. 建立了针对系统中断和信息泄密的两种不同的处理和报告流程。报告和处理程序文档明确了具体报告方式、报告内容、报告人等内容。现场核查报告和处理程序文档针对两类安全事件有不同的处理过程，与规定保持一致。
备注：

4. 13. 13　应急预案管理

对应急预案管理的测评内容如表 4.111 所示。

表 4.111 应急预案管理测评表

测试类别：信息系统安全等级测评（三级）
测试类：系统运维管理
测试项：应急预案管理
测试要求： 1. 应在统一的应急预案框架下制定不同事件的应急预案，应急预案框架应包括启动应急预案的条件、应急处理流程、系统恢复流程、事后教育和培训等内容。 2. 应从人力、设备、技术和财务等方面确保应急预案的执行有足够的资源保障。 3. 应对系统相关的人员进行应急预案培训，应急预案的培训应至少每年举办一次。 4. 应定期对应急预案进行演练，根据不同的应急恢复内容确定演练周期。 5. 应规定应急预案需要定期审查和根据实际情况进行更新，并按此执行。
测试记录： 1. 有应急预案框架文档。有不少于 5 类事件的应急预案。应急预案符合应急框架统一要求。应急预案框架覆盖启动计划的条件、应急处理流程、系统恢复流程和事后教育等内容。 2. 应急预案框架或各应急预案包括应急响应小组人员名单及联系方式。应急预案框架或各应急预案有应急设备（软硬件）清单并能正常工作。应急预案框架或各应急预案有第三方技术支持人员名单及联系方式。应急预案框架或各应急预案有应急预案执行所需资金预算并能够落实。现场核查以往发生过的应急响应事件处置过程中所需的人力、设备、技术和财务等方面确实获得了足够保障。 3. 对系统相关人员开展过不同的应急预案培训。有应急预案培训记录。有近三年至少每年一次的应急预案培训记录。 4. 根据确定的演练周期定期组织了应急预案演练。有应急演练记录。应急演练记录完整，包括应急演练过程、审批过程、相关人员及签字、演练内容及结果等内容。 5. 应急响应相关管理文档中规定应急预案需要定期审查和更新。对应急预案定期进行了审查并更新。现场核查应急预案审查和更新周期与应急响应管理文档中规定的周期保持一致。
备注：

4.14　等级保护安全评估报告

通过对 XX 单位的等级保护三级测评，将测评结果整理成报告，输出《XX 单位等级保护安全评估报告》。

4.14.1　测评项目概述

等级保护测评项目概述主要包括测评目的、测评依据及测评过程，主要内容如下。

1. 测评目的

随着信息化进程不断推进，网络和信息系统的安全问题愈加重要，党中央、国务院高度重视信息安全保障工作，要求建立国家信息安全保障体系。《中华人民共和国计算机信息系统安全保护条例》（国务院令第 147 号令）规定："计算机信息系统实行安全等级保护"。《国家信息化领导小组关于加强信息安全保障工作的意见》（中办发〔2007〕27 号）也明确指出："要重点保护基础信息网络和关系国家安全、经济命脉、社会稳定等方面的重要信息系统，抓紧建立信息安全等级保护制度"。

为落实国家信息系统安全等级保护监管要求，应提升 XX 单位信息系统的安全保护水平，保障信息系统安全稳定运行。XX 单位信息中心计划按照信息安全监管部门要求和 XX

系统等级保护工作实施方案安排，开展 XX 系统信息安全等级保护测评工作，委托公安机关推荐的第三方测评机构，对照国家等级保护标准实施等级测评。通过第三方测评机构客观公正的测评，发现了上述系统的安全漏洞，并有针对性地开展了相应的信息安全整改工作，从而保障信息系统的安全稳定运行。

2. 测评依据

测评过程中主要依据的标准如下。

- GB/T 22239-2008《信息安全技术 信息系统安全等级保护基本要求》（简称《基本要求》）
- MSTL-JBZ-05-005《信息安全技术 信息系统安全等级保护测评要求》（国标报批稿，简称《测评要求》）

测评过程中还参考了以下文件和标准。

- 《中华人民共和国计算机信息系统安全保护条例》（国务院 147 号令）
- 《信息安全等级保护管理办法》（公通字〔2007〕43 号）
- 《关于印发〈信息系统安全等级测评报告模板（试行）〉的通知》（公信安〔2009〕1487 号）
- GB/T 22240-2008《信息安全技术 信息系统安全等级保护定级指南》（简称《定级指南》）
- GB/T 25058-2010《信息安全技术 信息系统安全等级保护实施指南》（简称《实施指南》）
- GB/T 20984-2007《信息安全技术 信息安全风险评估规范》（简称《风险评估规范》）
- GB/T 28449-2018《信息安全技术 网络安全等级保护测评过程指南》（简称《测评过程指南》）

3. 测评过程

XX 单位数据中心安全等级测评的过程如下。

（1）调研阶段

2019 年 8 月，测评项目组在项目委托方和安全服务商领导及同事的大力支持和积极配合下完成了等级测评前期调研。

（2）方案编制阶段

2019 年 9 月，测评项目组完成了《XX 单位数据中心安全等级测评方案》（以下简称《测评方案》），通过了测评公司的内部评审，并提交了《测评方案》，得到 XX 单位的确认。

（3）现场测评阶段

2019 年 9 月，测评项目组完成了 XX 单位数据中心现场等级测评工作，并于随后进行了工具测试。

在该阶段中，测评项目组分为网络组、主机组、安全管理组以及工具测试组，各组分别依据等级测评作业指导书针对 XX 单位数据中心进行测评。其间查看和分析了百余份安全管理制度、操作规程、安全管理记录以及会议记录等文档；核查了网络设备（含安全设备）X 台、服务器 X 台、数据库系统 X 套，利用工具从网络的 X 个测试点扫描了信息系统中可能存在的漏洞，最终获得了完整的测评结果记录。

（4）分析与报告编制阶段

2019 年 9 月至 10 月，测评人员整理和汇总了前期获得的测评结果记录，并对其进行了符合性判断和整体分析，找出了 XX 单位数据中心存在的主要问题，针对安全问题提出了安全整改建议，最后编制了测评报告。

4. 报告分发范围

本报告一式四份，其中三份提交 XX 单位信息中心，一份由测评公司留存。

4.14.2 被测信息系统情况

等级保护测评的待测评单位需要将等级保护定级情况、承载业务情况、网络结构及主要业务构成进行详细说明，以便划定测评范围，主要内容如下。

1. 定级情况

系统定级情况如表 4.112 所示。

表 4.112　系统定级情况

序号	定级系统名称	安全保护等级	业务信息安全保护等级	系统服务安全保护等级
1	XX 单位数据中心	第三级	第三级	第三级

2. 承载业务情况

XX 单位数据中心的安全保护等级为三级，主要为机关、直属单位提供互联网接入服务，面向机关和直属单位部分应用系统、服务与监管体系信息化建设项目各业务系统提供计算、存储及网络资源等基础运行环境，由 XX 单位信息中心网络运行处负责运行和维护。

1）物理部分：数据中心的生产环境部署于 X 机房内，X 机房通过光纤与 XX 单位机房实现互联，XX 单位机房部署有出口相关的网络设备，并作为备份环境。数据中心的互联网出口为 XX 单位机房的统一出口，共使用两个互联网出口，由北京电信及北京联通分别提供。

2）网络部分：数据中心基础网络环境根据业务及功能划分为六大区域：互联网边界区、核心交换区、前置服务区、应用服务区、数据库服务区、测试开发区以及网络管理区。其中网络设备及安全设备主要包括以下类型：路由器、交换机、防火墙、VPN、负载均衡、WEB 应用防火墙、网络病毒防火墙、抗 DDOS 设备、网络流量控制系统、入侵检测系统、运维堡垒主机以及统一安全管理平台。

3）数据部分：数据中心基础环境本身涵盖网管数据、核心基础计算池运行参数、核心数据库平台运行参数等。数据中心的重要业务数据有本地备份以及远程备份（数据远程备份至 XX 单位机房）。数据存储采用 SAN 存储架构并以 ICMT 虚拟化存储资源池的形式为应用系统提供共享存储。X 机房本地进行数据存储，XX 单位机房进行远程备份存储。存储设备包括磁盘阵列、备份服务器及磁带库等。

3. 网络结构

XX 单位网络拓扑如图 4.1 所示。除互联网接入区、一期环境在 XX 单位机房外，其他区域设备均放在 XX 单位的 IDC 机房，两个机房以裸光纤连接。除用户终端区、一期环境之外的区域信息如下。

1）互联网接入区：互联网出口在 XX 单位机房，主要实现网络出口及出口的安全管理、带宽管理、负载均衡控制。

2）核心交换区：采用两台万兆级防火墙作为核心交换设备，实现核心交换能力及各区域间的隔离防护。同时为系统安全性考虑，在核心交换区内设置 IDS 设备。

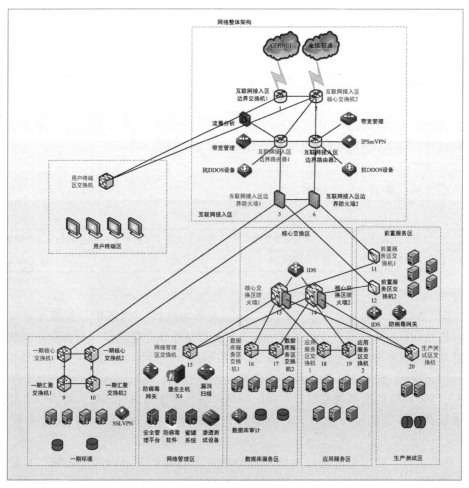

●图 4.1　XX 单位网络拓扑

3）前置服务区：放置提供 Web 服务的服务器，目的是保证整个网络的安全性。在前置服务区配合 IDS、防病毒网关等设备以保证网络安全，同时配置应用负载均衡设备实现应用系统负载均衡功能。

4）应用服务区：主要承载生产环境内的应用服务器，包括中间件服务器等。

5）数据库服务区：承载了生产环境下所有应用系统的数据库，包含一系列的数据库服务器、存储设备，同时包含 SAN 存储交换网络。在该区域内承载的数据库服务全部采用高可用集群设计，所有在该区域保存的数据均在存储设备上多保存了一份实例，实现了数据服务的高可用性。

6）生产测试区：主要用于测试开发和系统上线前的仿真测试及压力测试，可以通过测试开发区提供的服务器进行。测试开发区主要提供物理服务器，用以搭建测试环境。

7）网络管理区：主要用于网络管理及服务器、应用管理，该区域部署了一系列网络管理设备，如漏洞扫描设备、堡垒机等，同时配置了一些服务器，安装了网络管理软件。

4. 系统构成

（1）主机房

XX 单位主机房的位置如表 4.113 所示。

表 4.113　主机房位置

序　号	机 房 名 称	物 理 位 置
1	XX 单位机房	XX 单位四楼
2	X 网络机房	XX 大学

（2）主机设备

主机设备情况如表 4.114 所示。

表 4.114　主机设备情况

序号	设 备 名 称	网络区域	OS/DBMS	IP 地址	重要程度
1	2Q-1	X 机房	Asianux 3.0 sp4/Oracle 11g	*.*.19.2	关键
2	2Q-2（虚拟化资源池，包含 X 台）	X 机房	ESX4.1（Linux 内核）	*.*.1.10	重要
3	2Q-3（虚拟化资源池，同上）	X 机房	ESX4.1（Linux 内核）	*.*.1.6	重要
4	浪潮服务器 C 刀片一	XX 单位机房	ESX4.0（Linux 内核）	*.*.10.6	重要
5	浪潮服务器 C 刀片二	XX 单位机房	ESX4.0（Linux 内核）	*.*.10.7	重要
6	浪潮服务器 C 刀片三	XX 单位机房	ESX4.0（Linux 内核）	*.*.10.8	重要
7	浪潮服务器 C 刀片四	XX 单位机房	ESX4.0（Linux 内核）	*.*.10.9	重要
8	浪潮服务器 C 刀片五	XX 单位机房	ESX4.0（Linux 内核）	*.*.10.10	重要
9	浪潮服务器 C 刀片六	XX 单位机房	ESX4.0（Linux 内核）	*.*.10.11	重要
10	浪潮服务器 C 刀片七	XX 单位机房	ESX4.0（Linux 内核）	*.*.10.12	重要
11	浪潮服务器 C 刀片八	XX 单位机房	ESX4.0（Linux 内核）	*.*.10.13	重要
12	前置服务器	X 机房	ESX4.1（Linux 内核）	*.*.1.30	关键
13	安全管理服务器（SOC）	XX 单位机房	Windows 7	*.*.5.8	重要
14	Vcenter 管理服务器	XX 单位机房	Windows Server 2008	*.*.1.215	重要

5. 安全环境

安全环境如表 4.115 所示。

表 4.115　安全环境表

序号	威胁分（子）类	描　　述	威胁赋值
1	恶意攻击	利用工具和技术对信息系统进行攻击	高
2	软件故障	操作系统、应用软件由于设计缺陷等发生故障	中
3	管理不到位	由于制度缺失、不完善等原因导致安全管理无法落实或者落实不到位	中
4	无作为或操作失误	应该执行而没有执行相应的操作，或者无意执行了错误的操作	中
5	信息泄露	信息泄露给不应了解的他人	中
6	断电	外部电力供应中断	低
7	硬件故障	网络、主机等系统设备由于设备老化等原因发生硬件故障	低
8	越权或滥用	越权访问本来无权访问的资源，或者滥用自己的权限破坏信息系统	低

（续）

序号	威胁分（子）类	描 述	威胁赋值
9	物理攻击	通过物理的接触造成对软件、硬件和数据的破坏	低
10	篡改	非法修改信息、破坏信息的完整性，使系统的安全性降低或信息不可用	低
11	抵赖	否认所做的操作	低

6. 前次测评情况

初次测评。

4.14.3 等级测评范围与方法

划定 XX 单位详细的等级保护测评范围与测评方法，以便等级保护测评工作正确开展，主要内容如下。

1. 测评指标

《基本要求》中对不同等级信息系统的安全功能和措施提出了具体要求，等级测评应根据信息系统的安全保护等级从中选取相应等级的安全测评指标，并依据《测评要求》和《测评过程指南》对信息系统实施安全测评。

本次安全等级测评范围内的 XX 单位数据中心的安全保护等级为第三级，其中业务信息安全等级和系统服务安全等级均为第三级（S3A3）。

测评指标统计如表 4.116 所示。

表 4.116 测评指标统计表

测评指标					
技术/管理	安全分类	安全子类数量			
		S3	A3	G3	小计
安全技术	物理安全	1	1	8	10
	网络安全	1	0	6	7
	主机安全	3	1	3	7
	应用安全	5	2	2	9
	数据安全及备份恢复	2	1	0	3
安全管理	安全管理制度	0	0	3	3
	安全管理机构	0	0	5	5
	人员安全管理	0	0	5	5
	系统建设管理	0	0	11	11
	系统运维管理	0	0	13	13
合计					73

2. 测评对象

（1）测评对象选择方法

测评对象包括网络互联与安全设备操作系统、主机操作系统、数据库管理系统、安全相关人员、机房、介质以及管理文档。选择过程中综合考虑了信息系统的安全保护等级和对象所在具体设备的重要情况等要素，并兼顾了工作投入与结果产出两者的平衡关系。

（2）测评对象选择结果

a）主机房

主机房列表如表 4.117 所示。

表 4.117　主机房列表

序　号	机 房 名 称	物 理 位 置
1	XX 单位机房	XX 单位四楼
2	X 网络机房	XX 大学

b）主机操作系统和安全相关软件

主机操作系统和安全相关软件如表 4.118 所示。

表 4.118　主机操作系统及安全相关软件

序号	设 备 名 称	位置	OS/DBMS	IP 地址	重要程度
1	2Q-1	X 机房	Asianux 3.0 sp4/Oracle 11g	*.*.19.2	关键
2	2Q-2（虚拟化资源池，包含 X 台）	X 机房	ESX4.1（Linux 内核）	*.*.1.10	重要
3	2Q-3（虚拟化资源池，同上）	X 机房	ESX4.1（Linux 内核）	*.*.1.6	重要
4	浪潮服务器 C 刀片一	XX 单位机房	ESX4.0（Linux 内核）	*.*.10.6	重要
5	前置服务器	X 机房	ESX4.1（Linux 内核）	*.*.1.30	关键
6	安全管理服务器（SOC）	XX 单位机房	Windows 7	*.*.5.8	重要
7	Vcenter 管理服务器	XX 单位机房	Windows Server 2008	*.*.1.215	重要

c）数据库管理系统

数据库管理系统如表 4.119 所示。

表 4.119　数据库管理系统

序号	设备名称	位置	OS/DBMS	重要程度
1	数据库管理系统	X 机房	Asianux 3.0 sp4/Oracle 11g	关键

d）网络互联设备操作系统

网络互联设备操作系统如表 4.120 所示。

表 4.120　网络互联设备操作系统

序号	设 备 名 称	用　途	网络区域	位置	型号/版本	重要程度
1	互联网接入区核心交换机 2	互联网接入区核心交换机	互联网接入区	XX 单位机房	Cisco C6509	重要
2	互联网接入区边界路由器 1	互联网接入区路由器（主）	互联网接入区	XX 单位 B1 机柜	华为 NE40E	重要
3	一期核心交换机 1	一期环境核心交换	一期环境	XX 单位 B1 机柜	华为 S9312	重要

(续)

序号	设备名称	用 途	网络区域	位置	型号/版本	重要程度
4	前置服务区交换机 1	前置服务区交换机	前置服务区	X 机房	华为 S9312	重要
5	网络管理区交换机	网络管理区交换机	网络管理区	X 机房	华为 S9312	重要
6	数据库服务区交换机 1	数据库服务区交换机	数据库服务区	X 机房	华为 S9312	重要
7	应用服务区交换机 1	应用服务区交换机	应用服务区	X 机房	华为 S9312	重要
8	生产测试区交换机	生产测试区交换机	生产测试区	X 机房	华为 S9312	重要
9	用户终端区交换机	用户终端区交换机	用户终端区	XX 单位机房	Cisco C6509	重要

e) 安全设备管理系统

安全设备管理系统如表 4.121 所示。

表 4.121　安全设备管理系统

序号	设备名称	用途（主要功能）	网络区域	物理位置	型号/版本	重要程度
1	互联网接入区边界防火墙 1	互联网边界防火墙（主）	互联网接入区	XX 单位机房	华为 USG5320	重要
2	核心交换区防火墙 1	核心交换区防火墙	核心交换区	X 机房	华为 USG9110	重要

f) 安全管理文档

安全管理文档如表 4.122 所示。

表 4.122　安全管理文档

序号	文 档 名 称	主 要 内 容
1	《XX 单位信息中心信息安全组织及职责管理规定》	明确安全管理机构相关单位、部门及岗位的职责、分工和技能要求
2	《XX 单位信息中心技术类制度管理规定》	1) 明确制度编制部门，规范制度审核、审批、发布及归档流程 2) 明确已发布管理制度的定期评审周期，规范制度修订及重新发布流程
3	《XX 单位信息中心工作人员网络与信息安全管理规定》	落实人员录用、工作、离岗、培训与考核相关管理要求
4	《XX 单位信息中心第三方工作人员网络与信息安全管理规定》	加强第三方工作人员的安全管理，防范第三方工作人员带来的安全风险，规范第三方工作人员在信息中心各项与信息系统相关的活动中所要遵守的行为准则
5	《XX 单位信息中心机房管理制度》	明确机房安全负责部门，并配备机房管理人员，建立机房安全管理制度，对机房物理环境、物理访问，物品带进、带出机房和机房环境安全等方面的管理进行规定
6	《XX 单位信息中心办公环境网络与信息安全管理规定》	识别具有安全管理需求的办公环境，明确安全事项和授权级别，加强终端安全管理，对物理环境、办公区出入、在办公区工作提出要求
7	《XX 单位信息中心防病毒安全管理规定》	明确防病毒软件、恶意代码监控工具的安装使用要求，明确对网络和主机进行恶意代码检测和记录的人员，明确防恶意代码软件的授权使用、恶意代码库升级、定期汇报等相关规定
8	《XX 单位信息中心信息系统口令管理规定》	对信息中心基础运行环境（含网络、主机、数据库系统等）、平台中间件、应用系统、用户终端中各类用户口令的设置、使用和管理做出明确要求

（续）

序号	文 档 名 称	主 要 内 容
9	《XX 单位信息中心数据备份和恢复管理规定》	对信息的备份方式、备份频度、存储介质、保存期和信息恢复等进行规范，对备份设备的维护和检测进行规范
10	《XX 单位信息中心托管信息系统资源评估管理规定》	对申请进入数据中心的信息系统所需环境资源、系统安全状况进行评估及审批，并由信息中心相关资源管理员对基础设施、公共平台和安全状况等需求进行评估，经相关资源负责人审批后落实该系统的部署实施工作
11	《XX 单位信息中心信息安全事件处理和应急管理规定》	明确安全事件类型和等级划分，规定安全事件的现场处理、事件报告和后期恢复的管理职责，制定安全事件报告和响应处理程序，明确事件的报告流程，响应和处置的范围、程度，以及处理方法等
121	《XX 单位信息中心信息系统变更安全管理规定》	明确变更范围，规范变更控制、审批和记录程序，控制系统变更过程
13	《XX 单位信息中心网络与信息安全总体管理办法》	总体目标、总体安全策略及安全管理体系说明
14	《XX 单位信息中心信息资产安全管理规定》	明确资产管理的责任人员和责任部门，明确资产分类和标识的管理职责和方法，明确资产清单的编制、检查及留存程序，规范资产的使用、传输、存储、维护和销毁等行为
15	《XX 单位信息中心介质安全管理规定》	明确各类介质管理规定，规范介质分类、存放、检查、移动等过程
16	《XX 单位信息中心基础设施运维安全管理规定》	对信息中心基础设施运行环境范围内的服务器、操作系统、网络设备、安全设备、数据库、存储备份、虚拟机等系统的用户权限、运行维护、升级与打补丁、网络连接、网络运行维护、安全监控和安全审计等方面做出规定，规范基础设施运维安全管理工作
17	《XX 单位信息中心公共平台运维安全管理规定》	对各类平台中间件、公共软件系统的用户权限、日常运行维护、升级与打补丁、安全监控和安全审计等方面做出规定
18	《XX 单位信息中心应用系统运维安全管理规定》	对各应用系统的用户权限、日常运行维护、升级与打补丁、安全监控和安全审计等方面做出规定
19	《XX 单位信息中心各部门安全岗位人员名单》	安全岗位人员名单
20	《XX 单位信息中心网络与信息安全岗位责任书》	网络与信息安全岗位责任书
21	《制度征求意见记录表》	制度征求意见记录
22	《制度目录总表》	制度目录
23	《制度收发登记记录表》	制度收发登记记录
24	《制度评审记录表》	制度评审记录
25	《年度网络与信息安全培训计划表》	网络与信息安全培训计划表
26	《网络与信息安全培训签到表》	网络与信息安全培训签到表
27	《员工网络与信息安全考核记录表》	员工网络与信息安全考核记录表
28	《员工保密协议》	员工保密协议

（续）

序号	文档名称	主要内容
29	《离职人员保密承诺》	离职人员保密承诺
30	《第三方保密协议》	第三方保密协议
31	《信息访问申请表》	信息访问申请
32	《临时接入网络申请表》	临时接入网络申请
33	《网络机房门禁卡申领表》	网络机房门禁卡申领
34	《网络机房门禁卡汇总登记表》	网络机房门禁卡汇总登记
35	《外部人员访问网络机房登记表》	外部人员访问网络机房登记
36	《网络机房进出登记表》	网络机房进出登记
37	《外部人员网络机房工作内容记录表》	外部人员网络机房工作内容记录
38	《网络机房设备维修记录单》	网络机房设备维修记录
39	《网络机房设备清单》	网络机房设备清单
40	《网络机房设备迁入登记表》	网络机房设备迁入登记
41	《网络机房设备迁出登记表》	网络机房设备迁出登记
42	《网络机房环境异常情况登记表》	网络机房环境异常情况登记
43	《信息系统口令明细表》	信息系统口令明细表
44	《口令查询申请表》	口令查询申请
45	《信息安全事件报告表》	信息安全事件报告
46	《信息安全事件处理记录》	信息安全事件处理记录
47	《信息资产清单_服务器资产清单》	服务器资产清单
48	《信息资产清单_网络设备和安全设备资产清单》	网络设备和安全设备资产清单
49	《信息资产清单_软件资产清单》	软件资产清单
50	《信息访问申请表》	信息访问申请

g）访谈人员

访谈人员如表 4.123 所示。

表 4.123　访谈人员表

序　号	姓　名	岗位/角色
1	郭信	安全管理员（网络运行处）
2	高兴	服务器管理员
3	范迪	数据库管理员
4	张兵	网络管理员
5	胡可	网络管理员
6	金州	文档管理员
7	武钟	第三方测试

3. 测评方法

本次等级测评实施过程中将综合采用访谈、检查、测试和风险分析等测评方法。

（1）现场测评方法

a）访谈

访谈是指测评人员通过与被测系统有关人员（个人/群体）进行交流、询问等活动，获取证据以证明信息系统安全保护措施是否有效的一种方法。在本次测评过程中，访谈方法主要应用于安全管理机构测评、人员安全管理测评、系统建设管理测评和系统运维管理测评等安全管理类测评任务中。

在安全管理类测评任务中，测评人员依据定制的测评指导书（访谈问题表）对相关人员进行访谈，以获取与安全管理有关的评估证据用于判断特定的安全管理措施是否符合国家相关标准以及委托方的实际需求。

b）检查

检查是指测评人员通过对评估对象进行观察、查验、分析等活动，获取证据以证明信息系统安全保护措施是否有效的一种方法。在本次测评过程中，检查方法的应用范围覆盖了物理安全测评、主机安全测评、网络安全测评和数据安全及备份恢复等技术类测评任务，以及一些安全管理类测评任务。

在物理安全测评任务中，测评人员采用文档查阅、分析和现场观察等检查方法来获取测评证据（如机房的温湿度情况），用于判断目标系统在机房安全方面采用的特定技术措施是否符合国家相关标准以及委托方的实际需求。

在主机安全测评、网络安全测评和数据安全及备份恢复等测评任务中，测评人员综合采用文档查阅与分析、安全配置核查和网络监听与分析等检查方法来获取测评证据（如相关措施的部署和配置情况、特定设备的端口开放情况等），用于判断目标系统在主机、网络层面采用的特定安全技术措施是否符合国家相关标准以及委托方的实际需求。

在安全管理类测评任务中，测评人员主要采用文档查阅与分析的检查方法来获取测评证据（如制度文件的编制情况），用于判断特定的安全管理措施是否符合国家、行业相关标准的要求以及委托方的实际需求。

c）测试

测试是指评估人员使用预定的方法/工具使评估对象产生特定的行为，通过查看、分析这些行为的结果，获取证据以证明信息系统安全保护措施是否有效的一种方法。在本次测评过程中，测试方法主要应用在手工验证、漏洞扫描、渗透测试等测评任务中。

在网络安全、主机安全测评任务中，测评人员将综合采用手工验证和工具测试（如漏洞扫描、渗透测试等）方法对特定安全技术措施的有效性进行测试，测试结果用于判断目标系统在网络、主机层面采用的特定技术措施是否符合国家相关标准以及委托方的实际需求，并进一步应用于对目标系统的安全性整体分析。

（2）风险分析方法

本项目采用的风险分析过程如下。

1）评估信息系统的安全保护能力缺失（测评结果中的部分符合项和不符合项）被威胁利用导致安全事件发生的可能性，可能性的取值范围为高、中和低。

2）评估安全事件对信息系统业务信息安全和系统服务安全造成的影响程度，影响程度取值范围为高、中和低。

3）综合 1）和 2）的结果对信息系统面临的风险进行汇总和等级划分，风险等级的取值范围为高、中和低。

4.14.4　单元测评

单元测评是等级保护测评的重要组成部分，根据单元测评的测评项及测评要求，完成测评并记录测评结果。

1. 物理安全

（1）结果汇总

根据现场测评结果记录，可以得到该系统"物理安全"各个安全子类的统计结果，具体汇总情况如表 4.124 所示。

表 4.124　物理安全测评统计结果

序号	机房名称	安全子类									
		物理位置的选择	物理访问控制	防盗窃和防破坏	防雷击	防火	防水和防潮	防静电	温湿度控制	电力供应	电磁防护
1	XX 单位机房	符合 0/2	符合 0/4	部分符合 1/6	符合 0/3	符合 0/3	符合 0/4	符合 0/2	符合 0/1	部分符合 1/4	符合 0/2
2	X 机房	符合 0/2	部分符合 1/4	部分符合 3/5	符合 0/3	符合 0/3	符合 0/4	符合 0/2	部分符合 1/1	符合 0/4	部分符合 1/2

注："N/A"表示"不适用"，"\"表示该级别系统无此要求。数字"X/X"中，分母表示"该安全子类中的测评项个数"，分子表示"该安全子类中部分符合和不符合的测评项的个数"。

（2）问题分析

XX 单位数据中心在物理安全方面主要采取了以下安全措施。

a）XX 单位机房

- 该机房位于 XX 单位大楼四层，房顶做过防水处理，周围没有用水设备，机房具有防震、防风和防雨等能力。
- 机房出入口有专人值守，7×24 小时值班，进入机房人员须提前一天向机房负责人提出申请，并在机房入口进行登记后由专人陪同进入。
- 机房门口设有电子门禁，并设置了机房红外感应防盗报警系统。
- 机房设置了七氟丙烷气体自动灭火系统，能够自动检测火情、自动报警并自动灭火。
- 整个机房分为两个区域，区域之间物理隔离，UPS 室设在机房门口单独的空间内。
- 机房设有 3 台精密空调，温度通常设在 20±2℃，湿度在 40%~60%。
- 机房配有 3 台 UPS，在断电后满载情况下可以持续供电 15~60 分钟。
- 强弱电分离铺设，光纤为上走线，电源线为下走线，并铺设防静电地板。

b）X 机房

- 机房位于 XX 大学网络机房三层，房顶做过防水处理，周围没有用水设备。
- 机房出入口有专人值守，7×24 小时值班，进入机房人员须提前一天向机房负责人提出申请，并在机房入口进行登记后由专人陪同进入。

- 机房值班室有对机房温度、湿度、火灾等的环境监测系统。
- 机房内设有 9 个摄像头,可以监控人员出入以及进入机房人员的情况。
- 机房设置了六氟丙烷气体自动灭火系统,能够自动检测火情、自动报警并自动灭火。
- 整个 IDC 机房分为 3 个区域,区域之间有玻璃门进行隔离,UPS 室设在机房门口单独的空间内。
- 机房设有 10 台精密空调,温度通常设在 20±2℃,湿度在 40%~60%。
- 机房配有 3 台 UPS,在断电后满载情况下可以持续供电 15 分钟。
- 设有 3 台油机,每月启动一次,每季度重载一次。

XX 单位数据中心在物理安全方面存在的主要问题如下。

a) XX 单位机房
- 部分通信线缆没有端口标识。
- 未配备备用发电系统。

b) X 机房
- 机房空间狭小,机柜与机柜之间的通道过窄。
- 部分通信线缆上没有端口标识,部分设备上没有固定资产标识。
- 机房未配备防盗报警系统。
- 机架下面没有铺设防静电地板,电源线直接暴露在机架下面,且电源线没有铺设在线槽中。

2. 网络安全

(1) 结果汇总

根据现场测评结果记录,可以得到该系统"网络安全"各个测评指标的统计结果,具体汇总如表 4.125 所示。

表 4.125　网络安全测评统计结果

序号	设备名称	安全子类						
		结构安全	访问控制	安全审计	边界完整性检查	恶意代码防范	入侵防范	网络设备防护
1	互联网接入区核心交换机 2		符合 0/1	部分符合 2/4				部分符合 4/8
2	互联网接入区边界路由器 1		符合 0/1	符合 0/4				部分符合 2/8
3	一期核心交换机 1		符合 0/1	符合 0/4				部分符合 2/8
4	前置服务区交换机 1		符合 0/1	符合 0/4				部分符合 2/8
5	网络管理区交换机		符合 0/1	符合 0/4				部分符合 2/8
6	数据库服务区交换机 1		符合 0/1	符合 0/4				部分符合 2/8
7	应用服务区交换机 1		符合 0/1	符合 0/4				部分符合 2/8

（续）

序号	设备名称	安全子类						
		结构安全	访问控制	安全审计	边界完整性检查	恶意代码防范	入侵防范	网络设备防护
8	生产测试区交换机	\	符合 0/1	符合 0/4	\	\	\	部分符合 3/8
9	用户终端区交换机	\	部分符合 1/2	部分符合 2/4	\	\	\	部分符合 4/8
10	互联网接入区边界防火墙 1	\	符合 0/3	符合 0/4	\	\	\	部分符合 2/8
11	核心交换区防火墙 1	\	符合 0/3	符合 0/4	\	\	\	部分符合 2/8
12	网络全局	部分符合 1/7	符合 0/1	\	部分符合 1/2	符合 0/2	部分符合 1/2	\

注："N/A"表示"不适用"，"\"表示该级别系统无此要求。数字"X/X"中，分母表示"该安全子类中的测评项个数"，分子表示"该安全子类中的部分符合和不符合的测评项的个数"。

（2）问题分析

XX 单位数据中心在网络安全方面主要实现了以下功能。

- 部署了安管平台 SOC，能够监控网络设备和安全设备，如 CPU 使用率、内存使用率等，并且能够对网络设备及安全设备进行审计分析。
- 各网络区域间有 VLAN 或防火墙进行隔离，并通过防火墙策略进行访问控制。
- 在互联网接入区部署了抗 DDOS 设备，在核心交换区部署了 IDS 设备，能够对网络攻击等行为进行检测和防御。

XX 单位数据中心在网络安全方面存在的主要问题如下。

- 网络中使用 OSPF 动态路由协议，未开启路由认证功能。
- 未部署非授权外联监测设备，无法检测内部网络用户私自连接到外部网络的行为。
- 在网络中部署的 IDS 未开启在发生严重入侵事件时的报警功能，或报警不能得到及时处理。
- 在网络管理区部署了堡垒机，但未开启 CA 认证机制，未实现双因子身份鉴别方式。
- 端用户区未采取防地址欺骗措施。
- 抽测的部分网络设备运行日志本地保存，未转发至日志服务器，不能对其日志进行审计分析和生成报表。
- 抽测的部分网络设备使用 Telnet 方式进行远程管理，登录设备的用户名、口令在网络中明文传输。
- 抽测的部分网络设备远程登录连接超时设置为永不超时。
- 抽测的部分网络设备只创建了管理员用户，没有实现特权用户的权限分离。
- 抽测的网络设备及安全设备设置的管理员登录地址限制范围过大，存在绕过堡垒机登录的可能。

3. 主机安全

（1）结果汇总

根据现场测评结果记录，可以得到该系统在"主机安全"方面各个安全子类的统计结果，具体汇总如表 4.126 所示。

表 4.126 主机安全测评统计结果

序号	设备名称	安全子类								
		身份鉴别	安全标记	访问控制	可信路径	安全审计	剩余信息保护	入侵防范	恶意代码防范	系统资源控制
1	2Q-1	部分符合 2/6	\	符合 0/5	\	符合 0/6	N/A	部分符合 1/3	N/A	符合 0/5
2	2Q-2（虚拟化资源池）	部分符合 1/6	\	符合 0/4	\	符合 0/6	N/A	部分符合 1/3	N/A	符合 0/5
3	2Q-3（虚拟化资源池）	部分符合 1/6	\	符合 0/4	\	符合 0/6	N/A	部分符合 1/3	N/A	符合 0/5
4	浪潮服务器 C 刀片一	部分符合 2/6	\	符合 0/4	\	符合 0/6	N/A	部分符合 1/3	N/A	符合 0/5
5	前置服务器	部分符合 1/6	\	符合 0/4	\	符合 0/6	N/A	部分符合 1/3	N/A	符合 0/5
6	安全管理服务器（SOC）	部分符合 1/6	\	部分符合 2/4	\	符合 0/6	N/A	符合 0/3	不符合 3/3	符合 0/5
7	Vcenter 管理服务器	部分符合 4/6	\	部合符合 2/4	\	部分符合 2/6	N/A	部分符合 1/3	不符合 3/3	符合 0/5

注："N/A"表示"不适用"，"\"表示该级别系统无此要求。数字"X/X"中，分母表示"该安全子类中的测评项个数"，分子表示"该安全子类中的部分符合和不符合的测评项的个数"。

（2）问题分析

XX 单位数据中心在主机安全方面主要采取了以下安全措施。

- 系统管理员均采用登录管理卡方式进行统一身份验证，用户登录使用 SSH 方式。
- 应用服务器和数据库服务器实际口令为 8 位或 8 位以上，包含大小写字母、数字和其他字符。
- 数据库管理员通过 SSH 登录操作系统，再通过操作系统进入数据库。登录数据库需要口令密码，口令长度为 12 位以上，构成方式为数字+大小写字母+其他字符。

XX 单位数据中心在主机安全方面还存在以下问题。

- 操作系统未启用或设置登录失败处理功能。
- 操作系统和数据库仅采用一种方式（用户名+口令）进行登录鉴别，未采用两种或两种以上鉴别技术的组合对管理用户进行身份鉴别。
- 操作系统未采取对重要程序完整性进行检测和恢复的措施。
- 操作系统未设置强制性的口令复杂性策略。
- 操作系统在远程管理服务器时，采用没有加密的明文协议传输账户鉴别信息或敏感数据等。
- 操作系统仅有系统管理员角色，未设置其他角色，没有根据用户角色设置最小权限。
- 未对管理员账户 Administrator 重命名。
- 操作系统未开启审计进程。
- 操作系统 Windows 服务器未安装防病毒软件。
- 操作系统未设置屏幕超时锁定功能。

4. 数据安全及备份恢复

（1）结果汇总

根据现场测评结果记录，可以得到该系统"数据安全及备份恢复"各个测评指标的统计结果，具体汇总如表 4.127~表 4.129 所示。

表 4.127　数据安全及备份恢复（网络设备）测评统计结果

序　号	设　备　名　称	安 全 子 类
		备份和恢复
1	互联网接入区核心交换机 2	符合 0/3
2	互联网接入区边界路由器 1	符合 0/3
3	一期核心交换机 1	符合 0/3
4	前置服务区交换机 1	符合 0/3
5	网络管理区交换机	符合 0/2
6	数据库服务区交换机 1	符合 0/3
7	应用服务区交换机 1	符合 0/3
8	生产测试区交换机	符合 0/2
9	用户终端区交换机	符合 0/2
10	互联网接入区边界防火墙 1	符合 0/3
11	核心交换区防火墙 1	符合 0/3

注："N/A"表示"不适用"，"\"表示该级别系统无此要求。数字"X/X"中，分母表示"该安全子类中的测评项个数"，分子表示"该安全子类中的部分符合和不符合的测评项的个数"。

表 4.128　数据安全及备份恢复（服务器）测评统计结果

序　号	设　备　名　称	安 全 子 类
		备份和恢复
1	2Q-1	符合 0/1
2	2Q-2（虚拟化资源池）	符合 0/1
3	2Q-3（虚拟化资源池）	符合 0/1
4	浪潮服务器 C 刀片一	符合 0/1
5	前置服务器	符合 0/1

（续）

序　　号	设 备 名 称	安 全 子 类
		备份和恢复
6	安全管理服务器（SOC）	符合 0/1
7	Vcenter 管理服务器	不适用 N/A

注："N/A" 表示"不适用"，"\" 表示该级别系统无此要求。数字"X/X" 中，分母表示"该安全子类中的测评项个数"，分子表示"该安全子类中的部分符合和不符合的测评项的个数"。

表 4.129　数据安全及备份恢复（数据库管理系统）测评统计结果

序　　号	设 备 名 称	安 全 子 类
		备份和恢复
1	数据库管理系统	部分符合 1/2

注："N/A" 表示"不适用"，"\ " 表示该级别系统无此要求。数字"X/X" 中，分母表示"该安全子类中的测评项个数"，分子表示"该安全子类中的部分符合和不符合的测评项的个数"。

（2）问题分析

XX 单位数据中心在数据安全及备份方面（网络）主要采取了以下安全措施。

- 能够对抽测的网络及安全设备的数据进行备份与恢复，配置变更前及定期进行数据备份。
- 抽测的网络及安全设备采用双机热备的形式实现了网络结构的冗余，不存在单点故障的隐患。

XX 单位数据中心在数据安全及备份方面（主机）主要采取了以下安全措施。

- 应用服务器采取集群部署方式，提供了主要网络设备、通信线路和数据处理系统的硬件冗余，保证系统的高可用性。
- 数据根据业务需要进行了增量备份或全量备份，数据保留一周，存储到另外一个磁盘阵列上。

XX 单位数据中心在数据安全及备份方面存在以下问题：无异地数据备份功能。

5. 安全管理制度

（1）结果汇总

根据现场测评结果记录，可以得到该系统"安全管理制度"各个安全子类的统计结果，具体汇总情况如表 4.130 所示。

表 4.130　安全管理制度测评统计结果

层面/方面	安 全 子 类		
	管 理 制 度	制订和发布	评审和修订
安全管理制度	部分符合 2/4	符合 0/5	符合 0/2

注："N/A" 表示"不适用"，"\" 表示该级别系统无此要求。数字"X/X" 中，分母表示"该安全子类中的测评项个数"，分子表示"该安全子类中的部分符合和不符合的测评项的个数"。

（2）问题分析

安全管理制度方面主要做到了以下几项。

- 基本形成了由安全策略、管理制度、操作规程等构成的全面的信息安全管理制度体系。
- 责任部门负责制度的起草，由中心主任办公会审核，中心办公室发布实施。
- 中心主任办公会（由各责任部门领导组成）负责对制订的安全管理制度进行论证和审定，并留有征求意见的相关记录。
- 办公室每年组织相关部门和人员对制度体系的合理性和适用性进行评审。

安全管理制度方面存在的问题：部分管理制度缺失，且存在未发布的管理制度。

6. 安全管理机构

（1）结果汇总

根据现场测评结果记录，可以得到该系统"安全管理机构"各个安全子类的统计结果，具体汇总情况如表4.131所示。

表 4.131　安全管理机构测评统计结果

层面/方面	安全子类				
	岗位设置	人员配备	授权和审批	沟通和合作	审核和检查
安全管理机构	符合 0/4	符合 0/3	符合 0/4	符合 0/5	部分符合 3/4

注："N/A"表示"不适用"，"\"表示该级别系统无此要求。数字"X/X"中，分母表示"该安全子类中的测评项个数"，分子表示"该安全子类中的部分符合和不符合的测评项的个数"。

（2）问题分析

安全管理机构方面主要做到了以下几项。

- 网络运行处为信息安全管理工作的职能部门，设立了安全主管及安全管理各个方面的负责岗位，以及系统管理员、网络管理员、安全管理员等岗位，在《XX单位信息安全组织及职责管理规定》中定义了各岗位的职责。
- 成立了信息安全领导小组，组长由信息中心主任担任。
- 安全管理员为专职人员，没有兼任其他与信息系统相关的重要岗位，关键岗位配备了多人共同管理。
- 针对信息系统口令修改、查询、配置变更、机房访问、设备迁入、迁出维修等事项建立了审批程序，相关审批单中明确了授权审批事项、审批部门和批准人等。
- 与工信部、公安部、国家信息中心等均有合作沟通，并建立了《专家信息库》，包括外联单位名称、合作内容、联系人和联系方式等信息。
- 聘请郭鑫担任信息安全专家作为常年的安全顾问，指导信息安全建设，参与安全规划和安全评审等。

安全管理机构方面存在的问题如下。

- 未制订安全审核和安全检查制度规范安全审核和安全检查工作。
- 未编制安全检查表格及定期进行全面的安全检查。

7. 人员安全管理

（1）结果汇总

根据现场测评结果记录，可以得到该系统"人员安全管理"各个安全子类的统计结果，具体汇总情况如表 4.132 所示。

表 4.132　人员安全管理测评统计结果

层面/方面	安全子类				
	人员录用	人员离岗	人员考核	安全意识教育和培训	外部人员访问管理
人员安全管理	符合 0/3	符合 0/3	符合 0/3	符合 0/4	符合 0/2

注："N/A"表示"不适用"，"\"表示该级别系统无此要求。数字"X/X"中，分母表示"该安全子类中的测评项个数"，分子表示"该安全子类中的部分符合和不符合的测评项的个数"。

（2）问题分析

人员管理方面主要做到了以下几项。

- 办公室负责人员的录用过程中，对被录用人的身份、背景、专业资格和资质等进行审查，并对其具有的技术、技能进行考核。
- 录用人员均签署《XX 单位员工保密协议》，参与信息系统安全相关建设、运维、管理等工作的均为关键岗位，须签署《网络与信息安全岗位责任书》。
- 制订了《工作人员网络与信息安全管理规定》，其中对人员离岗进行了规范。
- 每年年底各部门针对各岗位人员进行考核，并对关键岗位人员（运维相关人员）进行安全岗位方面的技能考试。
- 聘请外部公司不定期对各类人员进行相关的安全技术培训和岗位技能培训，网络运行处每月组织相关的安全培训。
- 制订了《网络机房管理制度》，对允许外部人员访问的区域、系统、设备、信息等内容进行了书面规定。

8. 系统建设管理

（1）结果汇总

根据现场测评结果记录，可以得到该系统"系统建设管理"各个安全子类的统计结果，具体汇总情况如表 4.133 所示。

表 4.133　系统建设管理测评统计结果

层面/方面	安全子类										
	系统定级	安全方案设计	产品采购和使用	自行软件开发	外包软件开发	工程实施	测试验收	系统交付	系统备案	等级测评	安全服务商选择
系统建设管理	符合 0/4	符合 0/5	符合 0/3	N/A	符合 0/4	符合 0/3	符合 0/5	符合 0/5	符合 0/3	符合 0/2	符合 0/3

注："N/A"表示"不适用"，"\"表示该级别系统无此要求。数字"X/X"中，分母表示"该安全子类中的测评项个数"，分子表示"该安全子类中的部分符合和不符合的测评项的个数"。

（2）问题分析

系统建设管理方面主要做到了以下几项。

- 《定级报告》中明确了信息系统的边界和安全保护等级，确定了信息系统安全保护等级的方法及定级理由。
- 项目各期均制订了总体的安全方案，包含总体安全策略、安全技术框架、安全管理策略、总体建设规划、详细设计方案等。
- 中心采购工作由资产管理小组负责组织实施，财务处负责具体事务性工作，提出需求的业务处室予以配合。
- 聘请北京 XX 科技有限公司对系统进行安全性测试，有相关的代码测试报告。
- 信息中心负责系统测试验收的管理，并按照相关管理规定的要求完成系统测试验收工作。
- 选择北京 XX 科技有限公司为安全服务商，与安全服务商签订了相关的保密协议、合同等，明确了相关责任。

9. 系统运维管理

（1）结果汇总

根据现场测评结果记录，可以得到该系统"系统运维管理"各个安全子类的统计结果，具体汇总情况如表 4.134 所示。

表 4.134　系统运维管理测评统计结果

层面/方面	安 全 子 类												
	环境管理	资产管理	介质管理	设备管理	监控管理和安全管理中心	网络安全管理	系统安全管理	恶意代码防范	密码管理	变更管理	备份与恢复管理	安全事件处置	应急预案管理
系统运维管理	符合 0/4	符合 0/4	符合 0/6	符合 0/5	部分符合 1/3	符合 0/8	部分符合 1/7	符合 0/4	N/A	符合 0/4	部分符合 3/5	符合 0/6	部分符合 1/5

注："N/A"表示"不适用"，"\"表示该级别系统无此要求。数字"X/X"中，分母表示"该安全子类中的测评项个数"，分子表示"该安全子类中的部分符合和不符合的测评项的个数"。

（2）问题分析

系统运维管理方面主要做到了以下几项。

- 网络运维处负责定期对机房供配电设施、空调、湿度控制设施等进行维护管理，并对机房的出入、服务器的开机或关机等工作进行管理。
- 财务处统一负责资产管理，一般性资产由各处室自行管理（每个处室均设定了资产管理员），重要资产统一由财务处负责。
- 带库等磁介质放在 XX 单位机房，机房配有专用的防磁介质柜；纸质介质有专门的保密柜。这些存放柜均有专人负责。
- 重要数据在传输过程中使用 VPN 加密，存储时进行压缩加密。
- 网络运行处负责对信息系统相关的各种设备（包括备份和冗余设备）、线路等进行定期维护，有日常维护记录。
- 建立了安全网络监控系统（SOC），对通信线路、主机、网络设备和应用软件的运行状况、用户行为等进行监测和报警，采用东华流量分析设备对网络流量进行监控，形成日志并自动保存在系统中。

- 操作系统的漏洞扫描每月进行一次，应用系统由 Web 应用系统进行扫描，每天以邮件等形式上报。
- 数据库每天逻辑备份一次，每周全备份一次（物理备份）。
- 制订了《信息安全事件处理和应急管理规定》，明确了安全事件的类型，规定了安全事件现场处理、事件报告和后期恢复的管理职责，并将安全事件分为五级。
- 《信息安全事件处理和应急管理规定》中明确要求对造成系统中断和信息泄密的安全事件应采用不同的处理程序和报告程序。目前没有发生过重大安全事件。
- 机房每个季度进行一次应急演练，有相关记录。

系统运维管理方面存在的问题如下。

- 未实现恶意代码和补丁的集中管理。
- 系统管理员和数据库管理员权限过大，未遵循最小授权原则。
- 缺少数据备份与恢复策略文档，未定期执行恢复程序、检查和测试备份介质的有效性。
- 专项应急预案中未明确财务概算和应急设备等应急保障内容。

4.14.5 工具测试

漏洞扫描区域如图 4.2 所示。

1. 漏洞扫描——接入点 A

在接入点 A 对 12 台主机/设备的漏洞扫描结果如表 4.135 所示，从中可以看出，目标主机/设备未对该点暴露明显漏洞。

表 4.135 接入点 A 漏洞扫描结果统计

序号	设 备 名 称	类型/OS	IP 地址	安全漏洞数			
				低	中	高	小计
1	互联网接入区核心交换机 2	Cisco C6509	*.*.1.3	0	0	0	0
2	互联网接入区边界路由器 1	华为 NE40E	*.*.254.9	0	0	0	0
3	前置服务区交换机 1	华为 S9312	*.*.3.3	0	0	0	0
4	数据库服务区交换机 1	华为 S9312	*.*.3.7	0	0	0	0
5	应用服务区交换机 1	华为 S9312	*.*.3.5	0	0	0	0
6	互联网接入区边界防火墙 1	华为 USG5320	*.*.193.2	0	0	0	0
7	核心交换区防火墙 1	华为 USG9110	*.*.3.1	0	0	0	0
8	2Q-1	Asianux 3.0 sp4/Oracle 11g	*.*.19.2	0	0	0	0
9	2Q-2	ESX4.1（Linux 内核）	*.*.184.205	0	0	0	0
10	2Q-3	ESX4.1（Linux 内核）	*.*.184.165	0	0	0	0
11	浪潮服务器 C 刀片一	ESX4.0（Linux 内核）	*.*.178.250	0	0	0	0
12	前置服务器	ESX4.0（Linux 内核）	*.*.1.30	0	0	0	0

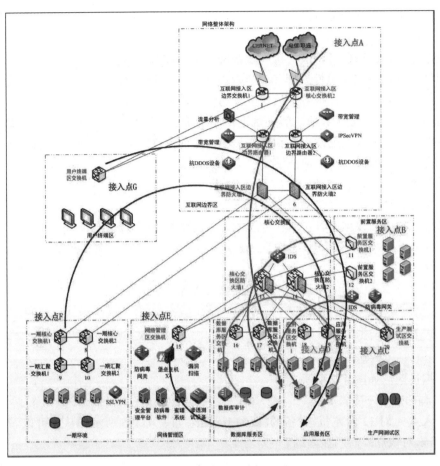

●图 4.2   漏洞扫描区域

2. 漏洞扫描——接入点 B

在接入点 B 对 9 台主机/设备的漏洞扫描结果如表 4.136 所示，从中可以看出，目标主机/设备对该点只暴露了一些低风险漏洞。

表 4.136   接入点 B 漏洞扫描结果统计

序号	设 备 名 称	类型/OS	IP 地址	安全漏洞数			
				低	中	高	小计
1	前置服务区交换机 1	华为 S9312	*.*.3.3	3	0	0	3
2	核心交换区防火墙 1	华为 USG9110	*.*.3.1	0	0	0	0
3	数据库服务区交换机 1	华为 S9312	*.*.3.7	0	0	0	0
4	应用服务区交换机 1	华为 S9312	*.*.3.5	0	0	0	0
5	2Q-1	Asianux 3.0 sp4/Oracle 11g	*.*.19.2	0	0	0	0
6	2Q-2	ESX4.1（Linux 内核）	*.*.1.10	0	0	0	0
7	2Q-3	ESX4.1（Linux 内核）	*.*.1.6	0	0	0	0
8	浪潮服务器 C 刀片一	ESX4.0（Linux 内核）	*.*.10.6	0	0	0	0
9	前置服务器	ESX4.0（Linux 内核）	*.*.1.30	0	0	0	0

3. 漏洞扫描——接入点 C

在接入点 C 对 8 台主机/设备的漏洞扫描结果如表 4.137 所示，从中可以看出，目标主机/设备对该点只暴露了一些低风险漏洞。

表 4.137　接入点 C 漏洞扫描结果统计

序号	设 备 名 称	类型/OS	IP 地址	安全漏洞数			
				低	中	高	小计
1	生产测试区交换机	华为 S9312	*.*.3.9	3	0	0	3
2	核心交换区防火墙1	华为 USG9110	*.*.3.1	0	0	0	0
3	数据库服务区交换机1	华为 S9312	*.*.3.7	0	0	0	0
4	应用服务区交换机1	华为 S9312	*.*.3.5	0	0	0	0
5	2Q-43	Asianux 3.0 sp4/Oracle 11g	*.*.19.2	0	0	0	0
6	2Q-44	ESX4.1（Linux 内核）	*.*.1.10	0	0	0	0
7	2Q-45	ESX4.1（Linux 内核）	*.*.1.6	0	0	0	0
8	浪潮服务器 C 刀片一	ESX4.0（Linux 内核）	*.*.10.6	0	0	0	0

4. 漏洞扫描——接入点 D

在接入点 D 对 6 台主机/设备的漏洞扫描结果如表 4.138 所示，从中可以看出，目标主机/设备对该点只暴露了一些低风险漏洞。

表 4.138　接入点 D 漏洞扫描结果统计

序号	设 备 名 称	类型/OS	IP 地址	安全漏洞数			
				低	中	高	小计
1	数据库服务区交换机1	华为 S9312	*.*.3.7	0	0	0	0
2	应用服务区交换机1	华为 S9312	*.*.3.5	3	0	0	3
3	2Q-TS850	Asianux 3.0 sp4/Oracle 11g	*.*.19.2	0	0	0	0
4	2Q-R720	ESX4.1（Linux 内核）	*.*.1.10	0	0	0	0
5	2Q-R720	ESX4.1（Linux 内核）	*.*.1.6	0	0	0	0
6	浪潮服务器 C 刀片一	ESX4.0（Linux 内核）	*.*.10.6	0	0	0	0

5. 漏洞扫描——接入点 E

在接入点 E 对 10 台主机/设备的漏洞扫描结果如表 4.139 所示，从中可以看出，目标主机/设备对该点只暴露了一些低风险漏洞。

表 4.139　接入点 E 漏洞扫描结果统计

序号	设 备 名 称	类型/OS	IP 地址	安全漏洞数			
				低	中	高	小计
1	网络管理区交换机	华为 S9312	*.*.13.10	3	0	0	3
2	核心交换区防火墙 1	华为 USG9110	*.*.13.1	0	0	0	0
3	数据库服务区交换机 1	华为 S9312	*.*.13.7	0	0	0	0
4	应用服务区交换机 1	华为 S9312	*.*.13.5	0	0	0	0
5	2Q-TS850	Asianux 3.0 sp4/Oracle 11g	*.*.119.2	0	0	0	0
6	2Q-48	ESX4.1（Linux 内核）	*.*.11.10	0	0	0	0
7	2Q-44	ESX4.1（Linux 内核）	*.*.11.6	0	0	0	0
8	浪潮服务器 C 刀片一	ESX4.0（Linux 内核）	*.*.110.6	0	0	0	0
9	安全管理服务器（SOC）	Windows 7	*.*.15.8	0	0	0	0
10	Vcenter 管理服务器	Windows 2008 Server	*.*.11.215	0	0	0	0

6. 漏洞扫描——接入点 F

在接入点 F 对 9 台主机/设备的漏洞扫描结果如表 4.140 所示，从中可以看出，目标主机/设备对该点只暴露了一些低风险漏洞。

表 4.140　接入点 F 漏洞扫描结果统计

序号	设 备 名 称	类型/OS	IP 地址	安全漏洞数			
				低	中	高	小计
1	一期核心交换机 1	华为 S9312	*.*.54.1	3	0	0	3
2	互联网接入区边界防火墙 1	华为 USG5320	*.*.193.2	3	0	0	3
3	核心交换区防火墙 1	华为 USG9110	*.*.3.1	0	0	0	0
4	数据库服务区交换机 1	华为 S9312	*.*.3.7	0	0	0	0
5	应用服务区交换机 1	华为 S9312	*.*.3.5	0	0	0	0
6	2Q-TS850	Asianux 3.0 sp4/Oracle 11g	*.*.19.2	0	0	0	0
7	2Q-R720	ESX4.1（Linux 内核）	*.*.1.10	0	0	0	0
8	2Q-R720	ESX4.1（Linux 内核）	*.*.1.6	0	0	0	0
9	浪潮服务器 C 刀片一	ESX4.0（Linux 内核）	*.*.10.6	0	0	0	0

7. 漏洞扫描——接入点 G

在接入点 F 对 12 台主机/设备的漏洞扫描结果如表 4.141 所示，从中可以看出，目标主机/设备对该点只暴露了一些低风险漏洞。

表 4.141 接入点 G 漏洞扫描结果统计

序号	设备名称	类型/OS	IP 地址	安全漏洞数			
				低	中	高	小计
1	用户终端区交换机	Cisco 6509	*.*.1.1	2	0	0	2
2	互联网接入区核心交换机 2	Cisco C6509	*.*.1.3	2	0	0	2
3	互联网接入区边界路由器 1	华为 NE40E	*.*.254.9	4	0	0	4
4	前置服务区交换机 1	华为 S9312	*.*.3.3	0	0	0	0
5	数据库服务区交换机 1	华为 S9312	*.*.3.7	0	0	0	0
6	应用服务区交换机 1	华为 S9312	*.*.3.5	0	0	0	0
7	互联网接入区边界防火墙 1	华为 USG5320	*.*.193.2	3	0	0	3
8	核心交换区防火墙 1	华为 USG9110	*.*.3.1	3	0	0	3
9	2Q-TS850	Asianux 3.0 sp4/Oracle 11g	*.*.19.2	0	0	0	0
10	2Q-R720	ESX4.1 (Linux 内核)	*.*.1.10	0	0	0	0
11	2Q-44	ESX4.1 (Linux 内核)	*.*.1.6	0	0	0	0
12	浪潮服务器 C 刀片一	ESX4.0 (Linux 内核)	*.*.10.6	0	0	0	0

4.14.6 整体测评

信息系统的复杂性和多样性决定了保障信息系统的安全措施也是千变万化的,安全措施的落地不是一成不变的。有些时候,某些安全措施既可以在网络上实现也可以在主机上实现,甚至可以通过较强的管理手段来弥补技术上的薄弱环节。因此,应分析安全措施之间的关联互补。

安全措施的关联互补包括安全控制间、层面间和区域间三个方面。

1. 安全控制间安全测评

针对物理安全中"应利用光、电等技术设置机房防盗报警系统",经过检查得知目前 X 机房未安装防盗报警系统,但是机房门口有 24 小时专人值守,并且机房内无对外开放的窗户,可以有效降低防盗窃风险,因此"机房未安装防盗报警系统"的风险等级由中风险降为低风险。

2. 层面间安全测评

通过层面间测评,XX 单位数据中心信息系统测评结果未发生明显改变。

3. 区域间安全测评

通过区域间测评,XX 单位数据中心信息系统测评结果未发生明显改变。

4.14.7 整改情况说明

XX 单位的整改情况说明如表 4.142 所示。

表 4.142　XX 单位整改情况说明

序号	安全分类	安全问题	整改情况说明
1	物理安全（XX 单位机房）	部分通信线缆没有端口标识	已完成整改 在线缆上粘贴标签
2		未配备备用发电系统	持续整改 计划在 2020 年底数据中心三期建设时解决
3	物理安全（X 机房）	机房空间狭小，机柜与机柜之间的通道过窄	持续整改 计划在 2020 年底数据中心三期建设时解决
4		部分通信线缆上没有端口标识，部分设备上没有固定资产标识	正在整改 近期财务处完成固定资产标识梳理后，在设备上统一粘贴标签 计划在 2020 年 5 月底前完成
5		机房未部署防盗报警系统	持续整改 计划在 2020 年底数据中心三期建设时解决
6		机架下面没有铺设防静电地板，电源线直接暴露在机架下面，且电源线没有铺设在线槽中	持续整改 计划在 2020 年底数据中心三期建设时解决
7	网络安全	网络中使用 OSPF 动态路由协议，未开启路由认证功能	持续整改 计划在 2020 年底数据中心三期建设时解决
8		未部署非授权外联监测设备，无法检测内部网络用户私自连接到外部网络的行为	持续整改 绑定运维终端 MAC 地址 运维终端无法连接互联网 计划在 2020 年底数据中心三期建设中部署终端管理系统作为非授权外联监测设备
9		在网络中部署的 IDS 未开启在发生严重入侵事件时的报警功能，或报警不能得到及时处理	已完成整改 在 SOC 设备中配置了邮件报警功能，SOC 采集 IDS 告警信息并以邮件方式发送给运维人员
10		在网络管理区部署了堡垒机，但未开启 CA 认证机制，未实现双因子身份鉴别	持续整改 经过与堡垒主机厂商和 CA 平台相关人员沟通，需要根据平台的结构定制开发 计划在 2020 年底数据中心三期建设时解决
11		终端用户区未采取防地址欺骗措施	已完成整改 绑定了主要运维客户端的 IP 地址
12		抽测的部分网络设备日志为本地保存，未转发至日志服务器，不能对其日志进行审计分析和生成报表	已完成整改 配置交换机日志服务器，将交换机日志发送到 SOC 服务器
13		抽测的部分网络设备使用 Telnet 方式进行远程管理，登录设备的用户名、口令在网络中明文传输	持续整改 涉及的网络设备版本较老，不支持 SSH 登录 计划在 2020 年底三期建设中更换能够支持 SSH 管理的边界网络设备
14		抽测的部分网络设备远程登录连接超时为永不超时	已完成整改 相关设备已设置连接超时为 15 分钟

（续）

序号	安全分类	安全问题	整改情况说明
15	网络安全	抽测的部分网络设备只创建了管理员用户，没有实现特权用户的权限分离	持续整改 计划在堡垒机上设置安全审计账号，对管理员操作进行审计 计划在 2020 年底三期建设中完成整改
16		抽测的网络设备及安全设备设置的管理员登录地址限制范围过大，存在绕过堡垒机登录的可能	已完成整改 所有网络设备均限制只有堡垒机和网管系统 IP 可以访问
17	主机安全	操作系统未启用或设置登录失败处理功能	已完成整改：相关系统均设置了登录锁定策略
18		操作系统和数据库仅采用一种方式（用户名+口令）进行登录鉴别，未采用两种或两种以上组合的鉴别技术对管理用户进行身份鉴别	持续整改 经过与堡垒主机厂商和 CA 平台相关人员沟通，需要根据 CA 平台的结构定制开发 计划在 2020 年底数据中心三期建设时解决
19		操作系统未采取对重要程序完整性进行检测和恢复的措施	不整改 目前没有成熟稳定的技术实现方式
20		无异地数据备份功能	持续整改 计划在 2020 年底数据中心三期建设时解决
21		操作系统未设置强制的口令复杂性验证策略且未设置登录失败处理功能	已完成整改 系统设置了口令复杂性验证策略和登录策略
22		操作系统在远程管理服务器时，采用没有加密的明文协议传输账户鉴别信息或敏感数据等	已完成整改 系统设置了 RDP 远程加密
23		操作系统仅有系统管理员角色，未设置其他角色，没有根据用户角色设置最小权限	已完成整改 Windows 服务器整改完成，增加了安全管理和安全审计账户
24		未对管理员账户 Administrator 重命名	已完成整改 已重命名 Administrator
25		操作系统未开启审计进程	已完成整改 操作系统开启了审计策略
26		操作系统 Windows 服务器未安装防病毒软件	已完成整改 临时安装了 360 杀毒软件 计划在 2020 年底三期建设中采购部署网络版防病毒软件
27		操作系统未设置屏幕超时锁定功能	已完成整改 操作系统锁定时间设为 10 分钟
28	安全管理	部分管理制度缺失，且存在未发布的管理制度	已完成整改 在《XX 单位信息中心网络与信息安全总体管理办法》中增加安全检查和审核要求及检查表单，并在下一版本中发布
29		未制订安全检查表格，定期进行全面的安全检查	

（续）

序号	安全分类	安全问题	整改情况说明
30	安全管理	未实现恶意代码和补丁的集中管理	持续整改 计划在2020年底三期建设中采购部署网络版防病毒软件，实现恶意代码和补丁集中管理
31		系统管理员和数据库管理员权限过大，未遵循最小授权原则	持续整改 按业务系统创建数据库管理员，分别管理相应的数据库系统 计划在2020年底数据中心三期建设中完成整改
32		缺少数据备份与恢复策略文档，未定期执行恢复程序，检查和测试备份介质的有效性	已完成整改 补充填写了备份策略和备份记录
33		专项应急预案中未明确财务概算和应急设备等应急保障内容	持续整改 各上线应用系统编写专项应急预案，现有预案及新增预案均增加财务概算和应急设备等内容 在后期发布管理制度时更新

4.14.8 测评结果汇总

XX单位数据中心经整体测评后的测评结果以表格形式汇总，如表4.143所示。适用项用"✓"标识，不适用项用"N/A"标识。

表4.143 测评结果汇总表

序号	安全分类	安全子类	符合情况		
			符合	部分符合	不符合
1	物理安全	物理位置的选择	✓		
2		物理访问控制		✓	
3		防盗窃和防破坏		✓	
4		防雷击	✓		
5		防火	✓		
6		防水和防潮	✓		
7		防静电	✓		
8		温湿度控制		✓	
9		电力供应		✓	
10		电磁防护		✓	

（续）

序 号	安全分类	安全子类	符合情况		
			符 合	部分符合	不符合
11	网络安全	结构安全		✓	
12		访问控制	✓		
13		安全审计	✓		
14		边界完整性检查		✓	
15		入侵防范	✓		
16		恶意代码防范	✓		
17		网络设备防护		✓	
18	主机安全	身份鉴别		✓	
19		访问控制	✓		
20		安全审计	✓		
21		剩余信息保护	N/A		
22		入侵防范		✓	
23		恶意代码防范	✓		
24		资源控制	✓		
25	应用安全	身份鉴别	N/A		
26		访问控制	N/A		
27		安全审计	N/A		
28		剩余信息保护	N/A		
29		通信完整性	N/A		
30		通信保密性	N/A		
31		抗抵赖	N/A		
32		软件容错	N/A		
33		资源控制	N/A		
34	数据安全及备份恢复	数据完整性	✓		
35		数据保密性	✓		
36		备份和恢复		✓	
37	安全管理制度	管理制度	✓		
38		制订和发布	✓		
39		评审和修订	✓		
40	安全管理机构	岗位设置	✓		
41		人员配备	✓		

（续）

序号	安全分类	安全子类	符合情况		
			符 合	部分符合	不符合
42	安全管理机构	授权和审批	✓		
43		沟通和合作	✓		
44		审核和检查		✓	
45	人员安全管理	人员录用	✓		
46		人员离岗	✓		
47		人员考核	✓		
48		安全意识教育和培训	✓		
49		外部人员访问管理	✓		
50	系统建设管理	系统定级	✓		
51		安全方案设计	✓		
52		产品采购和使用	✓		
53		自行软件开发	N/A		
54		外包软件开发	✓		
55		工程实施	✓		
56		测试验收	✓		
57		系统交付	✓		
58		系统备案	✓		
59		等级测评	✓		
60		安全服务商选择	✓		
61	系统运维管理	环境管理	✓		
62		资产管理	✓		
63		介质管理	✓		
64		设备管理	✓		
65		监控管理和安全管理中心		✓	
66		网络安全管理	✓		
67		系统安全管理		✓	
68		恶意代码防范管理	✓		
69		密码管理	N/A		
70		变更管理	✓		
71		备份与恢复管理	✓		
72		安全事件处置	✓		
73		应急预案管理		✓	

4.14.9　风险分析和评估

本次测评依据等级保护的相关规范和标准,采用风险分析的方法分析信息系统等级测评结果中存在的安全问题可能被威胁利用的可能性和后果,综合判定给出信息系统面临的风险值。安全问题的风险值如表 4.144 所示。

表 4.144　风险分析评价表

序号	问题类别	安全问题	关联资产	后果	风险值
1	物理安全	未配备备用发电系统	XX 单位机房	一旦电力长时间中断,将导致信息系统无法提供服务	中
2		机房空间狭小,机柜与机柜之间的通道过窄	X 机房	容易使设备散热不好,导致区域温度过高	中
3		机房未配备防盗报警系统		发生物理机房破坏和盗窃事件导致设备丢失或设备故障时,由于发现不及时可能会导致系统或网络中断	低
4		机架下面没有铺设防静电地板,电源线直接暴露在机架下面,且电源线没有铺设在线槽中		由于空调为下送风方式,没有铺设防静电地板,容易积灰、起尘,且电源线铺设混乱一旦出现问题也不容易排查等	中
5	网络安全	网络中使用 OSPF 动态路由协议,未开启路由认证功能	网络全局	不能保证业务终端和业务服务器之间数据传输的安全性	低
6		未部署非授权外联监测设备,无法检测内部网络用户私自连接到外部网络的行为	网络全局	终端用户非法外联,造成内部网络与外部网络的连通不受边界防护设备控制,边界防护措施失效,可能导致信息泄露、病毒传播、恶意攻击等情况。	中
7		在网络管理区部署了堡垒机,但未开启 CA 认证机制,未实现双因子身份鉴别方式	抽测的所有网络设备及安全设备	攻击者对网络设备用户名、密码进行暴力破解,造成身份冒用	中
8		抽测的部分网络设备使用 Telnet 方式进行远程管理,登录设备的用户名、口令在网络中明文传输	互联网接入区核心交换机 2 用户终端区交换机	管理口令被窃听导致身份冒用	中
9		抽测的部分网络设备只创建了管理员用户,没有实现特权用户的权限分离	互联网接入区核心交换机 2 用户终端区交换机	用户越权操作。攻击者获取设备管理员权限后修改设备配置并删改日志信息	中

（续）

序号	问题类别	安全问题	关联资产	后　果	风险值
10	主机安全	操作系统和数据库仅采用一种方式（用户名+口令）进行登录鉴别，未采用两种或两种以上组合的鉴别技术对管理用户进行身份鉴别	待测的所有应用服务器和数据库	口令被暴力破解或泄露后导致身份冒用	中
11		操作系统未采取对重要程序完整性进行检测和恢复的措施	2Q-TS850；2Q48 2Q-R720 浪潮服务器 C 刀片—前置服务器	无完整性检测和恢复措施，数据的篡改、丢失等操作易导致业务无法恢复而中断	低
12		无异地数据备份功能	2Q-TS850 数据库	无法做到灾难恢复	中
13	安全管理	未实现恶意代码和补丁的集中管理	整体	不能全面分析安全事件，及时发现安全问题	中
14		系统管理员和数据库管理员权限过大，未遵循最小授权原则	整体	信息安全管理工作得不到有效落实和执行，人员权限过大容易造成人员渎职或无作为	中
15		专项应急预案中未明确财务概算和应急设备等应急保障内容	整体	一旦发生安全事件不能保证应急预案的有效性、可执行性，影响应急管理工作开展	低

4.14.10　安全建设/整改建议

针对 XX 单位数据中心中存在的主要安全问题，提出一些整改建议，如表 4.145 所示。

表 4.145　安全建设/整改建议汇总表

序　号	安全分类	安全问题	整改建议
1	物理安全（XX 单位机房）	未配备备用发电系统	配备备用发电机或与电力公司签订应急供电合同，并且定期进行电力中断应急演练
2	物理安全（X 机房）	机房空间狭小，机柜与机柜之间的通道过窄	建议机房背对背机柜或机架背面之间的距离不小于 1 m
3		机房未部署防盗报警系统	在机房安装防盗报警系统
4		机架下面没有铺设防静电地板，电源线直接暴露在机架下面，且电源线没有铺设在线槽中	机架下面铺设防静电地板，并对电源线进行梳理，合理铺设在底下线槽中

（续）

序　号	安全分类	安全问题	整改建议
5	网络安全	网络中使用 OSPF 动态路由协议，未开启路由认证功能	开启 OSPF 动态路由认证功能，保证业务终端和业务服务器之间数据传输的安全性
6		未部署非授权外联监测设备，无法检测内部网络用户私自连接到外部网络的行为	部署非法外联及终端安全监控系统：允许或禁止对光驱、USB 接口、串口、1394、蓝牙等外围设备的使用，实施检测终端主机同时连接内外网的行为，并可以根据策略进行处理
7		在网络管理区部署了堡垒机，但未开启 CA 认证机制，未实现双因子身份鉴别方式	堡垒机采用口令+数字证书、口令+硬件令牌等双因子鉴别方式
8		抽测的部分网络设备使用 Telnet 方式远程管理，登录设备的用户名、口令在网络中明文传输	采用 SSH 等安全的方式管理网络设备关闭远程管理功能
9		抽测的部分网络设备只创建了管理员用户，没有实现特权用户的权限分离	根据实际需要创建不同权限的用户账号（应区分网络管理员和审计员）
10	主机安全	操作系统和数据库仅采用一种方式（用户名+口令）进行登录鉴别，未采用两种或两种以上组合的鉴别技术对管理用户进行身份鉴别	改造操作系统登录控制模块，使之采用两种组合的鉴别技术对用户进行身份鉴别，如同时采用用户名+口令和数字证书的认证方式，或采用身份认证服务器和双因子鉴别服务器，或采用堡垒机登录方式
11		操作系统未采取对重要程序完整性进行检测和恢复的措施	使用检测工具（自制脚本）或第三方完整性检测工具定时对重要程序和数据文件进行校验
12		无异地数据备份功能	建立异地灾备中心，至少做到数据级备份
13	安全管理	未实现恶意代码和补丁的集中管理	建议统一终端的防病毒软件，部署防病毒服务器；部署补丁服务器（终端、操作系统），实现统一下发更新补丁功能，实现恶意代码和补丁的集中管理
14		系统管理员和数据库管理员权限过大，未遵循最小授权原则	增设系统安全管理员和安全审计员角色，遵循最小授权原则
15		专项应急预案中未明确财务概算和应急设备等应急保障内容	在应急预案文档中增加应急保障章节，明确应急人员及联系方式、应急设备清单、财务预算等信息，并且保证所有的应急资源均是真实、可用的。根据实际情况，应定期对应急预案进行修订

4.14.11　等级测评结论

依据 GB/T 22239-2008《信息安全技术 信息系统安全等级保护基本要求》中对第三级信息系统的要求，对 XX 单位数据中心的安全保护状况进行综合分析评价，结论如下：XX 单位数据中心中存在的不符合项、部分符合项不会导致信息系统面临高安全风险，本次等级测评结论为基本符合。

第 5 章
等级保护整改规划与执行

5.1 等级保护整改建设方案

依据前期测评机构输出的《XX 单位等级保护安全评估报告》，编写《XX 单位等级保护整改建设方案》，参照整改建设方案对 XX 单位的不符合项进行相应的整改及加固。

5.1.1 项目概述

伴随网络技术的发展，网上应用的丰富，也产生了一系列的安全问题，如网络黑客、网络犯罪、病毒爆发等，这些问题严重制约了 XX 单位信息化建设的步伐，成为系统建设重点考虑的环节。同时基于目前 XX 单位信息化网络涉及面广、保密要求高，是 XX 单位信息化建设的重要支撑和保障，XX 单位对网络安全的要求也远高于一般网络。这就要求在网络建设过程中，必须把网络安全建设放在首要位置。XX 单位领导高度重视安全问题，在网络的改造中，对网络安全建设提出了明确要求，北京华圣龙源科技有限公司有幸能够参与 XX 单位网络安全规划改造，决心凭借自身丰富的建设经验，为 XX 单位的网络安全建设出谋划策。

面对新的安全形式和技术，本公司以国家信息安全等级保护规范为依据，借助国内专业安全公司的丰富经验和先进技术，结合 XX 单位信息系统的实际情况，搭建起一套全新的信息安全体系。

5.1.2 方案设计原则及建设目标

首先要确定等级保护安全整改加固的安全原则和建设目标，依据原则和目标来进行相应的安全整改加固。

1. 方案设计原则

由于本方案内容涉及很多方面，因此进行分析时要本着多层面、多角度的原则，从理论到实际，从软件到硬件，从组件到人员，制订详细的实施方案和安全策略，避免遗漏。本方案遵循以下原则。

- 高可用性：系统设计尽量不改变现有的网络结构和设备。
- 可靠性和安全性：XX 单位信息系统的稳定可靠关系重大，因此可靠性是信息系统安全运行的首要保证。方案采用相应的手段保证系统、网络和数据的稳定可靠性，系统设计要具备较高的可靠性和安全性，保证网络故障尽可能小地影响内部业务系统。
- 高扩展性：系统设计所选择的软硬件产品应具有一定的通用性，采用标准的技术、结构、系统组件和用户接口，支持所有流行的网络标准及协议；系统设计应采用先进的技术设备，便于今后网络规模和业务的扩展。
- 可管理性：整个信息系统应具备较高的资源利用率并便于管理和维护。网络系统的管理和维护工作至关重要，在系统设计时既要充分考虑平台的易管理性，为平台维护者提供方便的管理工具，又要设计规范但不失灵活的工作流程。

- 高效性：整个信息系统应具有较高的性价比并能够很好地保护投资。
- 协同性：以前的安全防护无论采用哪种技术手段，基本上都是基于单一的防护手段，比如单纯的边界访问控制、单纯的病毒检测查杀、单纯的入侵检测等，可以把传统的安全防御体系比作一道固若金汤的长城，但其弱点是打穿一处，就失去了全线的防御能力。因此，方案设计可实现云端、边界、终端等智能感知与联动，形成一种类似于网格化的安全防御体系，在每个节点上都有一座防御塔，而这些塔组成了一张防御网，即使突破一点，也无法实现渗透进入系统内部。

2. 方案设计依据

北京华圣龙源科技有限公司（以下简称"华圣龙源"）在《信息系统等级保护安全体系建设设计方案》的设计过程中将严格按照国家的相关法律、标准展开，为用户提供符合自身实际需求及满足等级保护建设规范的优质方案，主要依据的标准文件主要如下。

- 《互联网安全保护技术措施规定》（公安部 82 号令）。
- 《中华人民共和国计算机信息系统安全保护条例》（国务院 147 号令）。
- 《国家信息化领导小组关于加强信息安全保障工作的意见》（中办发［2003］27 号）。
- 《关于信息安全等级保护工作的实施意见》（公通字［2004］66 号）。
- 《信息安全等级保护管理办法》（公通字［2007］43 号）。
- 《关于开展全国重要信息系统安全等级保护定级工作的通知》（公信安［2007］861 号）。
- 《公安机关信息安全等级保护检查工作规范》（公信安［2008］736 号）。
- 《关于开展信息安全等级保护安全建设整改工作的指导意见》（公信安［2009］1429 号）。
- 《关于推动信息安全等级保护测评体系建设和开展等级测评工作的通知》（公信安［2010］303 号）。

3. 建设目标

方案以公安部信息系统等级保护等网络安全方面的建设要求为依据，从边界访问控制、综合审计、终端安全、病毒防护、入侵防御、安全管理、威胁感知、公有云安全等方面出发，建立 XX 单位统一、完善的信息安全防护体系。

5.1.3　安全需求分析

依据相关的网络安全法律、法规及 XX 单位的实际网络及其应用情况，进行可落地的安全需求分析。

1. 合规要求

（1）网络安全法

《中华人民共和国网络安全法》是为了保障网络安全，维护网络空间主权和国家安全、社会公共利益，保护公民、法人和其他组织的合法权益，促进经济社会信息化健康发展而制定的，由全国人民代表大会常务委员会于 2016 年 11 月 7 日发布，自 2017 年 6 月 1 日起施行。

第三章　网络运行安全 第二十一条 国家实行网络安全等级保护制度。网络运营者应当按照网络安全等级保护制度的要求，履行下列安全保护义务，保障网络免受干扰、破坏或者未经授权的访问，防止网络数据泄露或者被窃取、篡改：

（一）制定内部安全管理制度和操作规程，确定网络安全负责人，落实网络安全保护责任；

（二）采取防范计算机病毒和网络攻击、网络侵入等危害网络安全行为的技术措施；

（三）采取监测、记录网络运行状态、网络安全事件的技术措施，并按照规定留存相关的网络日志不少于六个月；

（四）采取数据分类、重要数据备份和加密等措施；

（五）法律、行政法规规定的其他义务。

第三十一条　国家对公共通信和信息服务、能源、交通、水利、金融、公共服务、电子政务等重要行业和领域，以及其他一旦遭到破坏、丧失功能或者数据泄露，可能严重危害国家安全、国计民生、公共利益的关键信息基础设施，在网络安全等级保护制度的基础上，实行重点保护。关键信息基础设施的具体范围和安全保护办法由国务院制定。

（2）信息安全等级保护要求

信息安全等级保护制度是国家在国民经济和社会信息化的发展过程中，提高信息安全保障能力和水平，维护国家安全、社会稳定和公共利益，保障和促进信息化建设健康发展的一项基本制度。实行信息安全等级保护制度，能够充分调动国家、法人和其他组织及公民的积极性，发挥各方面的积极作用，达到有效保护的目的，增强安全保护的整体性、针对性和实效性，使信息系统安全建设更加突出重点、统一规范、科学合理，对促进我国信息安全的发展起到重要的推动作用。

2003 年，由国务院国际信息化领导小组发布《国家信息化领导小组关于加强信息安全保障工作的意见》（中办发 27 号），明确指出实行信息安全等级保护，"要重点保护基础信息网络和关系国家安全、经济命脉、社会稳定等方面的重要信息系统，抓紧建立信息安全等级保护制度。"

随后四部委（公安部、国家保密局、国家密码管理局和国务院信息化工作办公室）发布的《关于信息安全等级保护工作的实施意见》（公通字 66 号文件）和《信息安全等级保护管理办法》（公通字 43 号文件）确定了实施信息安全等级保护制度的原则、工作职责划分、实施要求和实施计划，明确了开展信息安全等级保护工作的基本内容、工作流程、工作方法等。信息安全等级保护制度成为我国信息安全的一项基本制度。

（3）公安部 82 号令要求

对于互联网网站的安全，公安部颁发《互联网安全保护技术措施规定》（公安部 82 号令），规定了网站运营部门要能够实现自主的安全防护，一旦网站被破坏，要有能够应对和恢复的手段。

2. 安全技术需求

主要从物理安全、网络安全、主机安全、应用安全及数据安全五个层面对 XX 单位边界区域安全防护现状进行考虑。建立和等级保护基本要求相对应的差距情况，摸清系统建设及改进的方向。

（1）新环境的安全技术需求

新技术、新应用快速发展带来新的安全风险，对此前瞻性研究不足。一是云计算等新型应用模式所具有的资源虚拟化、动态和移动等特性，将使传统的数据隔离、身份认证、授权管理、访问控制等监管机制和技术手段难以持续有效。二是云计算的广泛应用使得信息资源安全问题凸显，个人信息、企业商业秘密、国家基础数据等敏感信息资源保护难度加大。三是海量攻击的威胁，借助互联网的便捷性和联网设备的爆发式增长，恶意威胁也呈现爆发式的增长趋势。利用广泛部署的互联网网站系统、操作系统或应用程序的弱点或漏洞，恶意攻击者可以在极短的时间内感染或入侵全球数以百计的设备，并操纵这些设备实施大规模攻击行为，或借助这些设备谋取巨额利益。

● 传统安全技术防护。

传统的安全技术大部分发展和成熟于互联网时代之前，包括传统的反病毒软件、防火墙、IDS/IPS 等安全技术与产品，都是基于对已知恶意软件或恶意攻击的特征识别。它们往往对未知的恶意威胁缺乏防护和发现响应能力，而由于传统安全产品大部分依赖"样本捕获–样本分析–样本采样–定时更新特征库"这样一套流程来更新对恶意软件或恶意攻击的识别能力，在应对快速传播、变化或爆发的恶意攻击时，往往传统安全厂商还没来得及推送防护升级，攻击者已经感染了数以百计的用户。对于未知或高级的攻击，传统安全厂商则往往需要经历数年之久才能意识到恶意攻击或恶意软件的存在。

● 高级持续性威胁。

APT（Advanced Persistent Threat，高级持续性威胁）是一种利用先进的攻击手段对特定目标进行长期持续性网络攻击的攻击形式。APT 攻击的原理相对于其他攻击形式更为高级和先进，其主要体现在 APT 在发动攻击之前需要对攻击对象的业务流程和目标系统进行精确的收集。在此收集的过程中，此攻击会主动挖掘被攻击对象受信系统和应用程序的漏洞，利用这些漏洞组建攻击者所需的网络，并利用 0day 漏洞进行攻击。

APT 的攻击手法在于隐匿自己，针对特定对象长期、有计划性和组织性地窃取数据，这种发生在数字空间的偷窃资料、搜集情报的行为，就是一种"网络间谍"行为。

（2）物理安全

物理安全主要涉及环境安全（防火、防水、防雷击等）、设备和介质的防盗窃防破坏等方面。具体包括物理位置的选择、物理访问控制、防盗窃和防破坏、防雷击、防火、防水和防潮、防静电、温湿度控制、电力供应和电磁防护等 10 个控制点。

（3）网络安全

网络安全主要涉及结构安全、访问控制、安全审计、边界完整性检查、入侵防范、恶意代码防范、网络设备防护几大类安全控制。对应到网络信息系统实际环境，网络层安全技术体系设计如下。

● 将网络进行安全域划分。
● 在边界接入区以及业务区之间增加防火墙设备，做到边界区域、业务终端、业务服务器之间严格的访问控制。
● 在边界接入区路由器增加防病毒模块、ATP 攻击检测平台，做到边界区域之间恶意代码防护和入侵攻击等访问控制。

- 通过设置有效的防火墙安全策略，做到端口级访问控制，并保证针对应用层 HTTP、FTP、TELNET、SMTP、POP3 等协议进行过滤；在会话处于非活跃一定时间或会话结束后终止网络连接；按照用户和系统之间的允许访问规则，决定允许或拒绝用户对受控系统进行资源访问。
- 在防火墙中设置有效的安全策略，限制网络最大流量数及网络连接数，并按照对业务服务的重要次序来指定带宽分配优先级别，保证在网络发生拥堵的时候优先保护重要主机。
- 在业务支撑区增加部署安全管理平台，对网络设备、服务器、数据库等的运行状况、网络流量、用户行为、安全风险等进行统一记录、管理、响应。
- 日志审计系统的需求，对所有服务器的安全日志进行统一存储并整理分析，提供安全状况报表，保证出现问题后日志可查。
- 运维审计的需求，对客户端访问服务器及网络设备的远程访问进行授权管理，并对设备的操作进行审计记录。

（4）主机安全

- 增加部署统一身份管控系统，对服务器、数据库采用双因素动态口令认证的用户身份鉴别技术。
- 在服务器汇聚交换机上旁路增加部署数据库审计系统，审计内容包括用户对数据库资源的正常、异常使用和重要的安全相关事件。
- 对所有服务器操作系统和数据系统的默认用户名及配置进行修改，补充必要的安全策略和防护。
- 对所有服务器操作系统均启用登录失败处理功能，并设置登录终端的操作超时锁定。
- 对服务器操作系统和数据库设置访问控制规则，并对管理用户进行权限划分。
- 对服务器操作系统和数据库的重要资源设置敏感标记，并对信息资源的操作进行控制。
- 对所有服务器操作系统和数据库系统均开启审计功能。
- 服务器操作系统应对系统资源配额进行设定，执行安装时应遵循最小安装的原则。

（5）应用安全

- 增加部署统一身份管控系统，对业务系统采用双因素动态口令认证的用户身份鉴别技术。
- 对业务系统增加用户身份标识唯一性检查、用户身份鉴别信息复杂度检查以及登录失败处理功能。
- 设置账户为完成各自承担任务所需的最小权限，并使它们之间形成相互制约的关系。
- 增加重要信息资源设置敏感标记的功能。
- 采用加密技术，以保证通信中数据的完整性。
- 增加数据有效性检验功能。
- 增加自动保护功能，当故障发生时能够自动保护当前所有状态，保证系统能够恢复。
- 通过防火墙设置对业务系统一个时间段内可能的并发会话连接数进行限制。

（6）数据安全

- 对 Oracle、SQL Server 数据库管理系统中的系统管理数据和重要业务数据进行加密存储。

- 每天将磁盘阵列数据导出到移动介质中，拿到另一安全场地妥善保管。

3. 安全管理需求

管理维度主要是从用户的安全管理机构、安全管理制度、人员安全管理、系统建设管理及系统运维管理五个方面对 XX 单位进行合规性分析。

通过调研分析，XX 单位在管理维度的不足主要体现为虽然建立了安全管理制度，但在安全管理方面尚缺少明确的安全管理机构，管理制度与等级保护尚未建立明确的对应关系，缺少在职责管理方面的明确任命等问题。大体差距情况如下。

（1）安全管理制度

目前国家缺少整体的安全管理制度，包括安全方针和总体策略的制定，以及安全管理机构的建设和人员的职责分配。目前国家已经制定信息发布审核、登记制度，但对信息的评审、修订以及持续改善机制方面仍需加以完善。

需修补制度：

《信息安全总体方针和安全策略》

《信息安全制度安全管理规定》

（2）安全管理机构

目前在安全管理机构方面缺乏纲领性文件，在具体的管理阶层对信息安全的承诺、信息安全职责的分派、保密协议和独立的信息安全评审等方面都还缺乏具体化的文件规定。在人员岗位上的配备缺少细致的分工，容易在安全管理的过程中发生问题，重大活动的授权上需要管理机构进行控制，特别是缺少安全操作过程中的授权审批制度；在信息系统的管理上需要与外界资源进行沟通与协作，提高安全意识。

需修补制度：

《信息安全组织及职责管理规定》

（3）人员安全管理

目前在人员管理上没有完整的文档体系，特别是人员的录用、离岗、考核、培训等方案没有明确的制度来约束与管理，这需要相应的制度来对人员进行控制与管理，在信息系统的建设与管理过程中，更多是人员的参与，所以这方面非常需要完善。信息系统的维护需要内部人员与外部人员协作来共同完成，那么对于第三方人员的管理也需要相关的制度约束。

需修补制度：

《内部人员安全管理规定》

《外部人员安全管理规定》

（4）系统建设管理

目前在信息系统的整体建设管理上没有一套完整的体系管理制度，从系统的定级、产品采购与验货、产品的开发、等级测评、工程实施、系统备份等方面，没有相关的管理制度。信息系统的建设管理决定了系统所建成的结果能否达到预期需求，特别是在软件的开发与测试上面，需要严谨的测试流程和管理方法，这样才能保证产品的开发进度与产品的质量。信息系统的备案、测评需要根据国家标准及政策提交相关资料，同时需要一个全面的管理制度来规范流程；信息系统的采购与产品服务商的选择需要在管理制度上体现更加完善的制度流程，这样才能促进安全服务的保障。

需修补制度：

《信息系统建设安全管理办法》

《软件开发管理制度》

（5）系统运维管理

信息系统维护上目前投入了大量的硬件管理平台和人力进行管理，但在资产的管理上目前没有相关的管理制度；在设备的密码管理制度上没有形成规范；信息系统的变更与备份目前没有相关的管理制度约束，虽然有相关人员进行管理，但没有形成纸质的规范；网络、系统的维护目前有专人进行管理，已形成了相关的值班制度、账号管理制度，但没有形成相关的体系文件，整个系统运维的管理制度不够完善。

需修补制度：

《信息资产安全管理规定》

《介质安全管理规定》

《信息系统定级规范》

《终端安全管理规定》

4. 安全运营需求

在信息化建设中，由于网络安全及网络攻击更新迭代速度较快，缺乏安全人才、安全制度流程不完善等综合因素导致信息安全能力与业务发展不匹配，大量的安全运营工作无法精细化落实等，故需要实施并持续加强风险评估服务、安全应急响应服务、安全培训服务、安全驻场服务来增加安全运营能力。

5.1.4 安全技术体系设计

依据前期的等级保护测评结果，对 XX 单位安全技术体系进行整体设计。

1. 整体解决方案阐述

通过对 XX 单位的差距分析，针对物理层、网络层、主机层、应用层、数据层分别进行相应防护措施；针对新的应用环境和新的威胁，推出"云端感知、边界控制、终端协同"的新安全体系解决方案。在全新的下一代安全防控理念下，通过云端、边界和终端三方面的协同工作，形成立体化的塔防安全防控体系，统一管控全网的信息资产。

2. 物理层安全

物理层安全主要涉及的范畴包括环境安全（防火、防水、防雷击等）、设备和介质的防盗窃防破坏等方面。具体包括物理位置的选择、物理访问控制、防盗窃和防破坏、防雷击、防火、防水和防潮、防静电、温湿度控制、电力供应和电磁防护等 10 个控制点。

3. 网络层安全

网络层安全主要涉及结构安全、网络访问控制、安全审计、边界完整性检查、入侵防范、恶意代码防范、网络设备防护几大类安全控制。

（1）防病毒平台

在网络内部署防病毒软件，对用户网络进行文件分析和病毒分析，可针对各种已知威胁进行感知预警，并将可疑的名单发送给防火墙，防火墙依据名单动态生成策略，并根据用户配置在这些可疑地址穿过防火墙时执行拒绝或告警等防护动作；防病毒平台可以处理网络数据，对数据进行分析过滤，防止病毒代码渗透到公司内部网络，同时防止蠕虫的攻击和垃圾邮件对公司正常办公的干扰。

（2）APT 攻击检测平台

APT 攻击检测平台采用大数据分析技术来检测 APT 攻击行为，可实现对未知恶意代码攻击、嵌套式攻击、隐蔽通道等多类型 0day/Nday 漏洞利用攻击行为的检测，并通过分析通信数据挖掘各种木马通信痕迹、识别已知/未知木马特征和行为，并对木马进行追踪和定位，判断木马家族、来源国家、制作组织，支持对 0day 和 Nday 进行深度检测，弥补了防火墙、入侵检测系统、防毒墙等在网络层对木马、0day 和 Nday 进行检测的技术不足。

a）部署方式

旁路部署在单位核心交换设备上，对各种木马网络通信行为进行实时监控、分析、识别预警，让管理人员可以随时了解到内部遭受攻击的情况，避免内部办公网络主机被网络渗透，导致重要、敏感信息被窃。

b）主要作用

① 虚拟执行技术发现漏洞

虚拟执行技术的原理是先将实时文件引入虚拟机，在打开文件的同时对虚拟机的文件系统、进程、注册表、网络行为实施监控，判断文件中是否包含恶意代码，从而实现对恶意代码、0DAY/NDAY 漏洞攻击行为的预警。

虚拟执行将不再局限于可执行程序，而是面向更广阔的软件应用，虚拟出来的运行环境能够模拟正常的软件行为，例如模拟微软 Word 程序的功能来打开捕获到的可疑文档，从这个过程中发现是否有尝试利用恶意代码漏洞攻击的行为，如远程 URL 下载、堆喷、释放文件并执行等。

② 网络级的木马安全检测

通过旁路方式部署在网络出口和核心交换设备上，对全网范围内的木马通信行为进行监控、分析、识别和预警，弥补传统安全软件（防火墙、入侵检测系统、防毒墙等）在网络层对木马进行检测的技术不足。

③ 基于行为和特征的检测方法

通过强大的特征库和行为库，使用基于行为和特征的木马检测方法，在网络层对各种已知和未知木马的网络通信行为进行实时监控、分析、识别预警，如通过黑域名、黑 IP 和木马特征码对已知木马进行检测和发现，通过心跳规律、可疑流出流量、动态域名等木马行为对未知木马进行检测和发现。

④ 强大的木马追踪和地址定位能力

具有强大的木马追踪和地址定位能力，一旦发现网络内部具有木马行为，就可以对内网的主机和外网的目标地址进行准确定位，判断目标主机所在的国家和地区，并获取与木马相关的深度信息，包括木马名称、木马编号、木马类型、木马家族、制作组织、来源国家、木马特征、危害等级、风险描述和安全建议等。

⑤ 强大的未知木马检测能力

除了能够准确识别已知木马，还具有强大的未知木马识别能力。对已知木马的识别是基于已知木马特征（木马特征库包括木马特征码、黑域名、黑 IP、黑网址）的检测方法，而对未知木马的识别则是基于行为（异常规律域名解析、异常心跳信号、异常 DNS 服务器、异常流量、异常动态域名、非常规域名等）的木马检测方法，通过多种通信行为的复合权值，判断未知木马的网络通信行为。

⑥ 灵活的级联管理中心

不仅可以单独管理，还可以使用级联中心进行多台设备的统一监控及管理。用户可以在级联中心查看各个分中心的文件 0DAY/NDAY 漏洞攻击行为、已知/未知木马、恶意邮件、恶意地址等实时威胁数据，也可以单独查询某个节点的恶意文件、木马、威胁、行为分析信息。用户可以在级联管理中心里对每个节点的设备进行管理、特征库更新以及更新结果的查看等操作，同时在节点管理中可对设备节点或区域进行添加、修改、删除等操作。

（3）基础网络设施安全

a）路由器安全

路由器安全重点落实等级保护网络设备防护的控制要求，设备需要实现如下控制。

- 启用对远程登录用户的 IP 地址校验功能，保证用户只能从特定的 IP 设备上远程登录路由器进行操作。
- 启用对用户口令的加密功能，使本地保存的用户口令得到加密存放，防止用户口令泄密。
- 对于使用 SNMP 进行网络管理的路由器，必须使用 SNMP V2 以上版本，并启用 MD5 等校验功能。
- 在配置等操作完成时或者临时离开配置终端时必须退出系统。
- 设置控制口和远程登录口的 "idle timeout" 时间，让控制口或远程登录口在空闲一定时间后自动断开。
- 一般情况下关闭路由器的 Web 配置服务，如果确实需要，则应该临时开放，并在完成配置后立刻关闭。
- 关闭路由器上不需要开放的服务，如 Finger、NTP、CDP、Echo、Discard、Daytime、Chargen 等。
- 在路由器上禁止 IP 的直接广播。
- 在路由器上禁止 IP 源路由和 ICMP 重定向，保证网络路径的完整性。
- 在接入层路由器启用对网络逻辑错误数据包的过滤功能。
- 在路由器上采用的路由协议如果具备对路由信息的认证，则必须启用。

b）交换机安全

交换机安全重点落实等级保护网络设备防护的控制要求，设备需要实现如下控制。

- 启用对远程登录用户的 IP 地址校验功能，保证用户只能从特定的 IP 设备上远程登录交换机进行操作。
- 启用交换机对用户口令的加密功能，使本地保存的用户口令得到加密存放，防止用户口令泄密。
- 对于使用 SNMP 进行网络管理的交换机必须使用 SNMP V2 以上版本，并启用 MD5 等校验功能。
- 在配置等操作完成时或者临时离开配置终端时必须退出系统。
- 设置控制口和远程登录口的 "idle timeout" 时间，让控制口或远程登录口在空闲一定时间后自动断开。

- 一般情况下关闭交换机的 Web 配置服务，如果确实需要，则应该临时开放，并在完成配置后立刻关闭。
- 关闭交换机上不需要开放的服务，如 Finger、NTP、CDP、Echo、Discard、Daytime、Chargen 等。
- 对于接入层交换机，应该采用 VLAN 技术进行安全的隔离控制，根据业务需求将交换机的端口划分为不同的 VLAN。
- 在接入层交换机中，对于不需要用来进行第三层连接的端口，应该设置使其属于相应的 VLAN，必要时可以将所有尚未使用的空闲交换机端口设置为 "Disable"，防止空闲的交换机端口被非法使用。
- 对于 Cisco 交换机，可以采用 Private VLAN 技术对交换机端口做进一步的安全控制。

4. 主机层安全

主机层安全主要涉及身份鉴别、访问控制、安全审计、剩余信息保护、入侵防范、恶意代码防范、资源控制几大类安全控制。对应到安全保护对象，从操作系统安全、安全监控和审计、恶意代码防范、其他保护控制四个层面进行阐述。

（1）主机管理平台

主机安全管理平台面向云安全、终端安全、应用安全及安全服务领域，通过在操作系统中部署轻量化的安全探针，实时监控主机异常活动信息，形成一套基于操作系统、进程、服务、注册表、驱动程序等的行为模型，对异常入侵行为实现主动发现和响应处理。

产品以 EDR 端点检测与响应技术理念为核心，结合 CWPP、微隔离、自适应安全等前沿技术，能实时检测未知威胁并快速响应，适用于服务器、云主机、PC、移动/智能终端、工控主机、物联网终端等，支持 Windows、Linux 及国产操作系统，能轻松适应各种规模和 IT 架构的企业，大大提升用户的安全主动防护能力。

a）部署方式

主机安全管理平台分为管理平台和安全探针两部分。安全探针需要安装在每一个需要防护的主机内，管理平台用于统一策略下发、信息收集、安全分析、统一升级等。

管理平台可以安装在用户现有虚拟或物理服务器内，或采用软硬件一体的标准化硬件形式交付。

b）主要作用

① 主机资产管理

通过安全探针快速获取主机的软硬件资产信息，包括 CPU、内存、硬盘、网卡、操作系统、网络配置、安装软件等内容，并能通过已安装探针的主机自动发现网内未注册的主机信息，帮助用户掌握全网主机数量，以及已受控和未受控的主机范围，梳理主机安全管理边界。

② 主机风险检测

主机安全基线检查有助于用户一键获知全网主机安全基线配置详情，找出不符合安全管理规范的主机，并能持续进行监控。

③ 主机入侵防御

提供基于文件动作行为特征模型分析的查杀能力，是主动防御型查杀，可在不依赖病毒特征库的情况下，对恶意程序、免杀木马、钓鱼程序、挖矿程序、勒索程序、黑名单程序等进行检测、拦截。

④ 主机微隔离

基于混合云数据中心的网络防护特点，提供基于主机和业务角度的双向网络访问控制。主机微隔离模式同时适用于云主机场景、物理主机场景和混合云场景，并在使用模式上可通过划分逻辑安全域、定义访问对象等方式灵活组合。

⑤ 安全事件溯源

可记录文件活动轨迹、网络访问记录、注册表变更记录等，并能将网络访问情况、注册表变更情况与相关文件、用户做关联。支持追溯威胁事件的根源主机，并以树形结构展示威胁文件进程的调用关系，对事件详情进行描述。可追溯恶意进程的运行时间、详细路径以及文件信息详情，并可手动加入黑白名单。支持对威胁事件的追溯分析，可记录事件发生时间、发生次数、关联主机名称、登录的用户账户、事件行为描述、事件关联文件详细路径、关联文件加载的模块信息、行为发生时的调用栈信息。

⑥ 安全态势分析

从安全事件、风险文件、系统漏洞、安全基线等多个层面对主机进行安全态势分析。通过逻辑的风险拓扑，展示全网风险主机分布状态，并以时间轴分析和展示单主机的安全态势。

⑦ 主机运维管理

实时进程管理功能可对 Windows 和 Linux 操作系统内正在运行的进程进行在线统计，并对每一个进程文件的安全性进行评估。可以显示每个进程文件的详细路径、覆盖的主机数量以及主机列表，管理员可手动远程进行在线停止、隔离和进程文件删除操作。

⑧ 系统安全管理

提供文件黑白名单和证书黑白名单管理功能，并提供文件黑白名单快速提取工具，支持批量导入和删除操作。黑白名单管理配合主机环境控制功能，可协助管理员快速形成主机可信环境。

（2）终端准入系统

通过部署准入系统控制网络中办公区维护人员访问核心网络，接触和下载核心数据文件；控制不合规终端，不允许其接入业务区域，降低对整个网络安全带来的隐患。

a）部署方式

在核心交换机上部署安全准入系统，对内部人员接入网络做认证，防止外来人员非法接入网络。

b）主要作用

- 通过多种认证方式控制终端接入网络，防止非法终端接入破坏网络或窃取重要信息。
- 配合终端安全管理系统，不允许安全性不合规的终端接入网络，保障网络的安全性。

（3）漏洞扫描系统

使用漏洞扫描系统，定期对信息系统的全部设备进行漏洞扫描，并根据扫描结果修补漏洞，防患于未然。通过漏洞扫描系统可以对不同操作系统下的计算机（在可扫描 IP 范围内）进行漏洞检测，主要用于分析和指出有关网络的安全漏洞及被测系统的薄弱环节，给出详细的检测报告，并针对检测到的网络安全隐患给出相应的修补措施和安全建议。

主要作用如下。

- 能对开放端口运行的服务进行智能识别。
- 采用报表和图形的形式对扫描结果进行分析，可以方便直观地进行安全性能评估和检查。
- 采用先进的调度算法和执行引擎，在保证正确率的前提下大幅提高了检测效率。
- 扫描可自动根据其逻辑依赖关系执行而不是无目的地盲目执行，提高了扫描准确性。
- 提供完善的漏洞风险级别、漏洞类别、漏洞描述、漏洞类型、漏洞解决办法及扫描返回信息，并提供有关问题的国际权威机构记录。

（4）运维审计系统

a）部署方式

在运维管理处部署一台运维审计系统，对运维人员操作进行审计记录，并能实时还原操作内容。

b）主要作用

- 记录运维人员日常操作行为，并能还原操作人员的操作过程和输入的内容。
- 实现对普通用户违规操作的拦截；应支持运维审计的 SSH、SFTP 等协议的加密。

（5）虚拟化安全管理系统

虚拟化安全管理系统由控制中心和轻代理两部分构成。控制中心是虚拟化安全的管理台，部署在虚拟服务器或物理服务器，采用 B/S 架构，可以随时随地通过浏览器打开访问，主要负责主机分组管理、策略制订下发、统一扫描、升级以及各种报表查询等。轻代理部署在需要被保护的主机上，执行最终的杀毒扫描、升级等操作，并向安全控制中心发送相应的安全数据。其主要作用如下。

- 虚拟化安全管理系统提供对宿主机、虚拟机、虚拟机应用的三层防护能力。
- 虚拟化安全管理系统拥有启发式杀毒引擎、特征识别引擎、智能识别引擎等多种引擎，可对各种新兴变种病毒进行有效查杀与隔离。
- 虚拟化安全管理系统具有强大的环境兼容能力，可支持各种虚拟化平台以及虚拟机操作系统，并且可以对物理服务器、虚拟服务器进行统一的安全管理。

5. 应用层安全

代码审计系统核心部件由管理平台、各操作系统源代码分析引擎、缺陷知识库等组成。

- 安全管理平台负责源代码分析任务的统一管理、代码分析引擎的调度、代码审计、报告输出，以及与代码版本管理系统、Bug 管理系统等的对接。
- 代码分析引擎负责源代码的安全分析，由引擎代理、缺陷检测引擎、合规检测引擎组成，其中，引擎代理负责与安全管理平台通信及引擎调度，缺陷检测引擎负责检查源代码安全缺陷，合规检测引擎负责检查源代码与安全规范的符合性，缺陷检测引擎与合规检测引擎可独立使用，也能结合使用。
- 缺陷知识库存储缺陷模式及缺陷分类、缺陷样本等基础数据信息。

主要作用是为组织提供整体的源代码安全风险控制解决方案，帮助组织从源代码级别控制和降低安全风险。

6. 数据层安全

（1）数据库审计系统

数据库审计系统可检测到系统管理数据、鉴别信息和重要业务数据在存储过程中完整性受到破坏的情况，并在检测到完整性错误时采取必要的恢复措施。

a）部署方式

在业务数据库连接的交换机上旁路部署数据库审计系统，对维护数据库服务器的操作进行实时监控并保留审计记录，最终符合国家信息系统安全等级保护在安全审计方面的要求。

b）主要作用

- 采用旁路侦听的方式进行工作，对业务网络中的数据包进行应用层协议和流量的分析与审计。
- 可对多种操作系统下各个品牌、各个版本的数据库进行审计。
- 能够深入细致地对数据库的各种操作及内容进行审计，并且能够监控用户通过各种方式访问数据库的行为。
- 对访问数据库、FTP、网络主机的各种操作进行实时、详细的监控和审计（包括各种登录命令、数据操作指令、网络操作指令），并审计操作结果，支持过程回放，真实展现用户的操作。

（2）数据保密性

针对数据的保密性要求，应实现以下功能。

- 采用加密或其他有效措施实现系统管理数据、鉴别信息和重要业务数据传输的保密性。
- 采用加密或其他保护措施实现系统管理数据、鉴别信息和重要业务数据存储的保密性。

建议通过以下具体的技术保护手段，在数据和文档的整个生命周期中对其进行安全防护。

a）加强对数据的认证管理

操作系统须设置相应的认证手段；数据本身也须设置相应的认证手段，对于重要的数据应对其本身设置相应的认证机制。

b）加强对数据的授权管理

对文件系统的访问权限进行一定的限制；对网络共享文件夹进行必要的认证和授权。除非特别必要，可禁止在个人计算机上设置网络文件夹共享。

c）数据和文档加密

保护数据和文档的另一个重要方法是进行数据和文档加密。数据加密后，即使别人获得了相应的数据和文档，也无法获得其中的内容。

网络设备、操作系统、数据库系统和应用程序的鉴别信息、敏感的系统管理数据和敏感的用户数据应采用加密或其他有效措施实现传输保密性和存储保密性。

当使用便携式和移动式设备时，应加密或者采用可移动磁盘存储敏感信息。

d）加强对数据和文档的日志审计管理

使用审计策略对文件夹、数据和文档进行审计，审计结果记录在安全日志中，通过安全日志就可查看哪些组或用户对文件夹、文件进行了什么级别的操作，从而发现系统可能面临的非法访问，并通过采取相应的措施，将这种安全隐患降到最低。

e）进行通信保密

用于特定业务通信的通信信道应符合相关的国家规定，密码算法和密钥的使用应符合国家密码管理规定。

（3）备份和恢复

针对数据的备份和恢复要求，应实现以下功能。

- 应提供本地数据备份与恢复功能，完全数据备份至少每天一次，备份介质场外存放。
- 应提供异地数据备份功能，利用通信网络将关键数据定时批量传送至备用场地。
- 应采用冗余技术设计网络拓扑结构，避免关键节点存在单点故障。
- 应提供主要网络设备、通信线路和数据处理系统的硬件冗余，保证系统的高可用性。

7. 安全管理平台

部署一套安全管理平台系统软件，将网络中部署的各类安全设备、安全系统、主机操作系统、数据库以及各种应用系统的日志、事件、告警全部汇集起来并进行规一化处理，使得用户通过单一的管理控制台对 IT 计算环境的安全信息进行统一监控。还应提供实时关联分析工具，用户可以定义不同的实时分析场景，从不同的观察侧面对来自信息系统各个角落的安全事件进行准实时分析，通过分析引擎进行安全事件关联、统计和时序分析。协助安全管理人员进行事中的安全分析，在安全威胁造成严重后果之前，及时保护关键资产，阻止安全事态进一步扩散，降低损失。其主要作用如下。

（1）信息资产集中管理

实现对网络、主机、数据库、中间件、安全设备、应用系统等 IT 资产的集中统一管理是网络安全自动化管理的基础。需要实现对服务器、路由器、交换机、数据库、中间件、安全设备的统一管理；针对今后将陆续扩展的各种资产管理对象，必须提供可扩展和灵活的数据库建模及管理框架设计；针对各种管理对象的重要程度，实现对信息资产安全保护等级的划分。

（2）设备状态实时监控

实时监视系统性能、故障和安全事件可以帮助用户准确了解网络运行状态，从而具备有针对性地做好运营管理工作的基本条件。能够实现对骨干网路由器、交换机、安全设备、重要主机、中间件和重要应用系统运行状态的实时监控；上述被监视对象一旦发生死机、断线、不能完全响应、流量异常等严重故障或严重安全事件时，监控平台能及时报告；系统能够根据故障或事件的严重程度，结合资产的安全保护等级，以对话框、邮件、电话、短信等不同方式向管理人员告警。

（3）异常状况及时预警

真正的故障事故发生前，总是会有一些异常迹象，系统应实时捕捉这些异常迹象并及时报告，从而帮助管理人员迅速采取措施，防患于未然。例如可以对骨干网异常流量、拒绝服务攻击状况、重要设备和重要应用系统过载等异常状态进行预警。

（4）故障根源快速定位

一旦业务系统发生故障，监控平台应能辅助管理员快速、准确地找到故障的根源所在，这是排除故障的前提条件。

（5）安全事件统一存储和监控分析

将网络中部署的各类安全设备、安全系统、主机操作系统、数据库以及各种应用系统的日志、事件、告警全部汇集起来并进行规一化处理，使得用户通过单一的管理控制台对 IT 计算环境的安全信息进行统一监控，并且提供实时关联分析工具。用户可以定义不同的实时分析场景，从不同的观察侧面对来自信息系统各个角落的安全事件进行准实时分析，通过分析引擎进行安全事件关联、统计和时序分析。协助安全管理人员进行事中的安全分析，在安全威胁造成严重后果之前，及时保护关键资产，阻止安全事态进一步扩散，降低损失。

5.1.5 安全管理体系设计

依据前期的等级保护测评结果，对 XX 单位安全管理体系进行整体设计。

1. 安全组织结构

XX 单位安全管理组织应形成由主管领导牵头的信息安全领导小组、具体信息安全职能部门负责日常工作的组织模式。信息安全领导小组由信息化建设主管领导担任组长。

信息安全领导小组下设信息安全工作组和信息安全应急响应工作组。信息安全工作组组长是信息技术部经理，成员包括信息技术部各岗位员工及各部门安全员；信息安全应急响应小组由各部门共同组成。

公司信息技术部是信息安全工作的日常执行机构，应设立系统管理员、网络管理员、安全管理员、安全审计员、数据库管理员、机房管理员、业务系统管理员、信息资产管理员岗位。

公司应配备专职安全管理员，安全管理员不能兼任系统管理员和网络管理员。业务系统管理员和网络管理员应配置多人共同管理。

（1）信息安全应急响应工作组

信息安全应急响应工作组的职责如下。

- 负责各部门业务的应急管理和处置。
- 负责在突发事件应急处置中，在保证人员生命安全的前提下最大程度地保存公司重要信息、资料。
- 完成信息安全领导小组交办的有关事项。

（2）信息安全工作组

XX 单位应设立安全管理员、网络管理员、系统管理员、安全审计员、数据库管理员、机房管理员、业务系统管理员、信息资产管理员。各岗位职责如下。

a）安全管理员

安全管理员不能兼任网络管理员、系统管理员，其职责如下。

- 组织信息系统的安全风险评估工作，并定期进行系统漏洞扫描，形成安全现状评估报告。
- 定期编制公司信息安全状态报告，向信息安全领导小组报告公司的信息安全整体情况。
- 负责公司核心网络安全设备的安全配置管理工作。

- 编制公司信息安全设备和系统的运行维护标准。
- 负责公司信息系统安全监督及网络安全管理系统、补丁分发系统和防病毒系统的日常运行维护工作。
- 负责沟通、协调和组织处理信息安全事件，确保信息安全事件能够得到及时处置和响应。

b）网络管理员

网络管理员不能兼任安全管理员，其职责如下。

- 负责公司网络及网络安全设备的配置、部署、运行维护和日常管理工作。
- 负责编制公司网络及网络安全设备的安全配置标准。
- 能够及时发现和处理网络、网络安全设备的故障和相关安全事件，并能根据流程及时上报，减少信息安全事件的扩大和影响。

c）系统管理员

系统管理员不能兼任安全管理员，其职责如下。

- 负责公司服务器的日常安全管理工作，确保服务器操作系统的漏洞最小化，保障服务器的安全稳定运行。
- 负责编制公司服务器操作系统的安全配置标准。
- 能够及时发现、处理服务器和操作系统相关的安全事件，并能根据流程及时上报，减少信息安全事件的扩大和影响。

d）安全审计员

安全审计员的职责如下。

- 定期审计公司信息安全制度执行情况，收集和分析信息系统日志和审计记录，及时报告可能存在的问题。
- 对安全、网络、系统、应用、数据库管理员的操作行为进行监督，对安全职责落实情况进行检查。

e）数据库管理员

数据库管理员的职责如下。

- 负责公司信息系统数据的本地和异地备份、数据备份测试恢复和数据的安全存储。
- 负责数据中心的数据存储、备份以及存储备份设备的日常安全运行管理工作。
- 能够及时发现、处理数据和数据备份相关的安全事件，并能根据流程及时上报，减少信息安全事件的扩大和影响。

f）机房管理员

机房管理员的职责如下。

- 负责机房内的环境安全，保证设备处于正常运行状态。
- 负责机房的出入人员登记。
- 负责对机房内维护人员的监控。

g）业务系统管理员

业务系统管理员的职责如下。

- 负责对所管辖业务应用系统进行安全配置，负责应用系统设计、实施和运维的信息安全管理工作。

- 负责对所管辖业务应用系统的用户权限分配和管理，对登录用户进行监测和分析。
- 负责实施系统软件版本管理，应用软件备份和恢复管理。
- 负责监督和管理第三方应用系统开发时的安全管理工作。
- 能够及时发现、处理应用系统相关的安全事件，并能根据流程及时上报，减少信息安全事件的扩大和影响。

h）信息资产管理员

信息资产管理员的职责是负责信息资产清单的记录和维护，清查、核对和统计信息资产的使用情况。

i）专家顾问与外部协作

XX 单位应聘请专家和外部顾问成员，这些成员需要对信息安全或相关领域有丰富的知识和经验，如安全技术、电子政务、等级保护或质量管理等。专家和外部顾问负责对信息安全重要问题的决策提供咨询和建议。同时，XX 单位应加强与供应商、业界专家、专业的安全公司等安全组织的合作和沟通。

2. 安全管理制度

XX 单位的安全管理制度应建立信息安全方针、安全策略、安全管理制度、安全技术规范以及流程的一套信息安全管理策略体系，如图 5.1 所示。

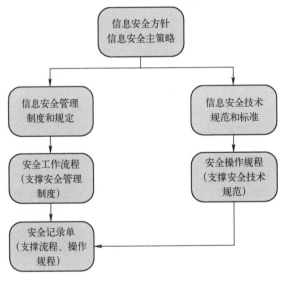

●图 5.1　安全管理策略体系图

（1）安全管理策略

a）安全方针和主策略

最高方针，纲领性的安全策略主文档，陈述本策略的目的、适用范围、信息安全的管理意图、支持目标以及指导原则，信息安全各个方面所应遵守的原则方法和指导性策略。

b）安全管理制度和规定

包括各类管理规定、管理办法和暂行规定，是从安全策略主文档中规定的安全各个方面所应遵守的原则方法和指导性策略引出的具体管理规定、管理办法和实施办法，是必须具有可操作性，而且必须得到有效推行和实施的。

① 技术标准和规范

包括各个安全等级区域网络设备、主机操作系统和主要应用程序应遵守的安全配置和管理技术标准和规范。技术标准和规范将作为各个网络设备、主机操作系统和应用程序安装、配置、采购、项目评审、日常安全管理和维护时必须遵照的标准，不允许发生违背和冲突。XX 单位应编制的安全管理制度和规范如表 5.1 所示。

表 5.1　应编制的安全管理制度和规范

序　号	类　　型	制 度 组 成
1	总体方针、安全策略	《信息安全总体方针和安全策略》
2	安全管理机构	《信息安全组织及职责管理规定》
3		《重大事项授权和审批管理规定》
4	安全制度管理	《信息安全制度管理规定》
5	人员安全管理	《内部人员安全管理规定》
6		《外部人员安全管理规定》
7	信息系统建设管理	《信息系统建设安全管理办法》
8	系统运维管理	《机房环境安全管理规定》
9		《办公环境安全管理办法》
10		《信息资产安全管理办法》
11		《介质管理办法》
12		《信息资产运行维护安全管理办法》
13		《网络安全管理规定》
14		《系统安全管理规定》
15	系统运维管理	《防病毒管理办法》
16		《口令管理办法》
17		《信息系统变更管理规定》
18		《备份与恢复管理规定》

② 安全工作流程和安全操作规程

详细规定主要业务应用和事件处理的流程和步骤和相关注意事项。作为工作中的具体依据，此部分必须具有可操作性，而且必须得到有效推行和实施。

③ 安全记录单

落实安全流程和操作规程的具体表单，根据不同等级信息系统的要求可以通过不同方式的安全记录单落实并在日常工作中具体执行。主要包括日常操作记录、工作记录、流转记录以及审批记录等。

（2）安全管理制度体系文件管理

a）制订和发布管理

安全策略体系文件制订后，必须有效发布和执行。发布和执行过程中除了要得到管理层的大力支持和推动外，还必须有合适、可行的发布和推动手段，同时在发布和执行前对每个人员都要做与其相关部分的充分培训，保证每个人员都了解与其相关的内容。

安全策略在制订和发布过程中，应当实施以下安全管理。
- 安全管理制度应具有统一的格式，并进行版本控制。
- 安全管理职能部门应组织相关人员对制订的安全管理制度进行论证和审定。
- 安全管理制度应通过正式、有效的方式发布。
- 安全管理制度应注明发布范围，并对收发文进行登记。

b）评审和修订管理

信息安全领导小组应组织相关人员对信息安全策略体系文件进行评审，并确定其有效执行期限，同时应指定信息安全职能部门每年审视安全策略体系文件，具体检查内容如下。
- 信息安全策略中的主要更新。
- 信息安全标准不需要全部更新，可以仅对因变更而受影响的部分进行更新；如果必要，可以使用年度审视/更新流程对信息安全标准做一次全面更新。
- 安全管理组织机构和人员安全职责的主要更新。
- 操作流程的主要更新。
- 各类管理规定、管理办法和暂行规定的主要更新。
- 用户协议的主要更新。

3. 人员安全管理

XX 单位在人员安全管理方面可以通过对人员录用、调动、离岗、考核、培训教育和第三方人员安全的管理来落实信息安全等级保护三级基本要求的内容，其中，将内部人员的管理归纳形成人力资源安全管理的具体安全要求，外部人员的管理归纳形成第三方人员安全管理的具体安全要求，具体如图 5.2 所示。

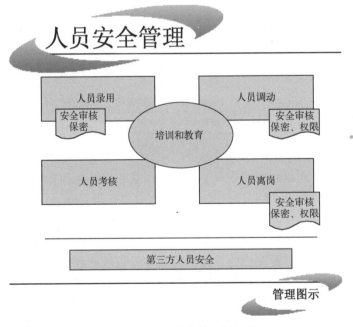

● 图 5.2　人员安全管理框架图

（1）内部人员安全管理

人力资源安全管理主要是指针对内部人员的安全管理，从人员的录用、调用、离岗和考核等各个方面提出针对信息安全的相关管理要求，具体管理要求如下。

　　a）录用前

- 人员在录用过程中要签署保密协议。
- 应当进行严格的安全背景审核和权限审查。
- 关键岗位人员应当进行特殊的安全审核、权限管理和保密管理，签署安全协议。

　　b）工作期间

- 所有人员根据其岗位职责的不同，应定期进行安全培训和教育。
- 所有人员应根据 XX 单位的安全管理制度规范和约束安全操作行为。
- 定期对各个岗位的人员进行不同侧面的安全认知和安全技能考核，作为人员是否适合当前岗位的参考。
- 对安全责任和惩戒措施进行书面规定并告知相关人员，对违反违背安全策略和规定的人员进行惩戒。

　　c）调离岗

- 应严格规范人员离岗过程，及时终止离岗员工的所有访问权限，应取回各种身份证件、钥匙、徽章等公司物件以及机构提供的软硬件设备。
- 关键岗位人员应在调离岗期间签署保密承诺书。

（2）外部人员安全管理

外部人员通常是指软件开发商、硬件供应商、系统集成商、设备维护商、服务提供商、实习生、临时工等非内部人员。外部人员在访问时可以分成物理访问和信息访问，具体如下。

- 物理访问，如对办公室、机房的物理访问。
- 信息访问，如对信息系统、主机、网络设备、数据库的访问。

对于实际访问的外部人员，按照访问的时间长短和访问的性质，可以分为临时来访的外部人员和非临时来访的外部人员两种，具体如下。

- 临时来访的外部人员指因业务洽谈、参观、交流、提供短期和不频繁的技术支持服务而临时来访的外部组织或个人。
- 非临时来访的外部人员指因从事合作开发、参与项目工程，以及提供技术支持、售后服务、服务外包或顾问服务等，在 XX 单位办公和工作的外部组织或个人。

对于这两种实际物理和信息访问，应规定不同的安全管理要求，负责接待的部门和接待人对外部人员来访的安全负责，并对其访问机房等敏感区域持谨慎态度。具体管理要求应包括以下几个方面。

- 遵守 XX 单位的各项信息安全标准和管理规定。
- 必须签署保密协议和安全承诺协议，或在合同中规定相关的内容。
- 对其维护目标的安全配置要求，必须符合相应的网络设备、主机、操作系统、数据库和通用应用程序等 XX 单位安全配置标准文档中的相应规定。
- 申请访问权限时，必须阐明其申请理由、访问方式、要求权限、访问时间和地点等内容，XX 单位的安全管理人员需要核实其申请访问权限的必要性和访问方式，评估其可能带来的安全风险，尽可能采取一些措施来降低风险。在风险可接受的情况下，才批准其访问权限的申请，并尽可能不给超级用户权限。

4. 系统建设管理

（1）信息系统建设安全管理

XX 单位将根据等级保护的要求，将《信息系统安全保护等级实施指南》作为信息系统安全建设的指导性文件，整个信息系统安全建设完全遵循这一国家标准。

信息系统安全建设管理通过《信息系统安全建设管理办法》进行落实。

（2）系统备案和系统测评

为了进一步明确信息系统备案和系统测评的相关责任和流程，应制订系统备案和系统测评流程，包括以下内容。

- 明确备案的相关部门。
- 备案相关材料要求和格式。
- 系统备案和测评工作的责任人。
- 系统备案和测评工作的时间点和频次。
- 测评支撑单位的选择。
- 测评结果的使用。

5. 系统运维管理

按照等级保护要求，运维管理主要从环境管理、资产管理、网络安全管理、系统安全管理、防病毒管理、监控管理、密码管理、变更管理、备份与恢复管理九个方面进行考虑。

（1）环境管理

XX 单位所有的服务器和核心网络设备均按照要求放置在集中的机房中，网络中心机房环境的安全管理要求应按照《机房管理办法》中制订的机房管理部分的相关规定执行。

XX 单位基本实现了业务工作和日常办公的信息化和网络化，业务系统终端和办公终端分布在各个办公室，为了防范系统终端的安全风险，杜绝从终端对业务系统和网络的安全威胁，提升业务人员和所有员工的安全意识，应制订《办公环境安全管理办法》，并对以下方面进行规定。

- 办公室的信息安全要求。
- 办公终端信息安全保密要求。
- 办公终端使用规范。

（2）资产管理

信息资产是构成网络和信息系统的基础，是系统各种服务功能实现的提供者和信息存储的承载者，XX 单位应制订《信息资产安全管理办法》。

主要包括指定责任部门，把各类硬件、软件、数据、介质、文档均作为信息资产进行管理。

- 对信息系统相关的各种设备（包括备份和冗余设备）、线路等每周进行维护管理。
- 定义基于申报、审批和专人负责的设备安全管理方法，对信息系统各种软硬件设备的选型、采购、发放、领用、维护、操作、维修等过程进行规范化管理。
- 定义配套设施、软硬件维护方面的管理方法，明确维护人员的责任，对涉外维修和服务的审批、维修过程等监督控制方法进行说明。
- 定义终端计算机、工作站、便携机、系统和网络等设备的操作和使用规范。
- 针对主要设备（包括备份和冗余设备）的启动/停止、加电/断电等操作进行管理。

- 定义信息处理设备带离机房或办公地点的审批流程。

（3）网络安全管理

网络作为信息系统的基础性设施，为各个业务系统和办公应用提供连通和数据传输，实现信息共享。XX 单位应制订《网络安全管理规定》。制度中应体现的内容如下。

- 指定责任部门。
- 对网络安全配置、日志保存时间、安全策略、升级与打补丁、口令更新周期等方面作出规定。
- 定义更新流程。
- 定义漏洞管理方法。
- 定义设备配置方法。
- 定义外部连接审批流程。
- 定义设备接入策略。
- 定义非法上网管理方法。

（4）系统安全管理

根据等级保护制度要求，将每个业务系统作为安全保护的对象，应当对每个业务系统制订相应的安全运维流程和规范，XX 单位应制订《系统安全管理规定》，用于指导如何根据业务安全等级和安全需求来制订相应的运维流程和规范。主要包括以下内容。

- 应根据业务需求和系统安全分析确定系统的访问控制策略。
- 系统管理角色分离要求、权限、责任分配原则。
- 系统配置管理和变更管理。
- 操作系统安全运维流程。
- 数据库安全运维流程。
- 应用平台安全运维流程。
- 系统安全日志审核要求。
- 系统备份和数据备份要求。

（5）防病毒管理

根据等级保护制度要求，病毒（恶意代码）防范应有详细的管理、处理、病毒库更新等相关规定，XX 单位应制订《防病毒管理办法》。制度中应体现的内容如下。

- 指定责任部门。
- 每年进行定期培训。
- 由信息管理部负责对网络和主机进行恶意代码检测并保存检测记录。
- 定义防恶意代码软件授权使用、恶意代码库升级、定期汇报等流程。

（6）监控管理

为建立集中的安全监控管理制度，对监控内容、监控方式、监控记录集中保存，对监控记录审计等进行规范，XX 单位信息中心应制订《信息资产运行维护安全管理办法》，主要包括以下内容。

- 规定安全监控内容，包括但不限于通信流量、软硬件运行状况、用户行为、漏洞发布情况、安全设备报警信息等。
- 安全监控的方式和工具。

- 监控记录的审计和分析。
- 可疑事件的报告。

（7）密码管理

服务器、网络设备中的账号、密码需要定期更改，同时需要规定密码复杂度，XX 单位应制订《口令管理办法》。制度中应体现的内容如下。

- 指定责任部门。
- 总结在密码设备的采购、使用、维护、保修及报废的整个生命周期内的各项国家有关规定；严格执行上述规定。

（8）变更管理

信息安全风险是"动态"的主要因素之一，即网络和信息系统是会发生变化的，为了加强防范由于网络和系统变化对整体安全现状的影响，规避变更产生的风险，XX 单位应制订变更管理制度，其变更管理内容和要求按照《业务系统用户需求变更管理细则》和《信息系统变更管理规定》中变更管理制订的相关规定执行。

（9）备份与恢复管理

XX 单位应制订《XX 单位备份与恢复管理规定》并按照其中的恢复流程和规范执行。制度中应体现的内容如下。

- 指定责任部门。
- 识别需要定期备份的重要业务信息、系统数据及软件系统等。
- 定义备份信息的备份方式、备份频度、存储介质和保存期等。
- 根据数据的重要性和数据对系统运行的影响，制订数据的备份策略和恢复策略，备份策略须指明备份数据的放置场所、文件命名规则、介质替换频率和将数据离站运输的方法；建立备份和恢复流程，对备份过程进行记录，所有文件和记录应妥善保存。
- 建立演练流程，每季度对恢复程序进行演练，检查和测试备份介质的有效性，确保可以在恢复程序规定的时间内完成备份的恢复。

6. 安全事件管理和应急响应

制度中应体现的内容如下。

- 针对突发安全事件应当制订相应的处理流程，针对不同的安全事件制订针对性的应急响应预案，应指定责任部门，定期进行检查与培训。
- 对安全事件进行等级划分，包括响应的范围。

XX 单位安全事件管理和应急响应的安全管理和处置要求应按照《应急管理规定及突发事件总体应急预案》中的应急流程与方法来执行。

5.1.6　安全服务体系

依据前期的等级保护测评结果，对 XX 单位安全服务体系进行总体设计。

1. 等级保护咨询服务

依据国家等级保护相关政策标准，结合丰富的实践与积累，华圣龙源公司等级保护咨询集成服务过程的四个阶段如图 5.3 所示。

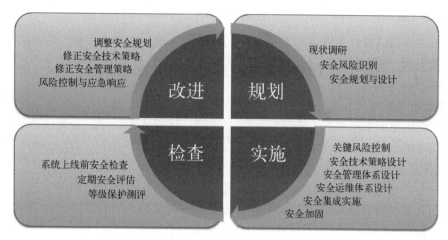

●图 5.3　等级保护咨询集成服务过程

（1）安全规划阶段

a）现状调研

根据信息系统技术体系现状、组织现状及管理体系现状，参照等级保护定级情况要求，进行全面的了解与分析，发现与等级保护基本要求的差距。

b）安全风险识别

根据等级保护基本要求及信息安全风险评估规范，对信息系统及运行环境进行风险评估，挖掘网络、主机、中间件、应用等各层面的安全风险。

基于现状调研与风险评估的结果，进行信息系统安全现状的差距分析和需求分析，为后期安全规划与设计提供基础性依据。

c）安全规划与设计

根据等级保护基本要求和需求分析结果，并结合客户实际情况，完成总体安全方针和总体策略设计，并分别从技术体系和管理体系两方面进行详细安全规划和设计。

（2）安全实施阶段

a）关键风险控制

根据前期安全风险评估结果，针对关键风险提出加固整改建议，避免关键风险在安全保障体系建设过程中被利用，从而导致安全事件发生。

b）安全技术策略设计

依据通过专家评审的安全规划与设计方案进行详细的安全技术策略设计，结合用户实际情况，分别针对安全产品、网络产品、操作系统、数据库、中间件编制安全配置规范。

c）安全管理体系设计

根据通过专家评审的安全规划与设计方案进行详细的安全管理体系设计，结合用户实际情况，编写安全管理制度，并协助用户将安全管理制度落实到流程和表单，同时，配合用户通过集中培训、专项交流等方式，进行安全管理制度的宣传与推广。

d）安全集成实施

依据安全规划与设计方案，将信息安全产品、系统软件平台与各种应用系统整合成为一个系统。安全集成的过程需要把安全实施、风险控制、质量控制等有机结合起来，遵循运营使用单位与信息安全服务机构共同参与、相互配合的实施原则。

e）安全加固

全集成工作完成后，为保障网络设备、主机操作系统、数据库系统、中间件以及应用系统的自身安全，须针对其进行安全评估与加固。

（3）安全检查阶段

a）系统上线前安全检查

为确保应用系统安全部署，在应用系统上线前，分别从等级保护合规性和安全风险两个方面对该系统进行上线前安全检查。

b）定期安全评估

为帮助客户充分了解当前信息系统网络与信息安全现状和深入挖掘网络与信息系统存在的弱点，需要根据客户实际需求开展全面的安全评估工作，充分评估安全现状，并提出加固整改建议。

c）等级保护测评

依据国家信息安全等级保护要求，协助用户开展等级保护测评工作，包括协助完成定级备案、测评申请、现场测评协助以及测评整改。

（4）持续改进阶段

a）调整安全规划

根据等级保护测评结果或信息系统变化情况，依据总体安全方针及总体策略，调整安全规划，使之适应当前安全要求，同时建立信息安全审查流程，将持续改进形成制度。

b）修正安全技术策略

根据安全规划与设计方案，结合系统面临的安全风险或信息系统变化情况，调整安全技术策略，使之适应当前环境安全要求。

c）修正安全管理策略

根据安全规划与设计方案，结合安全管理体系执行情况，优化安全管理体系，提高安全管理能力。

d）风险控制与应急响应

为客户提供应急响应服务支持，在安全事件发生后，协助用户及时采取行动以限制事件扩散和影响的范围，限制潜在的损失与破坏。

2. 评估检测服务

（1）风险评估服务

信息安全风险评估是信息系统安全的基础性工作。它是传统的风险理论和方法在信息系统中的运用，是科学地分析和理解信息与信息系统在保密性、完整性、可用性等方面所面临的风险，并在风险的减少、转移和规避等控制方法之间做出决策的过程。

持续的风险评估工作可以成为检查信息系统本身安全保密状况的有力手段，风险评估的结果可供相关主管单位参考，并使主管单位通过行政手段对信息系统的立项、投资、运行产生影响，促进信息系统拥有单位加强信息安全建设。安全是风险与成本的综合平衡，要从实际出发，坚持分级保护、突出重点，就必须正确地评估风险，以便采取有效、科学、客观和经济的措施。没有有效的风险评估，便会导致信息安全需求与安全解决方案的严重脱离。服务内容主要包括以下方面。

a）管理安全评估

管理安全评估主要对信息安全建设方面已经制订的管理制度、管理方法、管理手段以及在实际工作中的落实情况进行评估，从而及时发现管理中存在的安全隐患。评估内容主要包含组织架构、岗位职责、人员配置、管理制度、操作流程、安全培训、沟通协调、规范文档、管理措施、外来文档、内部文件等。

b）网络安全评估

网络安全包含网络链路、网络设备、安全防护设备等多种网络设备所构成的整体网络安全架构。网络安全的风险评估对象主要包含但不限于链路安全、流量监控、通信安全、安全防护、访问控制、安全审计等。

c）主机安全评估

主机系统是业务系统的依附平台，同时也是存在风险最多的部分，多数系统出现安全风险甚至数据外泄都是主机系统自身的不安全造成的，因此对主机系统的安全风险评估是整个评估工作中的重点。主机安全评估包括系统漏洞、防护策略、口令安全、端口安全、服务安全、远程管理等方面。

d）数据安全评估

数据是信息化潮流真正的主题，关键数据也是企业正常运作的基础。一旦遭遇数据灾难，那么整体工作会陷入瘫痪，带来难以估量的损失。

数据安全评估包含数据可靠性检查、数据备份和数据恢复三个方面，分别用于评估数据唯一性、业务持续性和数据完整性的安全防护能力。

e）应用安全评估

应用安全主要包含业务系统自身的软件与服务安全，主要包含安全配置、防护策略、内容安全、访问控制、数据存储、备份恢复等内容。

f）业务安全评估

业务安全主要对应用系统所开展的业务进行安全评估，发现业务中存在的安全隐患，评估内容主要包括业务要求、业务功能、业务模块、业务接口、业务环节、业务流程、业务操作、业务技术、业务管理、业务资金等方面。

g）物理环境评估

通过对物理环境的安全评估工作，评估物理机房的可靠性、持续性和高可用性。主要包括视频监控、消防报警、物理隔离、灾备恢复、电力供应、机房制度等方面。

（2）渗透测试服务

渗透测试采用各种手段模拟真实的安全攻击，从而发现黑客入侵信息系统的潜在途径。渗透测试工作以人工渗透为主，辅助以攻击工具的使用。

主要的渗透测试方法包括信息收集、端口扫描、远程溢出、口令猜测、本地溢出、端口攻击、中间人攻击、Web 脚本渗透、B/S 或 C/S 应用程序测试、社会工程等。

渗透测试的范围仅限于以书面形式进行授权的主机，使用的手段也须经过书面同意。承诺不会对授权范围之外的主机及网络设备进行测试和模拟攻击。

结合多年渗透测试项目经验，在实际工作中，一般会把渗透测试工作有机地分为以下四类。

a）网站及核心业务

网站及核心业务是指互联网网站以及在互联网中运行的核心业务。它是渗透测试最常见的对象，代表了用户的核心利益，一般这也是渗透测试项目关注的重点，该类工作具有普遍性。

b）移动用户接入

移动用户接入是指使用移动终端或者其他非内部网终端，通过拨号、VPN 等方式连入客户内部网络的方式，此类工作一般存在一定的安全隐患，需要加以重视。

c）内网用户

内部用户访问 Internet 是指通过一定的方式访问互联网，此类访问经常会受到网络中充斥的网页木马、病毒等的影响，可能导致内部用户被黑客控制。

d）其他互联网应用

其他互联网应用（包括第三方接入）是指客户与合作伙伴之间常见的应用连接方式。

3. 运维保障服务

（1）安全策略优化

安全策略优化是指对安全控制策略是否起到作用、是否合理高效进行检查和改进，可以及时地发现和控制风险。在运维服务的过程中，需要持续地对信息系统各个层面的安全策略进行优化，需要通过工具及人工的方式进行检测、分析、优化。

安全策略优化服务流程主要包括现场调研、制订方案、策略优化、编制报告四个阶段，具体流程如图 5.4 所示。

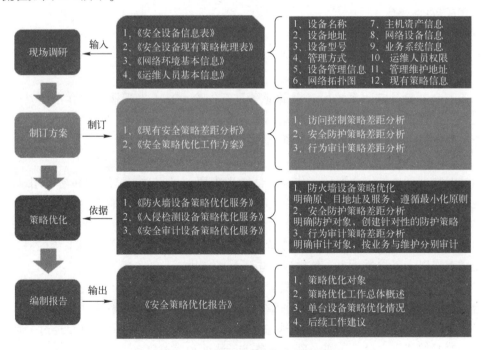

●图 5.4　安全策略优化服务流程

（2）应急响应服务

为客户提供安全事件应急响应和处置服务，在发生信息破坏事件（篡改、泄露、窃取、丢失等）、大规模病毒事件、网站漏洞事件等信息安全事件时，由应急响应专家协助处置。

a）准备阶段（Preparation）

- 目标：在事件真正发生前为应急响应做好预备性的工作。
- 角色：技术人员、市场人员。
- 内容：根据不同角色准备不同的内容。
- 输出：《准备工具清单》《事件初步报告表》《实施人员工作清单》。

b）检测阶段（Examination）

- 目标：接到事故报警后在服务对象的配合下对异常系统进行初步分析，确认其是否真正发生了信息安全事件，制订进一步的响应策略，并保留证据。
- 角色：应急服务实施小组成员、应急响应日常运行小组。
- 内容：
  - 检测范围及对象的确定。
  - 检测方案的确定。
  - 检测方案的实施。
  - 检测结果的处理。
  - 输出：《检测结果记录》。

4. 驻场及培训服务

（1）安全产品运维

信息安全产品运行维护是指在信息安全产品常态化运行过程中所进行的一系列维护工作，包括设备运行安全监测、设备运行安全审计、设备及策略备份更新等工作。

a）安全巡检人工监控设备运行状态

为对安全产品运行状态进行监测，需要驻场工程师每天对安全设备进行至少一次巡检，巡检采用远程登录和本地检查的方式进行。

b）借助安全管理平台实时发现状态异常

通过部署和合理配置安全管理平台，对安全产品的 CPU 利用率、内存利用率、磁盘利用率、网络接口连通性等各项功能指标设置告警阈值和告警规则，实时进行监控，及时发现安全产品运行状态异常的情况。

（2）安全意识培训

结合用户对于人才信息安全培训的实际情况及需求，可通过华圣龙源的安全技能培训，配合多样化的培训模式及实验环境，来保证参加培训的学员通过几天的课程学习实现个人专项信息安全技能的认知及提升，整体掌握现阶段安全技术形势。

针对专题培训的需求如下。

- 专题体系化培训，知识点不零碎。
- 专业培训教材辅助，培训内容由浅及深。
- 配套实验环境，每个知识点配有小实验。
- 培训团队实时关注学员上课的专心程度，及时调整培训节奏，充分调动学员积极性。配合实验平台的综合评分模式，全面掌握学员学习效果。
- 保证培训内容是时下最新、应用最广泛的技术。

5.1.7 产品列表

依据前期的等级保护测评结果，本次 XX 单位整改需要新增的安全产品如表 5.2 所示。

表 5.2 整改需要新增的安全产品

序　号	产品名称	数　量	单　位
1	防病毒平台	1	套
2	APT 攻击检测系统	2	台
3	主机管理平台	1	套
4	终端准入	1	台
5	日志审计系统	1	台
6	漏洞扫描	1	套
7	运维审计	1	台
8	数据库审计	1	台
9	安全管理平台	1	套
10	虚拟化安全管理系统	1	套
11	代码审计	1	套

5.1.8 方案收益

预期按照本方案建设完成后，网络层安全、主机层安全、应用层安全能够满足信息安全等级保护的相关规定，同时应用层安全能够满足公安部 82 号令对于网站的要求。本项目建成后，不仅可以提高 IT 安全管理水平，全面降低信息安全风险，而且可以帮助企业在同行业中树立良好的安全形象从而有助于业务的发展，具有良好的经济和社会效益。

从短期效益来看，可以达到以下效果。
- 减少网络安全问题对业务的影响。
- 网络建设跟上业务发展。
- 均衡网络投入和产出。

从长期效益来看，可以实现以下目标。
- IT 的投资建设进入良性循环。
- 网络促进业务的良好持续发展。
- 防范网络安全问题引发的社会不良影响。
- 降低网络安全问题可能引发的法律风险。

5.2　管理制度整改

XX 单位已有部分管理制度文档，还需要补充《防病毒管理制度》、《机房管理制度》和《账号、口令以及权限管理》。

5.2.1　防病毒管理制度

1. 管理细则

使用计算机的单位和个人，应当遵守下列规定。

- 禁止任何部门或员工以任何名义制造、传播、复制和收集计算机病毒。
- 每个用户在使用计算机的任何时间内都必须运行防病毒软件，并应定期进行病毒检测和清除。未经许可，用户不得随意下载规定之外的防病毒软件或病毒监控程序。
- 信息中心在杀毒软件厂商发布最新版本后，必须在一周内将个人计算机的杀毒软件升级。
- 新购置、借入或维修返回使用的计算机，在使用前应当对硬盘进行认真的病毒检查，确保无病毒之后才能正式投入使用。
- 软盘、光盘以及其他移动存储介质在使用前应进行病毒检测，严禁使用任何未经防病毒软件检测的存储介质。
- 计算机软件以及从其他渠道获得的文件，在安装或使用前应进行病毒检测，禁止安装或使用未经检测的文件或软件。
- 任何单位和个人向外发布文件或软件时，应该用单位规定的防病毒软件检查这些文件或软件，有病毒应及时清除，之后才能向外发布。
- 邮件中的附件在使用之前应该进行病毒检测，收到来历不明的邮件不要打开并及时通知信息中心处理。
- 如果发现本机感染了病毒，不管病毒从何处传播而来，都应该向信息中心汇报，如果从别的机器传播而来，还应该及时通知该机器的使用者，以便采取相应的防治措施。
- 任何个人不得私自发布计算机病毒疫情。如果发现防病毒软件不能清除的病毒，在及时上报信息中心的同时，在问题处理之前，还应禁止使用感染该病毒的文件，同时断开网络连接。
- 员工有义务接受有关部门组织的病毒防治教育和培训。

2. 职责

（1）信息中心的职责

- 根据信息安全管理员提出的病毒防治软件相关规划，购置相应的具有计算机信息系统安全专用产品销售许可证的计算机病毒防治产品。
- 监督计算机病毒防治产品的部署和使用。
- 组织实施计算机病毒防治教育和培训。
- 负责防病毒软件标准的制订和维护。
- 对计算机的病毒防治情况进行审计。
- 对用户上报的病毒应追踪其根源，查找病毒传播者。
- 对重大突发性病毒的预警和发布。
- 对于不能立即解决的病毒问题，信息中心应及时组织和协同相关的技术和业务人员进行跟踪解决，在问题解决前尽快采取相应措施阻止事件进一步扩大。
- 负责本规定的解释和修改。

（2）各下属单位信息中心的职责
- 负责本单位的病毒防治工作。
- 及时跟踪解决本单位用户反映的病毒问题。
- 及时跟踪防病毒软件的升级情况，并及时将升级的版本及相关措施向本单位公布。
- 配合信息中心对用户上报的病毒追踪其根源，查找病毒传播者。
- 对病毒的发作时间、发作现象、清除等信息进行维护、备案并制作案例。
- 负责日常病毒信息的公告和发布。
- 及时、准确地发现和清除本单位服务器可能存在的病毒，本单位的服务器包括文件服务器、应用服务器、数据库服务器、备份服务器等。
- 对本单位员工进行病毒防治教育和培训。

（3）信息管理员职责
- 制订防病毒规划，并报送安全管理机构。
- 负责获得计算机病毒防治产品的升级版本，包括软件本身以及病毒库的升级，并负责计算机病毒防治产品的升级通知。
- 对于信息安全管理员，必须在重大病毒发作之前发布病毒预警通知和应对措施。
- 接受用户的计算机病毒报告，并进行相应的诊断、分析和记录备案，指导用户和系统管理员进行计算机病毒清除和系统恢复。对于因计算机病毒引起的计算机信息系统瘫痪、程序和数据严重破坏等重大事故及时通过安保部门向公安机关报告，并协助用户做好现场保护工作。
- 当发现新病毒时，保留原始记录并报告当地公安机关和有关部门，并逐级上报。

（4）系统管理员职责
- 负责所管理计算机的计算机病毒防治产品的安装和使用。
- 根据安全管理员的通知对所管理主机系统的计算机病毒防治产品进行升级。
- 根据管理机构的规定，定期对所管理计算机进行病毒检测和清除，并将检测和清除结果报安全管理员进行备案。
- 在所管理计算机上发现可疑的计算机病毒现象时及时向信息中心报告，协助信息中心进行计算机病毒诊断，并在信息中心的指导下进行计算机病毒清除和系统恢复。

对于因计算机病毒引起的计算机信息系统瘫痪、程序和数据严重破坏等重大事故，做好现场保护工作。

- 对新购置、借入的计算机进行计算机病毒检测和清除，如果检测到病毒，将检测和清除结果报安全管理员进行备案。

（5）一般用户职责

- 负责本人所使用计算机的计算机病毒防治产品的安装和使用。
- 根据信息中心的通知进行所使用计算机的病毒防治产品升级。
- 定期对所使用计算机进行计算机病毒检测和清除。如果发现病毒，将检测和清除结果报安全管理员进行备案。
- 对于外来的（例如从网络上下载）程序和文档，在运行或打开前必须进行计算机病毒的检测和清除。
- 对于电子邮件附件所带的程序和文档在确认来自可信的发件人之前不得运行或打开，并且在运行或打开前必须进行计算机病毒检测和清除。
- 不得进行计算机病毒的制作和传播。

3. 汇报渠道

- 各部门员工在遇到或怀疑发生标准病毒软件不能查杀的病毒事件时，应第一时间报告到信息中心。
- 员工在报告时，应描述病毒发生的地点、时间、经过、已经造成的损失、相关人员联系方式。

4. 罚则

1）有以下情形之一，一经查到，第一次通知本人，第二次通报批评并书面通知直接行政主管，第三次及以后每次对直接责任人处以通报批评、罚款。

- 未安装规定使用的防病毒软件。
- 没有及时对防病毒软件进行更新。
- 发现病毒不及时上报。
- 擅自打开来历不明的邮件或附件而导致感染病毒。
- 没有及时对外来的计算机软件和文档进行使用前的病毒检测而导致感染病毒。

2）有以下情形，一经查到，第一次通报批评并书面通知其直接主管，第二次对其直接责任人处以通报批评、罚款，情节严重者，报人力资源部做辞职处理。

- 故意制造。
- 故意传播。
- 故意复制计算机病毒。

3）针对以上管理规定由信息中心定期或不定期组织检查，并贯彻执行。

5. 附则

- 本制度由信息中心每年审视一次，根据审视结果进行修订，修订后重新颁布执行。
- 本制度的解释权和修改权归信息中心。
- 本制度自签发之日起生效。

5.2.2　机房管理制度

1. 机房环境管理制度

- 机房建立防尘缓冲带，备有工作鞋或鞋套，做到进门换鞋或带鞋套。
- 机房应防尘，门窗要严密，机房应保持整洁、干净。地面清洁，设备无尘，排列正规，布线整齐，配线架及连接端口对线路（信号线）的连接应有记录文档。仪表正常，工具到位，资料齐全，按项目分类，设备有序，使用方便。机房应有紧急照明设备及安全疏散指示标志。
- 主机房电源、电线规整，地线齐全，UPS 负荷配置合理，系统主设备和网络设备电源以及电源开关标有明显告警标识或保护措施。
- 机房铺设地板应为防静电地板，装修后机房净高应不小于 2500 mm，活动地板下做防尘处理。若条件允许，内部人员进入主机房应着统一定制的防静电工作服。
- 机房设备安装牢固机架。严格执行设备操作规范，插拔各种板卡时要戴防静电手镯。
- 交换机房内的温度应保持在 +15℃ ~ +25℃，相对湿度应保持在 20% ~ 60%；数据机房空调应保持机房温度在 +20℃ ~ +25℃，相对湿度在 40% ~ 65% 之间；基站机房内的温度应保持在 +5℃ ~ +40℃，且保持正常通风，防止不良气体及灰尘侵入。
- 设备机房及大厅内不得堆放与工作无关的物品、器械。机房周围要保持清洁，凡路口、过道、门窗附近，不得堆放物品和杂物妨碍交通。
- 严禁在机房及操作间吸烟、喝水、吃零食、大声喧哗及无事逗留。
- 严禁携带易燃、易爆、放射性、腐蚀性及有强磁场的物品进入机房内部。
- 各种灭火器材应定位放置，随时保持有效，人人会使用。
- 机房值班人员负责每天早上对机房设备区和监控区进行全面清洁。

2. 机房防火安全制度

- 认真贯彻执行《中华人民共和国消防法》和政府的相关消防规定。
- 机房严禁吸烟，不准存放易燃、易爆、剧毒及放射性的危险物品。
- 严禁在机房内使用明火和电炉子，如发现火灾隐患要及时报告。
- 机房内地板、门窗、窗帘等材料、设施使用防火耐用材料；机房内顶部应设置探测器和喷嘴。
- 办公用计算机及终端附属设备在下班前要切断电源，原则上谁使用谁负责。
- 要求全体员工必须熟悉消火栓、灭火器材的位置、性能和使用方法、注意事项，会扑救初起火灾（火灾发生时要即时切断电源）。
- 保障消防通道安全出口畅通，每月定期由专人负责维护管理，确保消防设备、器材完好有效。
- 明确兼职消防管理人员，建立义务消防组织，定期组织消防知识学习和灭火技能演练，使全员达到"两知、三会"（知防火知识、知灭火知识、会报警、会疏散自救、会协助救援）的要求，做到平时能防，遇火能救。
- 与负责施工现场的消防安全管理人员签订防火安全责任书，明确双方的防火责任。
- 新职工未经岗前消防教育培训不得上岗。

- 采取不定期的安全检查，及时制止和纠正违章行为，把火灾隐患消灭在萌芽状态。
- 全体员工发现安全隐患要及时上报，采取全员安全例会形式不定期进行安全生产教育，在会上重点强调近期注意事项。
- 机房灭火应急措施。
    - 机房发生火灾时，不要惊慌失措，火场无论大小都应在有序指挥下进行扑救。要及时关闭空调，切断着火机架的电源，积极组织扑救，在消防器材没有准备好之前，不要过早地打开灭火机房的门窗，防止火势迅速蔓延。拉响各层楼消防栓报警，义务消防队员及职工接到报警后，应马上集结，携带消防器材，赶赴火灾现场，采取有效措施，进行灭火。
    - 在火灾初起阶段，一定要争分夺秒、集中全力、立足自防自救，力争将火尽快扑灭，化险为夷。若是机架上个别电路盘刚刚失火，可以当机立断将失火的电路盘拔出，将火扑灭。若是几块电路盘及电线都已着火，要抓紧时间，一方面有人拔着火的电路盘，同时有人用"1211"或二氧化碳灭火器对准机架着火处喷洒灭火剂，争取将火压住，并彻底扑灭。片刻延误往往造成巨灾。注意使用"1211"灭火器灭火后的复燃问题。在这种情况下，能用灭火器将火扑灭的，可暂不用消防水带喷射机架。但在有人的情况下，可以安排人做好水带铺设射水的准备。高层通信枢纽大楼一旦机房发生火灾，应打开手动防排烟设施，启动消防水泵。
    - 如果火势已到发展阶段，用"1211"及二氧化碳灭火器不能将火扑灭时，可切断失火机房交/直流电源，尽快使用消防水带向失火处喷水。但在切断电源之前，不要轻易地向机架上射水。
    - 在无力自灭自救时，一方面积极组织扑救、疏散物资设备，另一方面，要迅速拨119报警，报警时要沉着、准确，讲清起火单位、所在地址、街道起火部位、烧的什么东西、火势大小、报警人姓名及使用电话号码，报警越早，损失越小。
    - 消防队赶到后，要有人尽快向消防队介绍火场情况，并配合其进行灭火工作。
    - 机房起火时，一部分人投入救火，其他人还可坚守岗位确保通信，当烟气比较大时，为了防止烟气中毒，要有人尽快组织人员有条不紊地进行疏散。疏散要沉着冷静守秩序，这样才能在火场中安全撤出，若争先恐后、互相拥挤、阻塞通道，会导致自相践踏，造成不应有的损失。
    - 在烟气较大的情况下救火或撤离火场时，最好用湿毛巾、湿衣服、布类等掩住口鼻。
    - 在救火中，一旦人身上着了火，万万不能跑，如果衣服能撕裂脱下时，应尽可能地脱下浸入水中或踩灭，如果来不及脱，可以就地打滚，把火窒息，三人以上时，未着火的人要镇定沉着地随手拿麻袋、衣物等朝着火人身上覆盖、扑打、浇水或帮他脱下衣服。但应注意不宜用灭火器直接往人身上喷射。

3. 机房安全保密制度

- 机房所有人员必须严格遵守国家、集团公司和省公司的各项安全保密制度，高度重视信息系统的安全保密工作，积极参加各种形式的安全保密工作的学习培训活动，接受上级的安全检查。
- 机房信息系统涉及全公司的管理、财务、人力资源等企业核心信息，维护人员不得窥探、抄录、复制；不得转告与工作无关的人员；不得随意向外界透露。

- 机房所有人员未经允许不得访问信息系统中用户信息、公文、报表、邮件等授权访问数据或私人信息。
- 机房所有人员未经授权，不得私自修改、查阅系统的有关信息。
- 严格遵守账号口令管理制度和安全操作条例，根据访问数据级别使用相应权限的口令进入系统；不得窃取、破译他人的权限密码。
- 机房所有人员未经允许不得擅自抄录、复制设备图纸、电路组织资料、内部文件、系统软件、技术档案、用户资料，也不得擅自带离机房，使用后归还原处。文件柜柜门钥匙由值班人员保存，内部人员查阅资料后，应将资料摆放整齐、有序，柜门及时上锁，钥匙及时返还。
- 各种涉及密级的图纸、资料、文件等应严格管理，认真履行使用登记手续。IP 地址及密码等涉密信息不得让无关人员轻易获取。为保证安全，非特殊情况维护终端不得接入 Internet 公网。
- 对于各类技术资料的使用要严格执行借阅手续，借阅者应认真履行清退和登记签收手续，并不得对外泄密。
- 机房内重要保密文件、数据的销毁应使用碎纸机进行，不得任意丢弃。
- 机房内部的废弃设备、测试数据由机房管理单位（部门）统一保存和处理。
- 机房所有人员严格遵守通信纪律，增强保密意识和法制观念，不得随意监测用户通信。
- 机房设备维护人员不直接受理用户申告，不准擅自将用户资料带出数据机房。
- 机房所有人员不准携带机密文件进入公共场所或探亲访友。在私人通信、广告宣传及与其他运营商的交往中，都不得泄露通信机密。
- 机房内部所有维护和管理人员均应熟悉并严格执行安全保密规定。机房主管单位（部门）领导必须经常对本地维护人员进行安全保密和消防教育，并定期检查保密规定的执行情况，发现问题及时纠正。

4. 机房出入管理制度

- 非机房工作人员进入机房须进行出入登记。
- 非机房工作人员不得携带磁盘、移动盘、便携式计算机、数码照相机进入机房。
- 未经同意，所有人员不得带人参观机房。
- 所有工作人员不得将机房内的设备或组件带出机房。
- 设备进/出机房应填机房出/入记录单，并需管理人员签字。
- 所有工作人员不得在机房内聊天、喧哗，保持机房安静。
- 为了杜绝火灾，任何人不许在机房、配电间、走廊内吸烟和使用电炉、电暖器等发热电器。
- 设备进入机房之前，需工作人员检查，如发现不符合防磁、防潮、防辐射要求，或有异味等，设备不得进入机房。
- 工作人员不得穿高纤维服装进入机房，如毛线衣、高纤维夹克等，防止工作人员因服装静电而造成设备损坏。
- 所有工作人员工作完毕后，须将个人使用的物品和纸张带出机房，保持机房整洁。
- 未经允许，所有工作人员不得随意搬移机房内任何设备及拔插信号线。

- 值班人员当班时，须严格遵守值班制度，并做好值班记录。
- 所有人员进出机房须随手关门，注意安全。

5. 机房常规检查和维护

- 值班人员在每天值班上班后应对机房进行检查，其中包括主机和服务器的运行状况，通信线路状况，门、窗、灯、空调、UPS 等设备。
- 值班人员在每天值班下班前，应对机房再次进行检查，其中包括主机和服务器的运行状况，通信线路状况，门、窗、灯、空调、UPS 等设备。
- 对检查中发现的问题应及时通知机房管理员。
- 机房管理员负责机房的管理和维护。
- 对机房内的照明、空调等设备发生的异常状况，机房管理员应及时处理。
- 空调设备应每两周检查一次，并对空调加湿罐和过滤棉进行清洁处理。
- 机房工作人员都应了解机房灭火装置的性能、特点，能熟练使用消防系统。

6. 制度维护与解释

- 本制度由信息中心每年审视一次，根据审视结果修订标准，并颁布执行。
- 本制度的解释权归信息中心。
- 本制度自签发之日起生效。

5.2.3　账号、口令以及权限管理制度

1. 用户身份标识

- 每个系统的用户标识（如 User ID、证书）应能代表某个系统或应用的用户。每个账号需要有一个所属人，如 OA 系统、MES 系统，每个账号只能一人使用。
- 不允许共享用户身份或组身份，除非由信息中心批准。
- 在某些情况下，一组人员如果需要以共享的方式通过同一个账号来使用系统的具体功能，为了保证系统的安全，必须遵循以下原则。
  - 尽可能不要共享口令，由专人负责系统登录。
  - 共享账号登录系统后，小组内的所有成员都能使用该账号进行工作。
  - 禁止非授权使用用户账号或口令。
  - 共享的账号不能是个人账号，以避免个人信息泄露。
- 内部用户身份标识命名应符合以下规则。
  - 身份标识基本规则为使用员工的姓名全拼。
  - 用户身份标识出现重名时，采用重名冲突规则解决。用户身份标识超长时，采用超长规避规则处理。
- 第三方用户身份标识命名应符合规则：以特殊的、固定的字符开头，比如基本规则为 "c_" +其姓名全拼（即以小写字母 c 和下划线开头）。

2. 用户身份认证

- 不允许在没有通过验证的情况下访问网络设备和其他信息处理系统。
- 连续的登录尝试应受限制，并记录失败的登录尝试，如果系统功能可以实现，在连续第三次错误的口令尝试登录时，失效或锁住此用户的身份，并在一定时间间隔后

恢复或由管理员恢复。

3. 授权

- 应该根据业务需要来授予新用户的访问权限，也意味着正式的授权过程。授予个人的权限应该和他们的工作职能一致。对于个人来说，每次授权的访问都需要鉴定用户的身份。

- 注册过程至少应包含以下内容。
    - 新员工在人事部门明确获得职位。
    - 新员工到任职部门并得到该部门管理人员批准获得个人计算机使用权限。
    - 部门管理人员批准新员工可使用的信息系统。
    - 新员工的用户账号申请表由该部门管理人员签字，并提交给信息中心的相关负责人。
    - 信息中心相关人员对申请表内容审核无误后，根据业务需求建立用户 ID 和授权。
    - 对于用户特殊权限要求，从本部门管理人员和应用系统负责部门主管处获得批准方可授权。

- 所有用户账号必须有部门管理人员批准注册和取消注册的正式申请文件。用户被给予一份他们访问权限的申明。应该告知所有用户注册过程及其必要性。

- 在提供账号和密码给用户前需要确认用户的身份，或将账号和密码发送给用户所在部门的负责人。推荐使用较严格的方式（如递交给部门主任）来提供拥有特权的账号信息。

- 所有在一段预定义的时间内未使用的账号将被废除。

- 各应用系统的权限需要定期进行检查。

- 当一些职员被调动到其他部门或者不再具有相应的角色和使用需要，那么所有有关的用户账号和信息系统权限将被立刻中止。

- 一些特别权限的使用应被严格控制。特别权限的使用将被限制在职责范围内所需的最低权限。超过普通用户的权限必须基于业务需求，并得到系统负责人的批准。

- 信息中心各系统负责人必须建立流程来管理管理员的权限分配和取消过程。

- 负责操作系统管理和维护工作的人员需要获得系统管理员权限。

- 信息中心负责安全管理工作的人员需要获得安全管理员权限。

4. 账号口令管理

- 口令标准为：
    - 至少七位，如果技术可以支持。
    - 至少包含一个字母和一个非字母。
    - 至少每六个月更换一次密码。
    - 禁止使用前两次的密码。
    - 禁止把用户名、生日、电话号码用作密码或其一部分。

- 在首次登录后修改临时或默认的口令。

- 如果需要访问不在单位控制下的计算机系统，禁止选择在单位内部系统使用的密码作为外部系统的密码。

- 即使系统或应用没有使用技术控制措施强制更换密码，也同样需要遵守密码更换要求。当更换密码时，必须选择一个新的密码，禁止使用前两次的密码。

- 在任何信息系统付诸操作之前，所有由卖方提供的默认口令都应被改变。
- 如果口令让人觉得有问题，或曾为了维护和技术支持的原因而泄露给卖方，那么应该立刻改变这些口令。
- 应该使用正规的流程来重设口令。这个流程应该包括确认请求者真实身份，新的口令应传给申请者的经理或者递交/传送给职员本人。
- 当口令被存储或者在网络上传输时，尽可能先通过加密变为密文的形式。如果无法采用加密功能，则必须保证只有授权的系统安全管理员才能够访问这些文件和数据库的密码部分。
- 口令在输入时的显示必须使用星号或方框等符号进行替代。
- 账号和口令信息尽可能不通过 Email 发送给使用者。若使用 Email 进行发送，则 Email 必须进行加密并将账号和密码分开发送给使用者。
- 硬件设备、应用系统的口令若长时间无法进行更改，则需要满足以下口令标准。
    - 口令长度至少八位。
    - 必须包含大写字母、小写字母、数字和特殊字符。
- 不能在多台设备或多个应用系统中使用相同的口令。

5. 口令共享

- 保持口令的保密性，口令如无必要不能被共享和泄露出去。
- 如果口令必须被共享，那么在共享需求不再存在之后立刻改变口令。如果技术允许，改变的口令不能有原来口令的部分内容。
- 如果有定期的口令共享需求，则要经常改变口令，而且必须从安全组织得到书面批准。

6. 制度维护与解释

- 本制度由信息中心每年审视一次，根据审视结果修订标准，并颁布执行。
- 本制度的解释权归信息中心。
- 本制度自签发之日起生效。

5.3　组织机构和人员职责

　　XX 单位对组织机构和人员职责的制度过于简化，在整改建设过程中需要对以下几项制度内容进行细化。

5.3.1　信息安全组织体系

1. 信息技术委员会

该委员会负责 IT 安全管理和制度规划、应用开发安全管理，并对单位内部进行安全审计，包括各种安全策略、制度、流程的制订及维护管理；定期编写安全工作报告；承担所有员工的安全知识、意识培训及宣导工作，定期组织相关人员培训，行使 IT 安全管理职能；对应用开发项目进行定期检查；对各制度的执行情况进行审计。信息技术委员会由信息中心主任直接领导。

（1）安全管理员

安全管理员负责整个单位的信息安全管理工作，具体工作职责如下。

- 组织召集相关人员参与单位 IT 安全管理制度、安全技术规范的制订、更新及整体的培训计划。
- 组织初审 IT 安全管理制度及技术规范。
- 负责向信息中心领导汇报 IT 安全管理制度及技术规范。
- 制订单位总体 IT 安全培训计划。
- 组织、参与评审单位范围内的 IT 重大安全事故。
- 及时就重大 IT 安全隐患向信息技术委员会相关负责人汇报。
- 定期向信息技术委员会提交 IT 安全综合报告及预算计划。
- 负责启动相关制度、标准、流程的更新流程。
- 负责单位运维中心与 IT 安全相关的日常工作和有关 IT 安全问题的处理。
- 指导和监督其他人员的相关安全配置工作，如网络管理员等。
- 指导并协助各单位信息中心相关人员的应用系统安全管理。
- 根据信息中心的 IT 安全运行状况，定期提出信息中心的 IT 安全整改意见，上报 IT 安全运维组长。
- 协助、协调信息技术委员会的日常检查工作。
- 定期编写 IT 安全管理工作报告。

其任职资格如下。

- 熟悉单位的各种 IT 安全制度及流程。
- 熟悉各种安全设备配置。
- 具有很丰富的管理经验，具有较强的组织、协调能力。
- 了解 ISO 17799、ITIL、COBIT 等业界标准。
- 了解与 IT 安全相关的法律法规。

（2）应用开发安全管理员

应用开发安全管理员的具体工作职责如下。

- 根据安全管理员的应用系统开发相关的安全规定，检查、指导、监督系统开发中的安全控制措施是否符合安全策略的要求。
- 负责向信息技术委员会提交《项目安全符合性报告》。
- 根据应用系统开发安全策略，开发具体的安全解决方案。
- 根据解决方案参与、指导具体实施。
- 向应用开发组或信息中心提交安全解决方案。
- 向信息中心提交项目安全设计报告。

应用开发安全管理员任职资格如下。

- 有安全项目管理工作经验。
- 熟悉用户身份管理、账号密码管理、配置管理等。
- 熟悉主流操作系统及网络设备的安全检测和加固技术。

- 熟悉 ISO 15408 等信息安全标准。
- 掌握一定的反黑客技术及黑客渗透手法。

（3）信息安全审计员

信息安全审计员的主要工作职责是监督安全工作的执行情况、信息安全管理员工作的效果、信息安全事故的处理、信息安全项目实施的监督和控制、信息安全技术规范的监督和执行情况，以及执行和监督信息安全审计制度。主要职责如下。

- 组织策划信息安全审计工作。
- 协调有关部门，以获得对信息中心的信息安全审计工作的理解和支持。
- 确定信息中心的信息安全审计工作的目的、范围和要求。
- 制订信息中心的信息安全审计工作具体实施计划和有关资源配置。
- 监控信息中心的信息安全审计工作进度和质量。
- 审核信息中心的信息安全审计工作情况汇报。
- 负责向信息中心领导汇报信息中心信息安全审计工作。
- 确保设备提供商签署了不泄露条约或是相应的保密条款。
- 负责确认信息安全风险评估结果。

2. 运维组

运维组负责日常 IT 运维管理，执行各项安全制度，并且进行安全事件的监控以及运维中心各种平台的定期安全检查及加固。

（1）运维组长

运维组长的具体工作职责如下。

- 负责制订运维部门的 IT 安全整体规划，包括安全培训计划。
- 组织运维相关人员参与信息技术委员会的 IT 安全制度及技术规范的制订及改进更新工作。
- 组织本部门的 IT 安全制度、技术安全培训工作。
- 负责运维中心的日常安全管理工作。
- 及时就 IT 安全制度执行效果、反馈意见和相关重大隐患向信息技术委员会反馈。
- 定期向信息中心提交 IT 运维报告。

运维组长任职资格如下。

- 熟悉各种 IT 安全制度及流程。
- 具有很丰富的运维管理经验。
- 具有较强的组织、协调能力。
- 熟悉 BCP 的建立及管理。
- 具有 4 年以上的 IT 技术领域背景。

（2）网络管理员

网络管理员主要根据信息中心确定的各类网络、安全设备平台的功能配置，同时结合安全配置规范，对各网络、安全设备平台进行安全配置，并负责该类设备的日常维护及监控，具体工作职责如下。

- 根据业务功能需求合理配置网络设备功能。
- 对网络设备进行安全配置，修补已发现的漏洞。

- 负责防火墙系统的日常维护工作，防火墙的安全配置参照相关安全配置文档，并根据网络安全访问控制策略拟定相应的防火墙安全控制准则，并对安全控制准则和访问控制策略的一致性进行校验。
- 负责入侵检测系统的日常维护工作，并根据网络安全访问控制策略拟定相应的入侵检测安全规则。
- 对网络设备的账号、口令安全性进行管理。
- 负责所管理网络设备的用户账号管理，为不同的用户建立相应的账号，根据对网络设备安装、配置、升级和管理的需要为用户设置相应的级别，并对各个级别用户能够使用的命令进行限制。同时对网络设备中的所有用户账号进行登记备案。
- 参照相关安全事件响应和处理制度中的相应规定进行故障处理，并分析故障原因。
- 协同安全管理员对网络设备上的安全事件进行处理，尽量减小安全事故和故障造成的损失，监督此类事件并从中吸取教训。
- 在网络设备正常的系统升级后，将升级情况报信息技术委员会备案，并由安全管理员对网络设备进行网络安全扫描检测。
- 对关键网络配置文件进行备份操作。

网络管理员的任职资格如下。

- 有网络安全管理工作经验。
- 精通网络基本原理。
- 精通常用的网络、安全设备（Router、Switch、Firewall、VPN、IDS）配置和管理。
- 精通网络安全技术（入侵检测、安全扫描等）。

（3）系统管理员

系统管理员主要负责各类系统平台的功能配置，结合安全配置规范对各系统平台进行安全配置，并负责该类平台的日常维护及监控，具体工作职责如下。

- 负责配置系统功能，使系统满足业务要求。
- 对操作系统进行安全配置，修补已发现的漏洞。
- 根据需要进行系统升级，在正常的系统升级后，将升级情况报安全管理员备案，并由安全管理员对系统进行安全检查。
- 负责所管理主机系统的用户账号管理，对系统中所有的用户（包括超级权限用户和普通用户）进行登记备案；对操作系统账号、口令的安全性进行管理；对操作系统登录用户进行监测和分析。
- 监控和及时发现安全事件和故障，定期对操作系统的安全日志、错误日志文件进行分析，发现问题（如严重错误信息、非法访问、攻击、故障隐患等）后及时上报。
- 在所管理主机系统上发现可能与安全有关的可疑现象时及时向安全管理员报告，并协同安全管理员进行问题的诊断及分析。
- 根据信息技术委员会制订的数据备份策略，定期完成所管理系统的备份工作并妥善保存备份数据，同时定期完成备份数据的可用性、有效性测试。
- 在系统升级或者补丁程序安装、系统配置做大的改动前后对系统数据做全备份。
- 在发生安全事件或者其他需要进行数据恢复的情况时，从备份数据介质中进行数据恢复。

系统管理员的任职资格如下。

- 具有丰富的系统管理经验。
- 精通主流操作系统（UNIX，Windows，Linux）。
- 精通用户身份管理、系统补丁的更新管理及系统容量管理。
- 精通数据备份和恢复技术，制订和更新业务连续性计划。
- 具有一定的程序开发经验。

（4）数据库管理员

数据库管理员主要负责数据库的设计、安装、运行，并且根据信息技术委员会制订的各类数据库、中间件系统的安全配置规范对其进行安全配置，也负责该类平台的日常维护及监控，具体工作职责如下。

- 根据应用系统需求设计、安装数据库。
- 对数据库、中间件系统进行安全配置，修补已发现的漏洞。
- 负责数据库、中间件系统的用户账号管理，对系统中所有的用户（包括 DBA 用户和普通用户）进行登记备案；参照相应的管理规定对数据库系统的账号、口令进行管理，并对数据库系统登录用户进行监测和分析。
- 负责对表、视窗、记录和域的授权工作；在设置用户权限时应遵循最小授权和权限分割原则，只给用户授予业务所需的最小权限；禁止与数据库系统无关的人员在数据库上拥有账号。
- 监控和及时发现数据库、中间件系统的安全事件和故障，每周对其安全日志、错误日志文件进行一次分析，发现问题及时上报。
- 对于数据库、中间件系统发生的故障，参照相应维护手册进行处理并分析原因。
- 协同安全管理员对数据库、中间件系统安全事件进行处理，尽量减小安全事故和故障造成的损失，并从中吸取教训。
- 对于重要数据的备份必须定期检查，确保备份的内容和周期以及备份介质的保存符合有关规定。
- 在发生安全问题导致数据损坏或丢失时，进行数据的恢复。

数据库管理员任职资格如下。

- 有大型数据库系统管理经验。
- 精通 UNIX 和 Linux，精通 Shell、脚本（Perl 或 Python）编程。
- 精通 Oracle、DB2、Informix 数据库系统（管理、性能优化、备份及恢复）。
- 熟悉 ERP 系统。
- 熟悉主流中间件系统，如 Weblogic。

（5）应用系统管理员

应用系统管理员主要根据信息技术委员会制订的应用系统维护等标准，对各类应用系统进行日常安全维护，并负责各类应用系统的安全事件紧急处理，具体工作职责如下。

- 负责应用系统的用户账号管理，对系统中所有的用户进行登记备案；参照相应的账号、口令管理规定对应用系统的账号、口令进行管理及定期审核。
- 监控并及时发现应用系统的安全事件和故障，每周对管理的应用系统安全日志、错误日志文件进行一次分析，发现问题及时汇报。
- 协同安全管理员对应用系统安全事件进行处理，尽量减小安全事故和故障造成的损失，并从中吸取教训。

- 对于重要数据的备份必须定期检查，确保备份的内容和周期以及备份介质的保存符合有关规定。
- 在发生安全问题导致数据损坏或丢失时，进行相关数据的恢复。
- 协助其他相关人员完成对承载应用系统的操作系统、数据库及中间件的安全补丁升级，安全配置加固。

应用系统管理员的任职资格如下。

- 有应用系统开发维护经验。
- 熟悉 ISO 15408 等国际信息安全标准。
- 熟悉主流开发语言 C、C++、JAVA。

3. 安全专家或第三方安全顾问

安全专家主要行使咨询职能，具体工作职责如下。

- 为 IT 安全管理提供最新的安全理论知识和 IT 安全管理实践指导。
- 对相关 IT 安全组织成员提供专业的 IT 安全培训。
- 定期向信息技术委员会汇报国际、国内的最新 IT 安全动态及业界经验，为 IT 安全方面的决策提供有益参考。

安全专家的任职资格如下。

- 拥有广泛的业内关系及较高的业内知名度。
- 精通 IT 安全管理策略，精通 BSI 7799、ISO 13335 和 ISO 15408、SSE-CMM、ISO 7498-2、Cobit 等，熟知 SOX 404 基于 IT 的设计顾问工作。
- 熟悉国内外与 IT 安全相关的法律法规。
- 具有丰富的安全咨询服务经验，具有丰富的专业安全服务和安全审计经验，在国内外有重大安全项目实施经验。
- 是国内外具有一定知名度及丰富经验的 BS 7799 ISMS 主任审核员。

4. IT 安全组织工作方法

根据 PDCA 信息安全管理模型，IT 安全组织工作方法分为如下几个实施流程。

（1）计划

主要任务是实施风险评估，结合法律法规要求和单位自身战略的需求制订 IT 安全控制目标和控制措施。该阶段主要由信息技术委员会主导，并联合其他安全职能组相关人员完成。

（2）实施

根据计划阶段制订的控制措施，组织进行具体实施。该阶段由信息技术委员会、运维组及各单位信息中心网络管理员负责执行及推动。

（3）检查

依据 IT 安全管理制度、技术规范及控制目标，对实施阶段的执行情况进行检查、审计、评估。该阶段由安全管理员、安全审计员负责完成。

（4）改进

针对检查结果对未达到要求的控制措施进行改进，对不合理、无法操作的 IT 安全制度及技术规范由 IT 安全管理层组织相关人员进行相应的修订、补充，并由信息技术委员会审核颁布。

a）IT 安全组织工作方法

信息技术委员会承担本单位 IT 安全的决策职能，定期接受 IT 安全管理员、安全审计员的工作报告，并就 IT 安全领域的风险定期提交 IT 安全风险报告；IT 安全管理员承担安全管理职能，负责 IT 安全制度制订、更新，IT 安全运行状况检查；IT 运维组承担运维职能；信息技术委员会的应用开发安全管理员承担项目开发安全检查、监督职能，并向信息技术委员会提交项目开发安全报告；信息安全审计员对管理组、运维组、项目开发组进行定期IT 审计，并向信息技术委员会提交审计报告。

b）IT 安全组织工作流程

信息安全组织定期与各部门进行沟通，沟通内容如下。

- 宣导信息化及信息安全方面新的技术及管理方法。
- 了解部门信息资产现状。
- 了解部门对信息资产的保护要求。
- 了解部门内的软件安装标准。
- 了解信息安全管理制度落实情况，以及对安全管理制度的意见进行充分了解，并针对合理的意见定期更新制度内容。

信息安全沟通方式如下。

- 会议。
- 邮件。
- 调查问卷。
- 电话。

5. 考核、处罚原则

IT 安全组织以"分级考核"为原则，IT 安全组织成员的绩效考核由所属的行政职能部门完成。全职人员工作量为 100%，绩效考核比例也为 100%；兼职人员工作量视本部门实际情况灵活掌握，但必须保证在 30% 以上，绩效考核参照工作量比例。

对违反相关 IT 安全管理制度的行为，实行"红黄牌"处罚机制，根据"谁主管、谁负责"的原则逐层上报，最终由信息技术委员会批准及执行，对"红牌"处理将由信息技术委员会主任提请相关人力资源部门执行。具体处罚细则如下。

- 一般违规事件的当事人将被处以"黄牌"警告，并处罚 2 分；一般违规事件为无资产损失，并且立即可以弥补，财务损失行为可忽略不计。
- 严重违规事件的当事人将被处以"红牌"处罚，并处罚 10 分；严重违规事件为造成较大资产损失、业务受到损害或中断以及造成中等的财务损失等。
- 一年内第二次、第三次受到"黄牌"警告者，均处罚 4 分，本年度"黄牌"将不带入下一年度。
- 对一年度累计处罚满 10 分者，将根据员工奖惩的相关规定处以当事人开除处罚，并对其隶属的职能部门负责人予以通报批评。

6. 维护与解释

- 本文档由信息中心每年审视一次，根据审视结果修订标准，并颁发执行。
- 本文档解释权归信息中心。
- 本文档自签发之日起生效。

5.3.2　员工信息安全守则

1. 计算机口令的设置

- 员工在使用自己所属的计算机时，应该设置开机、屏幕保护、目录共享口令。
- 用户口令应当同时包含大小写字母、数字和特殊字符，口令长度不能小于 7 个字符，如"I'm1！@e;"，口令必须难猜，不得写在纸上或记录于文件中。
- 口令中不得使用以下内容：用户名、姓名的拼音、英文名、身份证号码、电话号码、生日、WUYAN、HBZY 以及其他系统已使用的口令等。
- 口令至少每个月更改一次，6 个月内不得重复。
- 对于应用系统（如 ERP 系统）终端用户的口令设置可通过应用系统来实现。

2. 计算机设备的使用

- 员工不得私自装配并使用可读写光驱、磁带机、磁光盘机和 USB 硬盘等外置存储设备。
- 员工不得私自开启计算机机箱，如需拆机箱，应当向相应部门提出申请。
- 员工不得将信息中心配备的工作用笔记本电脑借给他人使用。
- 员工不应擅自携带硬盘、可读写光驱、计算机等设备离开本单位，如需携带，须办理出门手续。

3. 软件使用

- 员工应当安装、运行单位规定的防病毒软件并及时升级，对信息中心公布的防病毒措施应及时完成，不得私自安装运行未经信息中心许可的防病毒软件。
- 员工应安装信息中心规定且拥有版权的操作系统和工具软件，不得私自安装与工作无关的应用软件，特别是盗版软件。
- 如果员工发现信息中心规定的防病毒软件不能有效清除病毒，应立即报告有关部门，在问题处理前禁止使用感染病毒的文件。
- 在收到来自单位内部员工发来的含有病毒的邮件时，除自己进行杀毒外，还应及时通知对方杀毒。
- 员工不得制造、传播计算机病毒。
- 员工不得私自编制与其工作职责不相符的软件。
- 员工不得安装、使用黑客工具软件，不得安装影响或破坏网络运行的软件。
- 对本机上的机密文件，应采取适当的加密措施，并妥善存放。

4. 网络使用

- 未经批准员工不能在单位内私自拨号上网。
- 对经批准可以拨号上网的，确认使用的计算机与单位网络断开后才可与外部网络连接。
- 员工因工作需要在计算机上安装两块或多块网卡并连接到不同网络设备时，应提出申请由网络管理员负责安装和调试，同时应注意在计算机上不要启动路由网关功能。
- 员工不应私自更改网络设备的连接，需要变动时应提出申请，由网络管理员负责更改。

5. 邮件安全使用

- 员工邮箱的设置应符合信息中心的配置要求，回复地址应设为本人的邮箱地址。

- 员工如收到可疑的 Email，不要打开并及时通知信息中心处理，以免感染上可能存在的病毒。
- 外部 Email 的附件在使用前应进行病毒检查，确保无病毒后才能使用。
- 对发送到单位外部的涉及单位机密信息的邮件必须加密。
- 员工不应利用单位邮箱进行与单位无关的事情。

6. 互联网

- 员工不应利用单位上网资源访问与工作无关的站点，特别是淫秽、游戏、反动等类型的网站。
- 员工不应利用单位上网资源下载屏幕保护文件、图片文件、小说和音乐文件等与工作无关的文件。
- 员工不应利用单位上网资源下载音乐、影视；不能利用 P2P 软件进行下载。
- 员工不应利用单位上网资源使用聊天工具。

7. 远程拨号

- 远程拨号用户须严格控制，应当由部门负责人确认。
- 远程拨入单位内部网络的员工须使用一次性口令、VPN 技术或采用回拨功能。
- 远程拨号用户不得将拨入号码告知他人。

8. 其他

- 员工不得私自设立 WWW、FTP、Telnet、BBS、News 等应用服务。
- 员工不得私自设立拨号接入服务。
- 员工之间不得私下互相转让、借用单位 IT 资源的账号，如 Email 账户。
- 在工作岗位调动或离职时，员工应主动移交各种应用系统的账号。
- 员工完成应用系统的操作或离开工作岗位时，应及时退出应用系统。
- 员工离开自己的办公计算机时，应将计算机屏幕锁定。
- 员工如果发现计算机被入侵；应马上通知信息中心，相关部门组织安全紧急响应小组，按相关规定操作。

5.3.3　监督和检查

- 各部门领导及管理员应当对本部门计算机用户进行有效监督和管理，对违反管理规定的行为要及时指正，对严重违反者要立即上报。
- 信息技术委员会应当定期或不定期对各个部门计算机用户的使用状态进行审计，对违反管理规定的情况要通报批评；对严重违反规定，可能或者已经造成重大损失的情况要立即汇报信息中心最高领导。
- 对于违反规定的直接责任人给予相应的处罚，给单位造成重大损失或重大影响的按照相关法律规定追究其民事、刑事或行政责任，并追究其直接上级领导的相应责任。

5.3.4　附则

- 员工应自觉遵守职业道德，有高度的责任心并自觉维护单位的利益，不能利用计算机私自收集、泄露单位的机密信息。

- 员工不应利用单位网络传播和散布与工作无关的文章和评论，特别是破坏社会秩序的文章或政治性评论。
- 员工不应下载、使用、传播与工作无关的文件，如屏幕保护文件、图片文件、小说和音乐文件等。
- 未经允许员工不应使用未经信息中心许可的软件，特别是没有版权的软件。

5.4 技术标准和规范

XX 单位已有一部分技术标准和规范文档，需要补充《备份与恢复规范》、《信息中心第三方来访管理》和《应用系统互联安全规范》制度文档。

5.4.1 备份与恢复规范

1. 备份的存放和更换
- 备份资料应与运行资料保持一定的距离。
- 如有可能把需要永久保管的备份做成光盘保存。

2. 备份具体过程及要求
- 由应用管理员进行管理，由系统管理员进行备份操作，并填妥备份记录表，每月第一个工作日交于信息中心相关管理员，由信息中心相关管理员检查后入库保存。
- 定期检查日志文件查看备份是否正常完成。
- 对系统进行备份后做好登记，交给信息中心相关管理员入库保存。
- 制作服务器应急盘，一次完成二份并保存。做好登记，交给信息中心相关管理员入库保存。
- 备份所有服务器上的 hosts, sqlhosts, services, onconfig. * 等系统配置文件，做好登记，交给信息中心相关管理员入库保存。
- 备份所有网络设备的配置文件，做好登记，交给信息中心相关管理员入库保存。
- 由磁带库轮流备份，日夜不间断。做好登记，交给信息中心相关管理员入库保存。
- 每月定期备份日志，做好登记，交给信息中心相关管理员入库保存。

3. 维护与解释
- 本规范由信息中心每年审视一次，根据审视结果修订标准，并颁布执行。
- 本规范的解释权归信息中心。
- 本规范自签发之日起生效。

5.4.2 信息中心第三方来访管理规范

1. 临时来访的第三方接待方法
- 临时来访第三方自进入单位直至离开，必须由信息中心安排专人（下称"受访人员"）陪同，不得任其自行走动。

- 临时来访第三方进入单位进行业务活动时，应在门卫处登记，然后到专门的场所进行业务洽谈。
- 除以下情况外，受访人员不得引领和允许第三方进入机房、办公室和其他机要区域。
    - 信息中心领导批准的参观活动。
    - 必要的设备和软件等现场安装、维修、调测。
    - 第三方因业务需要进入上述区域的其他情形。
- 业务洽谈一般应当在接待室或会议室内进行，招标、谈判等正式洽谈和重大项目的会谈应当在专门的会议室进行，不得在办公室进行。应当避免同一领域的第三方在同一会议室同时进行业务洽谈。
- 除预定的工作内容外，受访人员不得为第三方随意安排其他活动；不得向第三方透露业务范围之外的技术、商务情况。
- 结束业务活动后，临时来访第三方如与单位其他部门有业务联系，受访人员应通知相关部门另行接待，受访人员的义务至相关部门人员领走临时来访第三方为止；如无其他业务，受访人员应陪送临时来访第三方离开单位。受访人员在无法陪送的情况下应委托本部门其他人陪送。
- 对受访人员的接待工作，信息中心负责人和其他人员有权进行监督。保卫科的保卫人员有权对无人陪同的临时来访第三方进行询问。受访人员违反上述规定，未尽到接待责任，使临时来访第三方处于失控状态或擅自引领临时来访第三方进入禁入区域的，应由信息中心负责人给予警告或批评。
- 顾问单位、临时来访第三方公司和其他兄弟单位来参观、交流的人员接待参照临时第三方规定执行。
- 未经信息中心领导特别许可，临时来访的第三方不得在机房内摄影、拍照。
- 临时来访的第三方因技术支持对系统的任何操作都要进行登记，并由受访人员陪同。

2. 非临时来访的第三方接待方法

非临时来访的第三方根据单位实际情况，分为短期合作人员和长期合作人员两种。短期合作人员一般是项目建设人员，有临时通行证，可以在批准情况下进入机房工作（无须陪同）。长期合作人员的工作性质和范围类似于单位的维护人员，所以必须遵守相关技术规范。

（1）短期合作人员

- 需要在办公场所内通行一个月以内的短期合作人员，可由信息中心代为申请临时通行证。
- 持有临时通行证的短期合作人员出入单位允许的通行地点时，原则上不需要安排专门的受访人员陪同。
- 信息中心和受访人员应提醒短期合作人员将通行证佩带于醒目位置，并告知其保密管理要求。
- 短期合作人员只允许在经批准的办公区域进行业务活动。
- 其进行必要的设备和软件等现场安装、维修、调测时，受访人员可以引领短期合作人员进入机房。

- 短期合作人员在进行维护工作时还应遵守 XX 单位所有相关的管理和技术规范。
- 未经信息中心领导特别许可，短期合作人员不得在机房内摄影、拍照。
- 如因业务需要须向短期合作人员提供含有单位保密信息的文件、资料或实物，受访人员应当在获得相应的批准或授权，并与短期合作人员签订保密协议后再行提供，提供时应开具清单，请短期合作人员签收。提供文字保密材料的应当加盖保密章或有其他保密标识。保密协议在相关部门存档，签收清单由部门妥善保存。
- 对短期合作的技术人员因业务需要须在单位进行工作的，应与之签订个人保密协议，向其明确单位的保密制度。这些人如需接触或查阅内部文件，必须经过相关部门负责人签字批准，并由其本人填写查阅记录。
- 短期合作人员因技术支持对系统的任何操作都要进行登记。

（2）长期合作人员
- 在单位办公场所内办公的长期合作人员需要在单位办理相关手续和身份证件。
- 长期合作人员出入单位允许的通行地点时，原则上不需要安排专门的受访人员陪同。
- 受访人员应提醒长期合作人员把相关身份证件佩带于醒目位置，并要求长期合作人员熟悉本单位的保密管理要求。
- 长期合作人员只允许在经批准的办公区域进行业务活动。
- 其进行必要的设备和软件等现场安装、维修、调测时，受访人员可以引领长期合作人员进入机房，但受访人员必须亲自陪同。
- 长期合作人员在进行维护工作时还应遵守本单位所有相关的管理、技术规范。
- 未经信息中心领导特别许可，长期合作人员不得在机房内摄影、拍照。
- 如因业务需要须向长期合作人员提供含有保密信息的文件、资料或实物，受访人员应当在获得相应的批准或授权，并与长期合作人员签订保密协议后再行提供，提供时应开具清单请长期合作人员签收。提供文字保密材料的应当加盖保密章或有其他保密标识。保密协议在相关部门存档，签收清单由部门妥善保存。
- 对长期合作人员因业务需要须在单位进行工作的，应与之签订个人保密协议，向其明确本单位的保密制度。这些人如需接触或查阅内部文件，必须经过相关部门负责人签字批准，并由其本人填写查阅记录。
- 长期合作人员因技术支持对系统的任何操作都要进行登记，并由受访人员陪同。

3. 规范维护和解释
- 本规范由信息中心每年审视一次，根据审视结果修订标准，并颁发执行。
- 本规范解释权归信息中心。
- 本规范自签发之日起生效。

5.4.3 应用系统互联安全规范

1. 总体要求

本规范不对应用系统互联中采用的具体技术、方法和产品进行规定。无论采用何种技术、方法和产品都必须满足本规范的要求。

应用系统互联必须保证满足以下安全要求。

- 防止对所交换和共享之信息的未经授权的访问。
- 防止对所交换和共享之信息的意外泄露。
- 防止对所交换和共享之信息的故意或意外修改，以免破坏数据的完整性和准确性。
- 保证应用系统互联设施的持续、可靠运行。

在信息的采集、传输、存储、处理和销毁阶段都可能存在安全威胁，因此必须采取周密措施来保证各个阶段的安全。

必须把保证信息安全的工作融合到系统的整个生命周期，包括计划、设计、实施、测试和验收、运行维护、撤销的各阶段。

2. 应用系统互联流程

（1）计划

在计划阶段应由需要互联的应用系统派出人员组成系统互联项目组，负责系统互联过程的工作。在这一阶段要明确识别、描述对系统互联的业务要求。根据业务要求，各方必须就需要交换和共享的信息以及各信息系统需要提供的服务达成一致，然后识别和描述需交换和共享信息的安全级别。

如果需要与第三方信息系统交换或共享安全等级机密级以上的信息，必须得到信息中心主任批准，并与第三方签订保密协议，或是在合作协议/合同中写明保证这些信息的安全的条款。

应用系统互联项目应根据各自的具体情况，特别是需交换信息的安全级别确定具体的安全需求。在验收标准中必须包含根据安全需求制订的安全验收标准。

在项目计划中必须包含为实现安全需求所必需的资源和时间，资源包括但不限于人员、设备、资金。

信息技术委员会负责对安全需求、验收标准、项目计划的审查，信息中心根据信息技术委员会的审查意见批准应用系统互联行为。

在计划阶段，作为互联前的准备工作，进行互联的各信息系统必须进行一次安全评估，并根据评估结果进行加固。

（2）设计

在设计阶段应针对安全需求设计安全控制措施，并纳入应用系统互联设计说明书中。

对于设计的互联方案必须进行风险评估，风险评估需要评估各类威胁发生的可能性和影响，包括但不限于下列威胁。

- 数据在传输过程中被窃听、篡改。
- 数据在传输过程中被损坏（非人为故意）。
- 数据在中间数据库服务器、文件服务器中暂存时被未经授权的程序、人员访问和修改。
- 为数据交换和共享而提供的账号被未经授权的人使用。
- 为应用系统互联提供的服务被滥用，从而对提供服务的系统造成损害。
- 由于硬件设备的故障或损坏而不能持续提供服务。
- 由于软件系统的错误而不能持续提供服务。

在设计过程中必须避免与其他信息系统的互联破坏信息系统原有的安全性。如果由于互联带来的风险是不可避免的，各方又同意接受新的安全风险，也必须在设计文档中明确描述，在设计完成后由信息技术委员会从信息安全的角度对设计方案进行审查。

对于为信息系统互联而新增加的系统部件（包括但不限于主机、数据库管理系统、文件系统、FTP 服务器、邮件服务器、消息中间件、事务中间件、应用服务器），必须在设计阶段就指明拥有者（owner）。这些系统的拥有者负有保证它们安全的全部责任。安全包括存储在这些系统中的数据和配置的保密性与完整性，和所提供服务的可用性。

（3）实施

将设计的安全控制措施付诸实施，并对实施完成的每项控制措施制订维护、监控措施，纳入系统的维护规程中，便于在维护阶段对安全控制措施进行维护和监控。

为了信息系统互联而新增加的系统部件必须经过安全评估和加固才能连入系统。

（4）测试和验收

依据安全验收标准对系统进行验收。验收工作由项目小组在信息技术委员会的指导和监督下进行。

（5）运行维护

在系统运行和维护过程中，互联各方应指定明确的联系人，对运行过程中发生的各种问题进行协调联络。

在运行过程中，用于互联的任何系统部件需要变更，或是对信息系统其他模块的变更会影响到互联部分，如果这种变更会影响到互联的另一方，必须得到对方的同意才能进行；如果不影响到另一方，也必须在变更结束后将变更的情况通知另一方。各方对相关系统的认识必须同步。这种变更包括但不限于软硬件升级、扩容，安全补丁，修改系统配置。

互联各方有义务保证为信息系统互联而设置的各种设施、服务、账号的安全，包括但不限于：通信与接口程序；用于交换数据的数据库管理系统、文件系统、消息中间件、FTP系统、邮件服务器等；用于共享、交换数据的各类账号、口令、密钥和数字证书。在设计阶段指定这些设施各自的拥有者，他们负有保证这些设施安全性的全部责任。

互联各方有义务按设计方案的要求妥善保存在互联过程中产生的各种日志和审计记录信息，并指定专人定期查看，以及时发现异常情况。

在运行过程中应定期对互联的各信息系统和用户互联的系统部件进行安全复审，以保证符合既定的安全要求。位于单位内网、从外部不能直接访问的系统，复审不能少于每年一次。从 Internet 或第三方网络能直接访问的系统，复审不能少于半年一次。

（6）撤销

当对信息系统互联的需求不存在时，或互联中的信息系统停止运行时，互联各方必须对系统进行回顾，以确定并停止需要撤离的系统部件，以及需要撤销、废止的系统账号、口令、密钥等。根据回顾结果制订系统互联撤销计划，并及时实施。

信息技术委员会监督撤销计划的执行，并检查撤销后没有留下安全隐患。

3. 安全要求

（1）访问控制

为信息系统互联而建立、分配的账号、口令不能在多个信息系统间共享使用。

各信息系统不能把其他信息系统分配的账号、口令信息写在程序中，也应尽量避免以明文的形式保存在配置文件或数据库中。如果由于实现技术的限制只能以明文形式保存，则必须限制只有需要使用该账号、口令的程序和系统管理员（或安全管理员）才能访问。

在与单位以外的第三方信息系统互联时应根据传送数据的敏感程度和处理业务的重要

性考虑使用比简单的用户名、口令更强的身份认证方式，比如数字证书。

在以 RPC 或类 RPC 的形式（如 RPC、DCOM，CORBA，WebService 等）向其他信息系统提供服务时，也应对服务使用者的身份进行认证，除非是可供匿名使用的公开服务。

对于为信息系统互联而建立的账户（包括操作系统账户、数据库账户等）按最小原则分配访问权限，即只授予完成所需数据交换和共享工作必需的最小权限。

如果存在用同一个系统部件（包括但不限于数据库服务器、文件服务器、FTP 服务器）与多个信息系统交换和传送数据的情况，必须采取隔离措施，即每个信息系统只能访问所需要的数据子集，并且不能访问其他信息系统上传的数据或文件。在与多个单位以外的第三方信息系统互联时尤其需要注意，防止有人利用单位的系统非法访问其他人的信息。

（2）传输过程

安全等级机密级以上的数据在通过不安全的传输线路（如 Internet）时必须加密。

安全等级机密级以上的数据如果需要保存在可移动介质中进行传送，必须采用可靠的加密算法进行加密，且不得使用外部的传送服务，如快递、MES 等传送保存有此类敏感数据的可移动介质。

如果依靠应用层以下各层的加密传输协议，如 SSL，则必须注意这类协议不能提供端到端（从发送方到接收方）的信息安全。特别是当数据传输需要经过中间节点时（如文件服务器、FTP 服务器、Web 服务器等），数据会被解密，以明文形式暂存。必须根据风险评估的结果选择是使用应用层的端对端加密，还是利用应用层以下的加密传输协议。端到端加密的例子包括先把要传送的数据文件加密，再通过 FTP 或 Email 传送，在接收方解密，这样数据文件在 FTP 服务器中或 EMail 服务器中都是以加密后的密文形式存放的。

如果通信接口程序不能提供保证数据完整性的服务，或者数据或文件需要在中间系统（如文件服务器、FTP 服务器、EMail 服务器等）中暂存，则应该根据传送数据的敏感性和对完整性的要求，考虑采用数据校验功能，包括但不限于信息摘要（Message Digest）、数字签名。

各种收发数据、消息的记录都应予以保存，以备审计与核对。各系统根据数据、信息的敏感程度决定保存期限。

（3）服务可靠性

为信息系统互联而设立的中间系统包括但不限于通信前置机、消息中间件（如 MQ-Series）、数据库服务器、文件服务器、FTP 服务器、应用服务器、事务管理中间件（如 CICS），必须根据信息系统互联对可用性的要求规划冗余和备份系统或部件，可以设立热备份或冷备份的冗余系统以及冗余的存储部件、电源部件、网卡等。

根据传送数据的重要性，使用"保证送达"或"接受确认/超时重传"的功能。某些消息中间件如 MQSeries 能提供"保证送达"功能，如果传送的消息不能丢失，应该使用该功能。通信接口程序应尽可能具备该功能，或是由接收者在收到数据后发送确认信息，如 Email 系统中的回执，数据发送者在一定时间内没有收到确认信息，即认为数据在传送过程中丢失，需要重传数据。

（4）规范维护与解释

- 本规范由信息中心每年审视一次，根据审视结果修订标准，并颁发执行。
- 本规范解释权归信息中心。
- 本规范自签发之日起生效。

5.5　主机整改加固

针对等级保护测评期间发现的操作系统不符合项，依据操作系统安全加固策略标准进行相应的安全加固。

5.5.1　Windows 2003 服务器安全加固

1. 安全补丁检测及安装

安全补丁检测及安装如表 5.3 所示。

表 5.3　安全补丁检测及安装

实施编号：	Win2003-01
实施名称：	补丁检测及安装
实施方案：	• 确认系统安装了 SP2； • 使用 Windows update 或者手工安装最新补丁
实施目的：	升级操作系统为最新版本，修补所有已知的安全漏洞
实施风险：	安装某些补丁可能导致主机启动失败，或其他未知情况发生，建议先在测试机器上安装测试后再部署到生产机上
是否实施：	是
备注：	

2. 系统用户口令策略加固

系统用户口令策略加固如表 5.4 所示。

表 5.4　系统用户口令策略加固

实施编号：	Win2003-02
实施名称：	系统用户口令策略加固
实施方案：	密码必须符合复杂性要求：启用 密码长度最小值　　　　　　8 个字符 密码最长使用期限：　　　　90 天 强制密码历史：　　　　　　24 个记住的密码 账户锁定阈值：　　　　　　3 次无效登录 账户锁定时间：　　　　　　15 分钟 复位账户锁定计数器：　　　15 分钟之后 策略更改后，督促现有用户更改其登录口令以符合最新策略要求
实施目的：	保障用户账号及口令的安全，防止口令猜测攻击
实施风险：	账号锁定后 15 分钟后才能解锁
是否实施：	
备注：	

禁用 Guest 账户权限如表 5.5 所示。

表 5.5　禁用 Guest 账户权限

实施编号：	Win2003-03
实施名称：	禁用 Guest 账户权限
实施方案：	开始—控制面板—管理工具—计算机管理—本地用户和组—用户—guest—右击—属性—常规—选择用户已停用
实施目的：	Guest 账户无法删除，故应避免 Guest 账户被黑客激活作为后门使用
实施风险：	无
是否实施：	
备注：	

Administrator 账户重命名如表 5.6 所示。

表 5.6　Administrator 账户重命名

实施编号：	Win2003-04
实施名称：	Administrator 账户重命名
实施方案：	开始—控制面板—管理工具—计算机管理—本地用户和组—用户—选择 administrator—右击重命名
实施目的：	Administrator 账户无法删除，故应避免 Administrator 账户被黑客激活作为后门使用
实施风险：	无
是否实施：	
备注：	

3. 网络与服务加固

卸载、禁用、停止不需要的服务，如表 5.7 所示。

表 5.7　卸载、禁用、停止不需要的服务

实施编号：	Win2003-05	
实施名称：	卸载、禁用、停止不需要的服务	
实施方案：	停止、禁用不需要的服务，如有必要则删除已安装的服务 下面列出部分服务作为参考	
	名　称	建议设置
	Alerter	禁用
	Clipbook	禁用
	Computer Browser	禁用
	Internet Connection Sharing	禁用
	Messenger	禁用
	Remote Registry Service	禁用
	Routing and Remote Access	禁用
	Server	禁用
	TCP/IP NetBIOS Helper Service	禁用
	Terminal Services	禁用
	Simple Mail Trasfer Protocol（SMTP）	禁用
	Simple Network Management Protocol（SNMP）Service	禁用
	Simple Network Management Protocol（SNMP）Trap	禁用
	Telnet	禁用
	World Wide Web Publishing Service	禁用

（续）

实施目的：	避免未知漏洞给主机带来潜在风险
实施风险：	可能由于管理员对主机所开放的服务不了解，导致有用服务被停止或卸载。实施前请与相关应用开发厂商联系确认该服务与业务应用无关联
是否实施：	
备注：	

删除 IPC 共享，如表 5.8 所示。

表 5.8　删除 IPC 共享

实施编号：	Win2003-06
实施名称：	删除 IPC 共享
系统当前状态：	使用 "net share" 命令查看系统当前的共享资源
实施方案：	禁用 IPC 连接：打开注册表编辑器，打开 HKEY_LOCAL_MACHINE\SYSTEM\CurrentControlSet\Control\Lsa，在右侧窗口中找到 "restrictanonymous"，将其值改为 1 即可 删除服务器上的管理员共享：HKLM\System\CurrentControlSet\ Services\LanmanServer\Parameters\AutoShareServer（如无须新建）中 REG_DWORD 值为 0 如系统存在其他人为设置共享，建议删除
实施目的：	删除主机因为管理而开放的共享，减小安全风险
实施风险：	某些应用软件可能需要系统默认共享，应询问管理员确认
是否实施：	
备注：	

4. 日志及审核策略配置

设置主机审核策略，如表 5.9 所示。

表 5.9　设置主机审核策略

实施编号：	Win2003-07
实施名称：	设置主机审核策略
实施方案：	审核策略更改（成功，失败） 审核登录事件（成功，失败） 审核对象访问（成功，失败） 审核目录服务访问（成功，失败） 审核特权使用（成功，失败） 审核系统事件（成功，失败） 审核账户登录事件（成功，失败） 审核账户管理（成功，失败）
实施目的：	对重要事件进行审核记录，方便日后出现问题时查找问题根源
实施风险：	无
是否实施：	
备注：	

调整事件日志的大小及覆盖策略，如表 5.10 所示。

5. 其他安全加固

启用系统自带的网络防火墙，如表 5.11 所示。

表 5.10　调整事件日志的大小及覆盖策略

实施编号：	Win2003-08
实施名称：	调整事件日志的大小及覆盖策略
实施方案：	日志类型　　　　　　日志大小　　　覆盖策略 应用程序日志　　　　80000 KB　　　覆盖早于 30 天的日志 安全日志　　　　　　80000 KB　　　覆盖早于 30 天的日志 系统日志　　　　　　80000 KB　　　覆盖早于 30 天的日志 其他日志（如存在）　80000 KB　　　覆盖早于 30 天的日志
实施目的：	增加日志大小，避免由于日志文件容量过小而导致重要日志记录遗漏
实施风险：	
是否实施：	
备注：	

表 5.11　启用系统自带的网络防火墙

实施编号：	Win2003-09
实施名称：	启用系统自带的网络防火墙
实施方案：	启用系统自带的网络防火墙
实施目的：	Internet 连接防火墙可以有效拦截对 Windows 2003 服务器的非法入侵，防止非法远程主机对服务器的扫描，提高 Windows 2003 服务器的安全性
实施风险：	根据业务需要开启相关端口和协议时，请与开发者进行沟通；失误配置会影响应用服务提供正常服务
是否实施：	
备注：	

启用源路由欺骗保护，如表 5.12 所示。

表 5.12　启用源路由欺骗保护

实施编号：	Win2003-10
实施名称：	启用源路由欺骗保护
实施方案：	编辑注册表 HKLM\System\CurrentControlSet\ Services\Tcpip\Parameters\ 新建 REG_DWORD 值，名称为 DisableIPSourceRouting，参数为 2
实施目的：	防范在网络上发生的源路由欺骗
实施风险：	无，如果服务器启用路由功能，则会影响相关功能
是否实施：	
备注：	

启用进行最大包长度路径检测如表 5.13 所示。

表 5.13　启用进行最大包长度路径检测

实施编号：	Win2003-11
实施名称：	启用进行最大包长度路径检测
实施方案：	HKLM\System\CurrentControlSet\ Services\Tcpip\Parameters\ 新建 REG_DWORD 值，名称为 EnablePMTUDiscovery，参数为 1

(续)

实施目的:	该项值为 1 时,将自动检测出可以传输的数据包大小,可以用来提高传输效率,如出现故障或为安全起见,设项值为 0,表示使用固定 MTU 值 576 字节
实施风险:	无
是否实施:	
备注:	

防止 SYN Flood 攻击,如表 5.14 所示。

表 5.14 防止 SYN Flood 攻击

实施编号:	Win2003-12
实施名称:	防止 SYN Flood 攻击
实施方案:	HKLM\System\CurrentControlSet\Services\Tcpip\Parameters\ 新建 REG_DWORD,名称为 SynAttackProtect,参数为 2 HKLM\System\CurrentControlSet\Services\Tcpip\Parameters\ 新建 REG_DWORD,名称为 TcpMaxHalfOpen,参数为 100 或 500(选十进制)
实施目的:	启动 syn 攻击保护。默认项值为 0,表示不开启攻击保护,项为 1 和 2 表示启动 syn 攻击保护
实施风险:	无
是否实施:	是
备注:	

5.5.2 Linux 安全加固

1. 用户账号安全

用户账号安全加固如表 5.15 所示。

表 5.15 用户账号安全加固

实施编号:	Linux-01
实施名称:	用户账号安全加固
实施方案:	口令至少为 6 位,并且包括特殊字符 口令不要太简单,不要以自己或者有关人的信息构成密码,比如生日、电话、姓名的拼音或者缩写、单位的拼音或者英文简称等 口令必须有有效期 发现有人长时间猜测口令时,需要更换口令 设置口令最长有效时限(编辑/etc/login.defs 文件) 口令最短字符数(如 Linux 默认为 5,可以通过编辑/etc/login.defs 修改) 只允许特定用户使用 su 命令成为 root。
实施风险:	无
是否实施:	是
备注:	

2. 网络服务安全

网络服务安全加固如表 5.16 所示。

表 5.16　网络服务安全加固

实施编号：	Linux-02
实施名称：	网络服务安全加固
实施方案：	使用"netstat -an"命令查看本机所提供的服务。确保已经停掉不需要的服务 预先生成/etc/hosts. equiv 文件，并且设置为"0000"，防止被写入"++"（攻击者经常使用类似符号链接或者利用 ROOTSHELL 写入，并且远程打开受保护主机的 R 服务） 确保/etc/services 文件属主设置为 root 修改/etc/aliases 文件，注释掉"decode""games，ingress，system，toor，manager，…"等 在外部路由上过滤端口 111、2049（TCP/UDP），不允许外部访问
实施风险：	无
是否实施：	是
备注：	

3. 系统设置安全

系统设置安全加固如表 5.17 所示。

表 5.17　系统设置安全加固

实施编号：	Linux-03
实施名称：	系统设置安全加固
实施方案：	禁止使用控制台程序 系统关闭 Ping 关闭或更改系统信息 修改/etc/securetty 文件，将不允许的 tty 设备行注释掉 禁止 IP 源路径路由 编辑/etc/security/limits. conf 文件，对资源进行限制
实施风险：	无
是否实施：	是
备注：	

4. 文件系统安全

文件系统安全加固如表 5.18 所示。

表 5.18　文件系统安全加固

实施编号：	Linux-04
实施名称：	文件系统安全加固
实施方案：	去掉不必要的 suid 程序 控制 mount 上的文件系统 定期对文件系统进行备份 编辑/etc/security/limits. conf 文件，对资源进行限制
实施风险：	无
是否实施：	是
备注：	

5.6　数据库整改加固

针对等级保护测评期间发现的数据库不符合项，对 SQL Server 进行安全加固，需要删除 OLE automation 存储过程、访问注册表的存储过程以及其他有威胁的存储过程。

5.6.1 删除 OLE automation 存储过程

删除 OLE automation 存储过程，如表 5.19 所示。

表 5.19 删除 OLE automation 存储过程

实施编号：	数据库-01
实施名称：	删除 OLE automation 存储过程
实施方案：	删除以下存储过程 • sp_OACreate • sp_OADestroy • sp_OAGetErrorInfo • sp_OAGetProperty • sp_OAMethod • sp_OASetProperty • sp_OAStop
实施风险：	会导致管理器的一些功能不能使用
是否实施：	是
备注：	

5.6.2 删除访问注册表的存储过程

删除访问注册表的存储过程，如表 5.20 所示。

表 5.20 删除访问注册表的存储过程

实施编号：	数据库-02
实施名称：	删除访问注册表的存储过程
实施方案：	删除以下存储过程 • xp_regaddmultistring • xp_regdeletekey • xp_regdeletevalue • xp_regenumvalues • xp_regread • xp_regremovemultistring • xp_regwrite
实施风险：	会导致管理器的一些功能不能使用
是否实施：	是
备注：	

5.6.3 删除其他有威胁的存储过程

删除其他有威胁的存储过程，如表 5.21 所示。

表 5.21　删除其他有威胁的存储过程

实施编号：	数据库-03
实施名称：	删除其他有威胁的存储过程
实施方案：	删除以下存储过程 xp_cmdshell sp_sdidebug xp_availablemedia xp_deletemail xp_dirtree xp_dropwebtask xp_dsninfo xp_enumdsn xp_enumerrorlogs xp_enumgroups xp_enumqueuedtasks xp_eventlog xp_findnextmsg xp_fixeddrives xp_getfiledetails xp_getnetname xp_grantlogin xp_logevent xp_loginconfig xp_logininfo xp_makewebtask xp_msverxp_perfend xp_perfmonitor xp_perfsample xp_perfstart xp_readerrorlog xp_readmail xp_revokelogin xp_runwebtask xp_schedulersignal xp_sendmail xp_servicecontrol xp_snmp_getstate xp_snmp_raisetrap xp_sprintf xp_sqlinventory xp_sqlregister xp_sqltrace xp_sscanf xp_startmail xp_stopmail xp_subdirs xp_unc_to_drivel
实施风险：	无
是否实施：	是
备注：	

5.7　网络设备整改加固

针对等级保护测评期间发现的网络设备不符合项，依据网络设备安全加固标准进行相应的安全加固。

5.7.1　iOS 版本升级

iOS 版本升级如表 5.22 所示。

表 5.22　IOS 版本升级

实施编号：	网络设备-01
实施名称：	iOS 版本升级
实施方案：	确保设备操作系统版本及时更新，软件版本较低会带来安全性和稳定性方面的隐患，因此要求在设备的 FLASH 容量允许的情况下升级到较新的版本。必要情况下可升级设备的 FLASH 容量 确保所有的网络设备维护都在本地进行 对于允许远程登录管理的网络设备，必须设置口令保护和相应的 ACL，限定可远程登录的主机 IP 地址范围，并使用支持加密的登录方式，如 SSL 等
实施风险：	无
是否实施：	是
备注：	

5.7.2　关闭服务

网络设备关闭服务如表 5.23 所示。

表 5.23　网络设备关闭服务

实施编号：	网络设备-02
实施名称：	网络设备关闭服务
实施方案：	Small services（echo，discard，chargen，etc.） Router（config）#no servicetcp-small-servers Router（config）#no service udp-small-servers Finger Router（config）#no service finger Router（config）#no ip finger HTTP Router（config）#no ip http server SNMP Router（config）#no snmp-server CDP Router（config）# no cdp run Remote config Router（config）# no service config Source routing
实施方案：	Router（config）#no ip source-route Pad Router（config）#no service pad ICMP Router（config）#noipicmp redirect DNS Router（config）#no ip name-server
实施风险：	无
是否实施：	是
备注：	

5.7.3　用户名设置

网络设备用户名设置如表 5.24 所示。

表 5.24　网络设备用户名设置

实施编号：	网络设备-03
实施名称：	网络设备用户名设置
实施方案：	不同的路由器使用不同的方式激活，可能需要使用 linevty，然后设置 login local，也可能需要启用 AAA 模式，配置 aaa new-model 来激活 AAA 模式。同样将登录 console、AUX 等，设为需要用户名和口令认证
实施风险：	无
是否实施：	是
备注：	

5.7.4　口令设置

网络设备口令设置如表 5.25 所示。

表 5.25　网络设备口令设置

实施编号：	网络设备-04
实施名称：	网络设备口令设置
实施方案：	Enable secret Router(config)#enable secret 0 2manyRt3s Console Line Router(config)#line con 0 Router(config-line)#password Soda-4-jimmY AuxiliaryLine Router(config)#line aux 0 Router(config-line)#password Popcorn-4-saraVTY Lines Router(config)#linevty 0 4 Router(config-line)#password Dots-4-georg3 保护口令不以明文显示 Router(config)#service password-encryption
实施风险：	无
是否实施：	是
备注：	

5.7.5　访问控制

网络设备访问控制如表 5.26 所示。

5.7.6　使用 SSH

网络设备使用 SSH，如表 5.27 所示。

表 5.26　网络设备访问控制

实施编号：	网络设备-05
实施名称：	网络设备访问控制
实施方案：	Router(config)# access-list 110 permittcpA. B. C. D 1. 2. 3. 4 eq 22 Router(config)# access-list 110 permit ipA. B. C. D 0. 0. 0. 255 any Router(config)# access-list 110 deny ip any any Router(config)# access-list 110 deny ipA. B. C. D 0. 0. 0. 255 any Router(config)# access-list 110 permit ip any any Router(config)# access-list 110 deny 55 any any Router(config)# access-list 110 deny 77 any any
实施风险：	无
是否实施：	是
备注：	

表 5.27　网络设备使用 SSH

实施编号：	网络设备-06
实施名称：	网络设备使用 SSH
实施方案：	Router(Config)# crypto key generate rsa The name for the keys will be：router. blushin. org Choose the size of the key modulus in the range of 360 to 2048 for your General Purpose keys . Choosing a key modulus greater than 512 may take a few minutes. How many bits in the modulus[512]：2048 Generating RSA Keys... [OK] Router#
实施风险：	无
是否实施：	是
备注：	

5.7.7　使用路由协议 MD5 认证

网络设备使用路由协议 MD5 认证，如表 5.28 所示。

表 5.28　使用路由协议

实施编号：	网络设备-07
实施名称：	使用路由协议
实施方案：	area area-id authentication area area-id authentication message-digest Router(Config-router)# area 100 authentication message-digest Router(Config)# exit Router(Config)# interface eth0/1
实施风险：	无
是否实施：	是
备注：	

5.7.8　网络设备日志

网络设备日志如表 5.29 所示。

表 5.29　网络设备日志

实施编号：	网络设备-08
实施名称：	网络设备日志
实施方案：	Router(config)# logging on Router(config)# logging 10.1.1.200 Router(config)# logging buffered Router(config)# logging console critical Router(config)# logging trap debugging Router(config)# logging facility local7
实施风险：	无
是否实施：	是
备注：	

5.7.9　SNMP 设置

网络设备 SNMP 设置如表 5.30 所示。

表 5.30　SNMP 设置

实施编号：	网络设备-09
实施名称：	SNMP 设置
实施方案：	尽可能禁用 SNMP 对于支持 SNMP、提供网管功能的设备，必须确保 MIB 库的读/写密码设定为非默认值，同时，允许对 MIB 库进行读/写操作的主机也可通过 ACL 设置限定在指定网段内 确保使用 SNMP 版本 2 ，因为 SNMP V2 使用了较强的 MD5 认证技术； 必须确保 MIB 库的读/写密码（Community String Password）设定为非默认值（Public and Private） Community String Password 必须为健壮口令，并定期更换 确保授权使用 SNMP 进行管理的主机限定在指定网段内（ACL）
实施风险：	无
是否实施：	是
备注：	

5.7.10　修改设备网络标签

网络设备修改设备网络标签，如表 5.31 所示。

表 5.31　修改设备网络标签

实施编号：	网络设备-10
实施名称：	修改设备网络标签
实施方案：	Router(config)#banner login
实施风险：	无
是否实施：	是
备注：	

5.8　应用中间件整改加固

针对等级保护测评期间发现的应用中间件不符合项，依据应用中间件安全加固策略标准进行相应的安全加固。

5.8.1　安全补丁检测及安装

应用中间件安全补丁检测及安装如表 5.32 所示。

表 5.32　安全补丁检测及安装

实施编号：	Weblogic-01
实施名称：	安全补丁检测及安装
实施方案：	升级前请备份整站程序、相关数据和网站配置 下载并安装补丁
实施风险：	安装某些补丁可能导致服务启动失败，或其他未知情况发生，建议先在测试机器上安装测试后再部署到生产机上
是否实施：	是
备注：	

5.8.2　安全审计

应用中间件安全审计如表 5.33 所示。

表 5.33　安全审计

实施编号：	Weblogic-02
实施名称：	安全审计
实施方案：	Server File Name：. \examplesServer\examplesServer. log（按实际需求配置） Log to Stdout(选择) Stdout Severity Threshold；info（按实际需要选择） Rotation Type 选项和 Minimum File Size 按实际需求配置 Instrument Stack Traces 按实际需求配置

（续）

实施风险：	无
是否实施：	是
备注：	

5.8.3 账号策略

应用中间件账号策略如表 5.34 所示。

表 5.34　账号策略

实施编号：	Weblogic-03
实施名称：	账号策略
实施方案：	Log to Domain Log File（选择） Use Log Filter（按实际要求设置相关规则）
实施风险：	无
是否实施：	是
备注：	

5.8.4 启用 SSL

应用中间件启用 SSL，如表 5.35 所示。

表 5.35　启用 SSL

实施编号：	Weblogic-04
实施名称：	启用 SSL
实施方案：	SSL Listen Port Enabled（选择） SSL Listen Port（按业务需要修改端口）
实施风险：	无
是否实施：	是
备注：	

第 *6* 章

项目执行过程文件

6.1 等级保护实施主要技术环节说明

根据《信息安全等级保护管理办法》（以下简称《管理办法》），信息安全等级保护的实施工作包括信息系统定级与评审、信息系统安全建设或者改建、信息系统定期等级测评与安全自查、办理备案手续并提供相关材料、接受公安机关及国家指定的专门部门监督检查、选择使用符合条件的信息安全产品、选择符合条件的等级保护测评机构等，其中，信息系统运营使用单位/主管部门需要做较多技术工作的环节是系统定级和系统建设或改建。下面主要对这两个阶段工作中可能涉及的特殊概念以及可能采用的技术方法和步骤等方面给出说明。

6.1.1 定级阶段

1. 关于行业的定级指导意见

根据《管理办法》第十条：信息系统运营、使用单位应当依据本办法和《信息系统安全等级保护定级指南》（以下简称《定级指南》）确定信息系统的安全保护等级。有主管部门的，应当经主管部门审核批准。跨省或者全国统一联网运行的信息系统可以由主管部门统一确定安全保护等级。

根据《关于开展全国重要信息系统安全等级保护定级工作的通知》（以下简称《定级通知》）要求：各行业主管部门要根据行业特点提出指导本地区、本行业定级工作的指导意见。

与此相对应，在《定级指南》中提出"各行业可根据本行业业务特点，分析各类信息和各类信息系统与国家安全、社会秩序、公共利益以及公民、法人和其他组织的合法权益的关系，从而确定本行业各类信息和各类信息系统受到破坏时所侵害的客体"。

每个行业在国家政治、经济、军事、外交等活动中的职能不同，信息系统在行业内所发挥的作用对行业职能影响不同，信息和信息系统被破坏后对等级保护客体的影响也有所不同。对本行业职能的认识，行业主管部门一般比信息系统的运营、使用单位具有更高的站位、更宏观的视野，从而可以做出更准确的判断，因此需要行业主管部门对本行业哪些业务系统的等级保护客体是国家安全，哪些是社会秩序、公共利益，哪些是公民、法人和其他组织的合法权益给出基本判断，从而指导本行业信息系统的不同运营使用单位做出一致的判断。

2. 关于国家

随着信息化的不断推进，我国国家安全和经济生活已经极大地依赖于信息技术和信息基础设施，尤其是国防、电力、银行、政府机构、电信系统以及运输系统等重要基础设施一旦受到破坏，就会对国家安全构成严重威胁。因此在考虑信息系统的信息和服务安全被破坏后可能对国家安全产生的影响时，也应从多方面出发。

举例来说，涉及影响国家安全事项的信息系统可能包括：①重要的国家事务处理系统、国防工业生产系统和国防设施的控制系统等影响国家政权稳固和国防实力的信息系统；②广播、电视、网络等重要新闻媒体的发布或播出系统，其受到非法控制时可能引发影响国家统一、民族团结和社会安定的重大事件；③处理国家对外活动信息的信息系统；④处理国家重要安全保卫工作信息的信息系统和重大刑事案件的侦察系统；⑤尖端科技领域的研发、生产系统等影响国家经济竞争力和科技实力的信息系统，以及电力、通信、能源、交通运输、金融等国家重要基础设施的生产、控制、管理系统等。

3. 关于社会秩序

完善社会管理体系，维护良好的社会秩序是建设社会主义和谐社会的重要任务之一，借助信息化手段提高国家机关的社会管理和公共服务水平，提高经济活动效率，更方便地从事科研、生产、生活活动正是维护良好社会秩序的表现。

可能影响到社会秩序的信息系统非常多，包括各级政府机构的社会管理和公共服务系统，如财政、金融、工商、税务、公检法、海关、社保等领域的信息系统，也包括教育、科研机构的工作系统，以及所有为公众提供医疗卫生、应急服务、供水、供电、邮政等必要服务的生产系统或管理系统。

4. 关于公共利益

公共利益所包括的范围是非常宽泛的，既可能是经济利益，也可能是教育、卫生、环境等各个方面的利益。

借助信息化手段为社会成员提供功能的公共设施和通过信息系统对公共设施进行管理控制都应当是要考虑的方面，例如：公共通信设施、公共卫生设施、公共休闲娱乐设施、公共管理设施、公共服务设施等。

公共利益与社会秩序密切相关，社会秩序的破坏一般会造成对公共利益的损害。

5. 关于公民、 法人和其他组织的合法权益

《定级指南》中的公民、法人和其他组织的合法权益是指拥有信息系统的个体或确定组织所享有的社会权力和利益。它不同于公共利益，选择客体为公共利益是指受侵害的对象是"不特定的社会成员"，而选择公民、法人和其他组织的合法权益时，受侵害的对象是明确的，就是拥有信息系统的个体或某个单位。

为确定信息系统安全保护等级，除了要确定等级保护客体外，还必须确定信息系统受到破坏后对客体的侵害程度，因此在《定级指南》中还提出"由于各行业信息系统所处理的信息种类和系统服务特点各不相同，信息安全和系统服务安全受到破坏后关注的危害结果、危害程度的计算方式均可能不同，各行业可根据本行业的信息特点和系统服务特点，确定危害程度的综合评定方法，并给出侵害不同客体造成一般损害、严重损害、特别严重损害的具体定义。"

行业主管部门需要根据本行业特点，确定对客体的侵害程度，《定级指南》给出了以下几种危害后果。

- 影响行使工作职能，工作职能包括国家管理职能、公共管理职能、公共服务职能等国家或社会方面的职能。
- 导致业务能力下降，下降的表现形式可能包括业务范围的减少、业务处理性能的下降、可服务的用户数量的下降以及其他各种业务指标的下降，每个行业业务都有本行业关注的业务指标，例如，电力行业关注发电量和用电量，税务行业关注

税费收入，银行业关注存款额、贷款额、交易量等，证券经纪行业关注股民数和交易额。

- 引起法律纠纷是比较严重的影响，在较轻的程度时，可能表现为投诉、索赔、媒体曝光等形式。
- 导致财产损失，包括系统资产被破坏的直接损失、业务量下降带来的损失、直接的资金损失、为客户索赔所支付的资金等，以及由于信誉下降、单位形象降低、客户关系损失等导致的间接经济损失。
- 直接造成人员伤亡，如医疗服务系统、公安行业的某些系统等。
- 造成社会不良影响，包括在社会风气、执政信心等方面的影响。

上述几类影响不一定是独立的，有时也会是相关的，例如，人员伤亡可能引发法律纠纷，进而可能造成资金赔偿；业务能力下降既可能影响管理职能的履行，同时也可能造成单位收入的下降。

在上述危害后果中，各行业某个类型的信息系统一般主要关注其中的一种后果，如银行系统一般关注业务能力下降的影响，党政系统主要关注管理职能的履行等，而将其他后果作为参考。行业主管部门通过梳理本行业信息系统的现状，通过对这些不同类型、不同程度后果的定量、半定量描述，给出对等级保护客体的一般损害、严重损害和特别严重损害的指导性意见，以便本行业的信息系统运营使用单位可以参照执行，确定本单位系统的安全保护等级，只有这样，一个行业内确定的安全保护等级才具有较好的一致性。

6.1.2　关于确定定级对象

确定等级保护测评的定级对象，应由确定定级对象的基本判断条件、识别定级对象及确定定级对象信息系统边界和边界设备三部分组成。

1. 定级对象的三个判断条件

定级工作是信息系统等级保护工作的起点，定级结果直接决定了后续安全保障工作的开展。在定级之前，首先必须明确定级的对象，即对哪个信息系统进行定级。《定级指南》中指出，作为定级对象的信息系统应当具备以下三个条件。

（1）具有唯一确定的安全责任单位

作为定级对象的信息系统应能够唯一地确定其安全责任单位，这个安全责任单位就是负责等级保护工作部署、实施的单位，也是完成等级保护备案和接受监督检查的直接责任单位。如果一个单位的某个下级单位负有信息系统安全建设、运行维护等过程的全部安全责任，而其上级部门仅负有监督、指导责任，则这个下级单位可以成为信息系统的安全责任单位；如果一个单位中的不同下级单位分别承担信息系统不同方面的安全责任，则该信息系统的安全责任单位应是这些下级单位共同所属的单位。

（2）具有信息系统的基本要素

作为定级对象的信息系统应该是由相关和配套的设备、设施按照一定的应用目标和规则组合而成的有形实体。应避免将某个单一的系统组件，如单台的服务器、终端或网络设备等作为定级对象。

单台的设备或由单台设备构成的安全域本身无法实现所要求的信息系统保护，不能抵御来自内部或外部的攻击，这样的设备或区域必然依靠其所在环境提供的网络安全和边界防护。因此作为定级对象的信息系统应当是包括信息系统的核心资产（保护目标），以及对保护目标提供保护的所有相关设备和人员（保护机制），只有涵盖了这两部分，才能使信息系统实现其应用目标。

（3）承载相对独立的业务应用

定级对象承载相对独立的业务应用是指其中的一个或多个业务应用的主要业务流程、部分业务功能独立，同时与其他信息系统的业务应用有少量的数据交换，定级对象可能会与其他业务应用共享一些设备，尤其是网络传输设备。相对独立的业务应用并不意味着整个业务流程可以是完整业务流程的一部分。

承载相对独立业务应用的信息系统在一个单位的整个信息系统中像一个子系统，其业务功能是相对独立的并明显区别于其他系统的，与其他系统有明确的业务边界和信息交换方式。

上述三个条件给出了定级对象的确定原则，在这些原则的基础上，针对不同规模、不同复杂程度、不同隶属关系的信息系统，运营使用单位和服务机构人员可以寻找适合自身的划分方法。以下给出的定级对象识别方法和定级过程操作方法已经在某些信息系统中得到认可，作为例子，供运营使用单位和有关各方参考。

2. 定级对象识别

一般来讲单位信息系统可以划分为几个定级对象，如何划分系统是定级之前的主要问题之一。信息系统的划分没有绝对的对与错，只有合理与不合理，合理地划分信息系统有利于信息系统的保护及安全规划，反之可能给将来的应用和安全保护带来不便，又可能需要重新进行信息系统的划分。由于信息系统的多样性，不同的信息系统在划分过程中所重点考虑的划分依据会有所不同。通常，在信息系统划分过程中，应当结合信息系统的现状，从信息系统的管理机构、业务特点和物理位置等几个方面考虑，当然也可以根据信息系统的实际情况选择其他的划分依据，只要最终划分结果合理就可以。

（1）安全责任单位

依据安全责任单位的不同划分信息系统。如果信息系统由不同的单位负责运行、维护和管理，或者说信息系统的安全责任分属不同机构，则可以根据安全责任单位的不同，划分成不同的信息系统。一个运行在局域网的信息系统，其安全责任单位一般只有一个，但对一个跨地域运行的信息系统来说，就可能存在不同的安全责任单位，此时可以考虑根据不同地域的信息系统的安全责任单位，划分出不同的信息系统。

在一个单位中，信息系统的业务管理和运行维护可能由不同的部门负责，例如科技部门或信息中心负责信息系统所有设备和设施的运行、维护和管理，各业务部门负责其中业务流程的制订和业务操作，信息系统的安全管理责任不仅指在信息系统的运行、维护和管理方面的责任，承担安全管理责任的不应是科技部门，而应当是整个单位。

一个运行在局域网的信息系统，其管理边界比较明确，但对一个跨地域运行的信息系统，其管理边界可能有不同情况：如果在不同地域运行的信息系统由不同单位（如上级单位和下级单位）负责运行和管理，上、下级单位的管理边界为本地的信息系统，则该信息系统可以划分为两个信息系统；如果不同地域运行的信息系统均由其上级单位直接负责运行和管理，运维人员由上级单位指派，安全责任由上级单位负责，则上级单位的管理边界应包括本地和远程的运行环境。

（2）业务类型和业务重要性

根据业务类型、功能、阶段的不同对信息系统进行划分，不同类型的业务之间会存在重要程度、环境、用户数量等方面的不同，这些不同会带来安全需求和受破坏后的影响程度的差异，例如，一个是以信息处理为主的系统，其重要性体现在信息的保密性上，而另一个是以业务处理为主的系统，重要性体现在其所提供服务的连续性上，因此，可以按照业务类型的不同划分为不同的信息系统。又比如，在整个业务流程中，核心处理系统的功能重要性可能远大于终端处理系统，有需要时，可以将其划分为不同的信息系统。

归结起来，以下几种情况可能划分为不同等级的信息系统。

- 可能涉及不同客体的系统。例如对内服务与对外运营的业务系统，对内服务的办公系统，一般来说其中的信息和提供的服务是面向本单位的，涉及的等级保护客体一般是本单位，而对外运营的业务系统往往关系到其他单位、个人或面向社会，因此这两类业务可能涉及不同的客体，可能具有不同的安全保护等级，可以考虑划分为不同的信息系统。又比如处理涉及国家秘密信息的信息系统与处理一般单位敏感信息的信息系统应分开。
- 可能对客体造成不同程度损害的系统。例如全国大型集中系统数据中心的数据量和服务范围都远大于各省级节点和市级节点，其受到破坏后的损害程度和影响范围也有很大差别，可能具有不同的安全等级，可以考虑划分为不同的信息系统。
- 处理不同类型业务的系统。

（3）分析物理位置的差异

根据物理位置的不同对信息系统进行划分。物理位置不同，信息系统面临的安全威胁就不同，不同物理位置之间通信信道的不可信使不同物理位置的信息系统也不能视为可以互相访问的一个安全域，即使等级相同，可能也需要划分为不同的信息系统分别加以保护，因此，物理位置也可以作为信息系统划分的考虑因素。

在信息系统的划分过程中进行分析，可以选择上述三个方面中的一个作为划分依据，也可以综合几个作为划分依据。同时，还要结合信息系统的现状，避免由于信息系统的划分而引起大量的网络改造和重复建设工作，影响原有系统的正常运行。一般单位的信息系统建设和网络布局都会或多或少考虑系统的特点、业务重要性及不同系统之间的关系，进行信息系统的等级划分应尽可能以现有网络条件为基础，以免引起不必要的网络改造和建设工作，影响原有系统的业务运行。例如，政府机构内部一般由三个网络区域组成：政务内网、政务外网和互联网接入网，三个网络相对独立，可以先以已有的网络边界将单位的整个系统划分为三个大的信息系统，然后再分析各信息系统内部的业务特点、业务重要性及不同系统之间的关系，如果内部还存在相对独立的网络结构，业务边界也比较清晰，也可以再进一步将该信息系统细分为更小规模的信息系统。

此外，有些信息系统中不同业务的重要程度虽然会有所差异，但是由于这些业务之间联系紧密、不容易拆分，就可以作为一个信息系统按照同样的级别进行保护。但是，如果其中某一个业务面临的风险或威胁较大，比如与互联网相连，可能会影响到其他的业务，就应当将其从该信息系统中分离出来，单独作为一个信息系统来实施保护。

经过合理划分，一个单位或机构的信息系统最终可能会划分为不同等级的多个信息系统。同时，通过在信息系统划分阶段对各种系统服务业务信息、业务流程的深入分析，明确了各个信息系统之间的边界和逻辑关系以及他们各自的安全需求，有利于信息系统安全保护的实施。

3. 确定定级对象信息系统的边界和边界设备

定级对象确定后就需要确定定级对象信息系统的边界和边界设备。由于定级对象信息系统有可能是单位信息系统的一部分，如果该信息系统与其他系统在网络上是独立的，没有设备共用的情况，边界则容易确定，但当不同信息系统之间存在共用设备时，应加以分析。

由于信息系统的边界保护一般在物理边界或网络边界上实现，系统边界不应出现在服务器内部，服务器共用的系统一般归入同一个信息系统，因此不同信息系统的共用设备一般是网络/边界设备或终端设备。

两个信息系统边界存在共用设备时，共用设备的安全保护等级按两个信息系统安全保护等级较高者确定。例如，一个2级系统和一个3级系统之间有一个防火墙或两个系统共用一个核心交换机，此时防火墙和交换机可以作为两个系统的边界设备，但应满足3级系统的要求。

终端设备一般包括系统管理终端（如服务器和网络设备的管理终端、业务管理终端、安全设备管理终端等）、内部用户终端（如办公系统用户的终端、银行系统的业务终端、移动用户终端等）和外部用户终端（如网银用户终端、清算系统中的商业银行终端、证券交易系统的交易客户等）。对于外部用户终端，由于用户和设备一般都不在信息系统的管理边界内，所以这些终端设备不在信息系统的边界范围内。信息系统的管理终端是与被管理设备相对应的，服务器、网络设备及安全设备等属于哪个系统，终端就应归在哪个信息系统中。内部用户终端就比较复杂。内部用户终端往往与多个系统相连，当信息系统进行等级保护后，应尽可能为不同的信息系统分配不共用的终端设备，以免在终端处形成不同等级信息系统的边界。但如果无法做到不同等级的信息系统使用不同的终端设备，则应将终端设备划分为其他的信息系统，并在服务器与内部用户终端之间建立边界保护，对终端通过身份鉴别和访问控制等措施加以控制。

处理涉密信息的终端必须划分到相应的信息系统中，且不能与非涉密系统共用终端。

6.1.3 关于定级过程

信息系统定级既可以在新系统建设之初进行，也可以在已建成的系统中进行。对于新建系统，尽管信息系统尚未建成，但信息系统的运营使用者应首先分析该信息系统处理哪几种主要业务，预计处理的业务信息和服务安全被破坏时所侵害的客体，以及根据对信息系统可能的损害方式判断可能的客体侵害程度等基本信息，确定信息系统的安全保护等级。

对于已建系统，可以通过调查系统基本情况、分析调查结果、确定等级、形成定级报告等过程完成。

通过定级调查可以了解单位信息系统的全貌，了解定级对象信息系统与单位其他信息系统的关系。根据用户需求或工作需要，定级调查活动既可以针对单位整个信息系统进行，也可以在用户指定的范围内进行。

1. 识别单位基本信息

调查了解对目标系统负有安全责任的单位的单位性质、隶属关系、所属行业、业务范围、地理位置等基本情况，以及其上级主管机构（如果有）的信息。

了解单位基本信息有助于判断单位的职能特点，单位所在行业及单位在行业中所处的地位，由此判断单位主要信息系统的宏观定位。

2. 识别管理框架

调查了解定级对象信息系统所在单位的组织管理结构、管理策略、部门设置和部门在业务运行中的作用、岗位职责。了解信息系统管理、使用、运维的责任部门，特别是当该单位的信息系统存在分布于不同物理区域的情况时，应了解不同区域系统运行的安全管理责任。安全管理的责任单位就是等级保护备案工作的责任单位。

了解管理框架还有利于将来对整个单位制订等级保护管理框架及单个定级对象等级管理策略。

3. 识别业务种类、流程和服务

调查了解定级对象信息系统内部处理多少种业务，各项业务具体要完成的工作内容、服务目标和业务流程等。了解这些业务与单位职能的关联，单位对定级对象信息系统完成业务使命的期待和依赖程度，由此判断该信息系统在单位的作用和影响程度。

调查还应关注每个信息系统的业务流程，以及不同信息系统之间的业务关系，因为不同信息系统之间的业务关系和数据关系能够表明其他信息系统对该信息系统服务的关联和依赖。

应重点了解定级对象信息系统中不同业务系统提供的服务在影响履行单位职能方面的具体方式和程度，影响的区域范围、用户人数、业务量的具体数据以及对本单位以外机构或个人的影响等方面。这些具体数据既可以为主管部门提出定级指导意见提供参照，也可以作为主管部门审批定级结果的重要依据。

4. 识别信息

调查了解定级对象信息系统所处理的信息，了解单位对信息的三个安全属性的需求，了解不同业务数据在其保密性、完整性和可用性被破坏后在单位职能、单位资金、单位信誉、人身安全等方面可能对国家、社会、本单位造成的影响，对影响程度的描述应尽可能量化。

根据系统的不同，业务数据可能是用户数据、业务处理数据、业务过程记录（流水）数据、系统控制数据或文件等。

了解数据信息还应关注信息系统的数据流，以及不同信息系统之间的数据交换或共享关系。

5. 识别网络结构和边界

调查了解定级对象信息系统所在单位的整体网络状况和安全防护情况，包括网络覆盖范围（全国、全省或本地区），网络的构成（广域网、城域网或局域网等），内部网段/VLAN 划分，网段/VLAN 划分与系统的关系，与上级单位、下级单位、外部用户、合作单位等的网络连接方式，与互联网的连接方式。其目的是了解定级对象信息系统自身网络在单位整个网络中的位置，该信息系统所处的单位内部网络环境和外部环境特点，以及该信息系统的网络安全保护与单位内部网络环境的安全保护的关系。

6. 识别主要的软硬件设备

调查了解与定级对象信息系统相关的服务器、网络、终端、存储设备以及安全设备等，以及设备所在网段和在系统中的功能和作用。信息系统定级本应仅与信息系统有关，与具体设备没有多大关系，但在划分信息系统时会不可避免地涉及设备共用问题，调查设备的位置和作用主要就是为了发现不同信息系统在设备使用方面的共用程度。

7. 识别用户类型和分布

调查了解各系统的管理用户和一般用户、内部用户和外部用户、本地用户和远程用户等类型，了解用户或用户群的数量分布，以及各类用户可访问的数据信息类型和操作权限。

了解用户类型和数量有助于判断系统服务中断或系统信息被破坏可能影响的范围和程度。

8. 形成定级结果

定级人员需要对定级对象信息系统中的不同类型重要信息分别分析其安全性受到破坏后所侵害的客体及对客体的侵害程度，取其中最高结果作为业务信息安全保护等级，再对定级对象信息系统中的不同类型重要系统服务分别分析其受到破坏后所侵害的客体及对客体的侵害程度，取其中最高结果作为业务服务安全保护等级。

6.2　系统建设和改建阶段

《管理办法》第十一条规定：信息系统的安全保护等级确定后，运营、使用单位应当按照国家信息安全等级保护管理规范和技术标准，使用符合国家有关规定、满足信息系统安全保护等级需求的信息技术产品，开展信息系统安全建设或者改建工作。

如何根据等级保护的管理规范和技术标准对新系统实施建设工作和对原有系统实施改建工作是每个单位面临的工作，本章在《信息系统安全等级保护实施指南》中的安全规划设计阶段主要内容的基础上，从安全需求分析方法、系统新建/改建方案设计方法以及安全管理制度制订方法几个方面，说明如何根据《管理办法》中的要求开展这方面工作。

6.2.1　安全需求分析方法

对一个正在运行的信息系统确定定级之后，运行使用单位最关心的是系统当前的保护状况是否满足等级保护的基本安全要求。产生该问题的原因是，等级保护作为政策性要求在系统建设之初并没有作为安全需求加以考虑，因此系统的安全保障体系或安全保护措施只能满足本部门、本单位的安全需求。信息系统定级之后就会发现，对于业务重要性相同的不同行业或地区的信息系统，建设年代不同、地域差异、设计人员和实施人员的水平差距等都会造成其信息系统的保护水平参差不齐。

通过等级保护工作的推进，使信息系统可以按照等级保护相应等级的要求进行设计、规划和实施，将来源于国家政策性要求、机构使命性要求、系统可能面临的环境和影响以及机构自身的需求相结合作为信息系统的安全需求，使具有相同安全保护等级的信息系统能够达到相应等级的基本保护水平和保护能力。

本节重点说明如何为信息系统确定既满足等级保护要求，又满足系统自身需求的安全需求分析方法。

1. 选择、调整基本安全要求

根据《定级指南》除了确定信息系统的安全保护等级外，还确定了信息系统在业务信息安全和系统服务安全两个方面的安全保护等级，这两个等级反映了信息系统在数据安全保护和服务能力保护的需求方面可能是不均衡的，例如在政务系统中，单个数据信息（如文件）本身的安全性要求比较高，而对于通过信息系统提供及时数据服务的要求不高，而对于生产控制系统和调度系统，其重要性不体现在每条控制指令数据上，而体现在整个控制系统或调度系统不能停止运行或不正常运行。《定级指南》正是通过定级方法的设计区分了信息系统对这两类安全保障的需求。

由于有了业务信息安全和系统服务安全保护等级，即使信息系统的安全保护等级相同，其内在安全需求也会有所不同。为此可以用二维函数的形式表达系统的安全保护等级：

L（业务信息安全保护等级，系统服务安全保护等级）= max（业务信息安全保护等级，系统服务安全保护等级）

例如：L(3,2)= 3，同样 L(3,1)= L(3,3)= L(1,3)= L(2,3)= 3。

将五个等级的系统的不同安全需求分类表示，如表 6.1 所示，形成了 5 个等级，25 个安全需求类。

表 6.1　安全需求分类

安全保护等级	安全需求类
第一级	L(1,1)
第二级	L(1,2),L(2,2),L(2,1)
第三级	L(1,3),L(2,3),L(3,3),L(3,2),L(3,1)
第四级	L(1,4),L(2,4),L(3,4),L(4,4),L(4,3),L(4,2),L(4,1)
第五级	L(1,5),L(2,5),L(3,5),L(4,5),L(5,5),L(5,4),L(5,3),L(5,2),L(5,1)

由于同样等级的信息系统，其安全需求有所不同，所以对其实施的保护也应该有不同的要求。《信息系统安全等级保护基本要求》（以下简称《基本要求》）就是根据这样的思路设计的。

《基本要求》对每个级别的系统提出了该等级系统应可以对抗威胁的能力和相应等级的安全保护能力可以采取的技术措施和管理措施。为了区别不同安全技术要求和管理要求在保护信息系统的业务信息安全和系统服务安全中所起的作用，将所有技术要求和管理要求进行标识，标识分为三种：S、A 和 G。

- S 类：业务信息安全保护类，关注的是保护数据在存储、传输、处理过程中不被泄露、破坏和免受未授权的修改。
- A 类：系统服务安全保护类，关注的是保护系统连续正常地运行，避免因对系统的未授权修改、破坏而导致系统不可用。
- G 类：通用安全保护类，既关注保护业务信息的安全性，也关注保护系统的连续可用性。

为表示不同等级的某类安全保护要求，在保护类标识的后面添加保护级别，例如以 S2 表示二级的业务信息安全保护类要求，A3 表示三级的系统服务安全保护类要求。

有了上述定义，在确定了系统的安全保护等级后，信息系统的运营使用单位可以参照以下步骤确定该信息系统的等级保护基本安全需求。

第一步，根据其等级从《基本要求》中选择相应等级的基本安全要求。例如，某一信息系统根据《定级指南》确定系统等级为三级，首先从《基本要求》中选择三级的安全要求。

第二步，根据定级过程中确定业务信息安全保护等级和系统服务安全保护等级，确定该信息系统的安全需求类，例如 L(3,2)，将所选择的《基本要求》的三级要求中标识为 A 类的控制点要求替换为二级要求中的相应控制点要求，低级别的基本要求中没有相应的控制点，则该控制点将不作为该系统的要求。

必须说明的是：G 类要求是每个等级系统必备的要求，不能调整，G 类要求体现了相应等级系统的综合保护能力。

由于《基本要求》对所有技术要求和管理要求在类别上分为 S、A、G 三类，对应了信息系统安全保护等级中的业务信息安全保护等级和系统服务安全保护等级，相同安全保护等级的系统可能具有不同的等级保护要求，表 6.2 给出五个等级保护要求的所有组合形式。

表 6.2　五个等级保护要求

安全保护等级	信息系统基本保护要求的组合
第一级	S1A1G1
第二级	S1A2G2，S2A2G2，S2A1G2
第三级	S1A3G3，S2A3G3，S3A3G3，S3A2G3，S3A1G3
第四级	S1A4G4，S2A4G4，S3A4G4，S4A4G4，S4A3G4，S4A2G4，S4A1G4
第五级	S1A5G5，S2A5G5，S3A5G5，S4A5G5，S5A5G5，S5A4G5，S5A3G5，S5A2G5，S5A1G5

表 6.2 中同样也是五个等级，保护要求的 25 种组合。

因此，安全保护要求和系统等级之间存在一定的对应关系。即 S 类安全技术要求，其级别由业务信息安全保护等级决定；A 类安全技术要求，其级别由系统服务安全保护等级决定；而 G 类安全技术要求，其级别由业务信息安全保护等级和系统服务安全保护等级两者中的高级别决定，也就是与信息系统的安全保护等级相同。

总而言之，不能直接根据系统的安全保护等级使用《基本要求》相应等级的要求，还应当确定其信息和服务的保护等级。因此，在上面的例子中，系统的等级为三级，但由于系统需求类型为 L(3,2)，所以其安全保护要求的组合应选择为 S3A2G3。

第三步，根据系统所面临的威胁特点调整安全要求。

根据《基本要求》的整体设计思路，每级安全要求的实现是为了达到相应等级的威胁对抗能力和恢复能力，这种设计思路是面向所有信息系统的。当面临一个特定信息系统时，还需要具体分析其所面临的具体威胁。如果某个安全威胁对于该特定信息系统来讲是不会发生的，那么为对抗该威胁的相应安全要求对于该系统来讲，就是不适用的。因此，需要进行相应的调整。这种情况在网络安全方面尤为明显，例如，某个系统与互联网及本单位其他系统在网络上是物理隔离的，由于不会面临来自外部网络的安全威胁，该系统可以不选择相应的网络安全控制点或其中的要求项。

当然，可能还会存在其他需要调整要求的原因。系统应在满足达到相应等级安全保护目标的基础上，结合系统实际，对安全要求进行适当的调整，调整的原则是保证不降低整体安全保护能力。

2. 明确系统特殊安全需求

《基本要求》是面向所有行业、所有类型信息系统所提出的要求，等级也只有 5 个，不可能满足所有信息系统的要求，因此每个信息系统必然还会有自身的特殊安全需求。这些自身的特殊安全需求可能有两种情况。

第一种情况是等级保护相应等级的基本要求中某些方面的安全措施所达到的安全保护不能满足本单位信息系统的保护需求，而需要更强的保护。

第二种情况是由于信息系统的业务需求、应用模式具有特殊性，系统面临的威胁具有特殊性，基本要求没有提供所需要的保护措施，例如有关无线网络的接入和防护《基本要求》中没有提出专门的要求，需要作为特殊需求。

针对这两种特殊需求，用户可以通过以下两种方式解决。

- 选择《基本要求》中更高级别的安全要求达到本级别基本要求不能实现的安全保护能力。
- 参照《管理办法》第十二条和第十三条列出的等级保护的其他标准进行保护。

最后，调整后的信息系统等级保护基本安全要求与识别出的特殊安全需求共同确定了该系统的安全需求。

6.2.2　新建系统的安全等级保护设计方案

完成系统定级并确定安全需求后，新建和改建系统就进入了实施前的设计过程。设计过程通常分为总体设计和详细设计，安全设计也不例外。在《实施指南》中，总体安全设计在"总体安全规划阶段"完成，详细安全设计在"安全设计与实施阶段"完成。

总体安全设计一般是针对整个单位的，目的是根据确定的系统安全需求和等级保护安全基本要求，设计系统的整体安全框架，提出系统在总体方面的策略要求、各个子系统应该实现的安全技术措施、安全管理措施等，是《基本要求》在特定系统的具体落实，总体安全设计形成的文档用于指导系统具体的安全建设。

详细安全设计可以是针对整个单位的，也可以是针对某个信息系统的，目的是依据本单位的总体安全设计提出具体实施方案，将总体安全设计中要求实现的安全策略、安全技术体系架构、安全措施和要求落实到产品功能或物理形态上，提出指定的产品或组件及其具体规范，并将产品功能特征整理成文档，使得安全产品采购、安全控制开发、具体安全实施有所依据。

以往的安全保障体系设计是没有等级概念的，主要是依据本单位业务特点，结合其他行业或单位实施安全保护的实践经验而提出的，当引入等级保护的概念后，系统安全防护的设计思路会有所不同。

第一点不同是，由于确定了单位内部代表不同业务类型的若干个信息系统的安全保护等级，在设计思路上应突出对等级较高的信息系统的重点保护。

第二点不同是，安全设计应体现保证不同保护等级的信息系统满足相应等级的保护要求。满足等级保护要求不意味着各信息系统独立实施保护，而应本着优化资源配置的原则，合理布局，构建纵深防御体系。

第三点不同是，划分了不同等级的系统就存在等级系统之间的互联问题，因此必须在总体安全设计中规定相应的安全策略。

第四点不同是，不同等级的系统需要满足不同的安全管理要求，但所有的信息系统又都可能在同一个组织机构的管理控制下，如何实现等级保护的管理体系也是需要在总体安全设计中给予规定的。

1. 总体安全设计方法

总体安全设计并非安全等级保护实施过程中必需的执行过程，对于规模较小、构成简单的信息系统，在分析确定信息系统的安全需求之后，可以直接进入安全详细设计。

对于略有规模的信息系统，比如信息系统本身是由多个不同级别的系统构成、信息系统分布在多个物理区域、信息系统的系统之间横向和纵向连接关系复杂等，应实施总体安全设计过程。行业信息系统通常具有这种规模和复杂程度。

总体安全设计的基本思路是根据自身信息系统的系统划分情况、系统定级情况、系统的连接情况、系统的业务承载情况、运作机制和管理方式等特点，结合《基本要求》，在较高层次上形成信息系统的安全要求，包括安全方针和安全策略、安全技术框架和安全管理体系等。

总体安全设计的基本方法是将复杂信息系统进行简化，提取共性形成模型，针对模型要素结合《基本要求》和安全需求提出安全策略和安全措施要求，指导信息系统中各个组织、各个层次和各个对象安全策略和安全措施的具体实现。

总体安全设计的基本步骤如下。

第一步，将单位信息系统进行模型化处理。

（1）局域网内部抽象处理

一个局域网可能由多个不同等级系统构成，无论局域网内部等级系统有多少，都可以将等级相同、安全需求类相同、安全策略一致的系统合并为一个安全域，并将其抽象为一个模型要素，称为某级安全域。通过抽象处理后，局域网模型可能是由多个级别的安全域互联构成的模型。

（2）局域网内部安全域之间互联的抽象处理

根据局域网内部的业务流程、数据交换要求、用户访问要求等确定不同级别安全域之间的网络连接要求，从而对安全域边界提出安全策略要求和安全措施要求，实现对安全域边界的安全保护。

如果任意两个不同级别的子系统之间都有业务流程、数据交换要求、用户访问要求等，则认为两个模型要素之间有连接。通过分析和抽象处理后，局域网内部子系统之间的互联模型可能如图 6.1 所示。

（3）局域网之间安全域互联的抽象处理

根据局域网之间的业务流程、数据交换要求、用户访问要求等确定局域网之间通过骨干网/城域

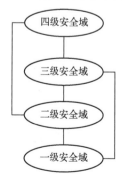

● 图 6.1　局域网内部安全域之间的互联抽象

网分隔的同级或不同级安全域之间的网络连接要求。

例如，任意两个级别的安全域之间有业务流程、数据交换要求、用户访问要求等，则认为两个局域网的安全域之间有连接。通过分析和抽象处理后，局域网之间安全域的互联模型可能如图 6.2 所示。

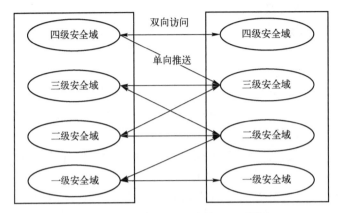

●图 6.2　局域网之间安全域的互联抽象

（4）局域网安全域与外部单位互联的抽象处理

对于与国际互联网或外部机构/单位有连接或数据交换的信息系统，分析这种网络连接要求，并进行模型化处理。

例如，任意一个级别的安全域，如果这个安全域与外部机构/单位或国际互联网之间有业务访问、数据交换等需要，则认为这个级别的安全域与外部机构/单位或国际互联网之间有连接，通过这种分析和抽象处理，局域网安全域与外部机构/单位或国际互联网之间的互联模型可能如图 6.3 所示。

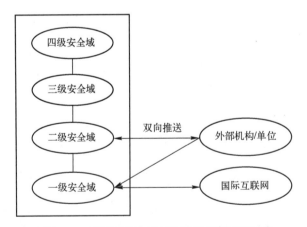

●图 6.3　局域网安全域与外部单位的互联抽象

（5）安全域内部抽象处理

局域网中不同级别的安全域规模和复杂程度可能不同，但是每个级别的安全域构成要素基本一致，即由服务器、工作站和连接它们构成网络的网络设备构成。为了便于分析和处理，将安全域内部抽象为服务器设备（包括存储设备）、工作站设备和网络设备这些要素，通过对安全域内部的模型化处理，对每个安全域内部的关注点将放在服务器设备、工作站设备和网络设备上，通过对不同级别安全域中的服务器设备、工作站设备和网络设备提出安全策略要求和安全措施要求，实现安全域内部的安全保护。

通过抽象处理后，每个安全域模型可能如图 6.4 所示。

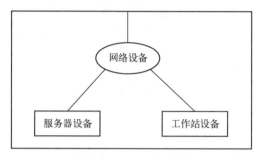

●图 6.4　安全域内部抽象

（6）形成信息系统抽象模型

通过对信息系统的分析和抽象处理，最终应形成所分析信息系统的抽象模型。信息系统抽象模型的表达主要包括以下内容。

- 单位的不同局域网络如何通过骨干网、城域网互联。
- 每个局域网内最多包含几个不同级别的安全域。
- 局域网内部不同级别的安全域之间如何连接。
- 不同局域网之间的安全域如何连接。
- 局域网内部安全域是否与外部机构/单位或国际互联网有互联。

（7）制订总体安全策略

制订总体安全策略最重要的是制订安全域互连策略，通过限制多点外联、统一出口，既可以保护重点、优化配置，也体现了纵深防御的策略思想。

例如以下策略。

- 规则1：通过骨干网/城域网只能建立统计安全域的连接，实现上、下级单位的同级安全域互联。
- 规则2：四级安全域通过专网的 VPN 通道进行数据交换；三级安全域可以通过公网的 VPN 通道进行数据交换。
- 规则3：四级安全域不能与二级安全域、一级安全域直接连接；三级安全域不能与一级安全域直接连接。
- 规则4：一级安全域可以直接访问 Internet。

（8）关于等级边界进行安全控制的规定

针对信息系统等级化抽象模型，根据机构总体安全策略、等级保护基本要求和系统的特殊安全需求，提出不同级别安全域边界的安全保护策略和安全技术措施。

- 规定1：四级安全域与三级安全域之间必须采用接近物理隔离的专用设备进行隔离。
- 规定2：各级别安全域网络与外部网络的边界处必须使用防火墙进行有效的边界保护。
- 规定3：通过三级安全域与外部单位进行数据交换时，必须把要交换的数据推送到前置机，外部单位从外部接入网络的前置机或中间件将数据取走，反之亦然。

安全域边界安全保护策略和安全技术措施提出时，应考虑边界设备共享的情况，如果不同级别的安全域通过同一设备进行边界保护，这个边界设备的安全保护策略和安全技术措施应满足最高级别安全域的等级保护基本要求。

（9）关于各安全域内部的安全控制要求

针对信息系统等级化抽象模型，根据机构总体安全策略、等级保护基本要求和系统的特殊安全需求，提出不同级别安全域内部网络平台、系统平台和业务应用的安全保护策略和安全技术措施。

（10）关于等级安全域的管理策略

从全局角度出发提出单位的总体安全管理框架和总体安全管理策略，对每个等级安全域提出各自的安全管理策略，安全域管理策略继承单位的总体安全策略。

2. 总体安全设计方案大纲

对安全需求分析、信息系统的分级保护模型以及为信息系统设计的技术防护策略和安全管理策略等文档进行整理，形成文件化的信息系统安全总体方案。

总体安全设计方案的基本结构如下。

1）信息系统概述。
2）单位信息系统安全保护等级状况。
3）各等级信息系统的安全需求。
4）信息系统的安全等级保护模型抽象。
5）总体安全策略。
6）信息系统的边界安全防护策略。
7）信息系统的等级安全域防护策略。
8）信息系统的安全管理与安全保障策略。

3. 设计实施方案

总体设计方案的设计原则和安全策略需要落实到若干个具体的建设项目中，一个设计方案的实施可能分为若干个实施方案，分期、分批建设，实现统一设计、分步实施。

实施方案不同于设计方案，实施方案需要根据阶段性的建设目标和建设内容将信息系统安全总体设计方案中要求实现的安全策略、安全技术体系结构、安全措施和要求落实到产品功能或物理形态上，给出能够实现方案的产品或组件及其具体规范，并将产品功能特征整理成文档，使得在信息安全产品采购和安全控制开发阶段具有依据。

此外，还需要根据机构当前的安全管理需要和安全技术保障需要提出与信息系统安全总体方案中管理部分相适应的本期安全实施内容，以保证进行安全技术建设时安全管理的同步建设。

实施方案的设计过程包括以下内容。

（1）结构框架设计

依据本次实施项目的建设内容和信息系统的实际情况，给出与总体安全规划阶段的安全体系结构一致的安全实现技术框架，内容可能包括安全防护的层次、信息安全产品的选择和使用、等级系统安全域的划分、IP 地址规划等内容。

（2）功能要求设计

对安全实现技术框架中用到的信息安全产品，如防火墙、VPN、网闸、认证网关、代理服务器、网络防病毒、PKI 等提出功能指标要求。对需要开发的安全控制组件提出功能指标要求。

（3）性能要求设计

对安全实现技术框架中用到的信息安全产品，如防火墙、VPN、网闸、认证网关、代理服务器、网络防病毒、PKI 等提出性能指标要求。对需要开发的安全控制组件提出性能指标要求。

（4）部署方案设计

结合目前信息系统的网络拓扑，以图示的方式给出安全实现技术框架的实现方式，包括信息安全产品或安全组件的部署位置、连接方式、IP 地址分配等。对于需要对原有网络进行调整的，给出网络调整的图示方案等内容。

（5）制订安全策略实现计划

依据信息系统安全总体方案中提出的安全策略要求，制订设计和设置信息安全产品或安全组件的安全策略实现计划。

（6）管理措施实现内容设计

结合系统的实际安全管理需要和本次技术建设内容，确定本次安全管理建设的范围和内容，同时注意保证与信息系统安全总体方案的一致性。安全管理设计的内容主要考虑安全管理机构和人员的配套、安全管理制度的配套、人员安全管理技能的配套等。

（7）形成系统建设的安全实施方案

系统建设的安全实施方案包含以下内容。

1）本次建设目标和建设内容。

2）技术实现框架。

3）信息安全产品或组件的功能及性能。

4）安全策略和配置。

5）配套的安全管理建设内容。

6）工程实施计划。

7）项目投资预算。

6.2.3 系统改建实施方案设计

等级保护工作相关的大部分系统是已建成并投入运行的系统，信息系统的安全建设也已完成，因此信息系统的运营使用单位更关心如何找出现有安全防护与相应等级基本要求的差距，如何根据差距分析结果设计系统的改建方案，使其能够指导该系统后期具体的改建工作，逐步达到相应等级系统的保护能力。

系统改建方案设计的主要依据是安全需求分析的结果，和对信息系统目前保护措施与《基本要求》的差距分析和评估，而系统改建方案的主要内容则是针对这些差距分析其存在的原因以及进行整改。

系统改建实施方案与新建系统的安全保护设施设计实施方案都是备案工作中所需提交的技术文件。

1. 确定系统改建的安全需求

要确定系统改建的安全需求，可以参照以下步骤进行。

1）根据信息系统的安全保护等级，参照前述的安全需求分析方法，确定本系统总的安全需求，其中包括经过调整的等级保护基本要求和本单位的特殊安全需求。

2）由信息系统的运营使用单位自行组织人员或由第三方评估机构采用等级测评方法对信息系统的安全保护现状与等级保护基本要求进行符合性评估，得到与相应等级要求的差距项。

3）针对满足特殊安全需求（包括采用高等级的控制措施和采用其他标准的要求）的安全措施进行符合性评估，得到与满足特殊安全需求的差距项。

2. 差距原因分析

差距项不一定都会作为改建的安全需求，因为存在差距的原因可能有以下几种情况。

1）整体设计方面的问题，即某些差距项的不满足是由于该系统在整体的安全策略（包括技术策略和管理策略）设计上存在问题，如网络结构设计不合理，各网络设备在位置的部署上存在问题，导致某些网络安全要求没有正确实现；信息安全的管理策略方向不明确，导致一些管理要求没有实现。

2）缺乏相应产品来实现安全控制要求。安全保护要求都是要落实在具体产品、组件的安全功能上，要通过对产品的正确选择和部署满足相应要求。但在实际中，有些安全要求在系统中并没有落实在具体的产品上。产生这种情况的原因是多方面的，其中，技术的制约可能是最主要的原因。例如，强制访问控制在当前主流的操作系统和数据库系统上并没有得到很好的实现。

3）产品没有得到正确配置。不同于第二种情况，某些安全要求虽然能够在具体的产品或组件上实现，但由于使用者技术能力、安全意识不足的原因，或出于对系统运行性能影响的考虑等，产品没有得到正确的配置，从而使其相关安全功能没有得到发挥。例如，登陆口令复杂度检测没有启用、操作系统的审计功能没有启用就是经常出现的情况。

以上情况只是系统在等级安全保护上出现差距的主要原因，不同系统有其自身特点，产生差距的原因也不尽相同。总之，在进行系统整改前，要对系统出现差距的原因进行全面分析，只有这样才能为之后改建方案的设计奠定基础。

3. 分类处理的改建措施

针对差距出现的种种原因，分析如何采取措施来弥补差距。差距产生的原因不同，采取的整改措施也不同，首先可对改建措施进行分类考虑，主要可从以下几方面进行。

针对情况一，系统应重新考虑设计网络拓扑结构，包括安全产品或安全组件的部署位置、连线方式、IP 地址分配等，根据图示方案对原有网络进行调整。针对安全管理方面的整体策略问题，机构应重新定位安全管理策略、方针，明确机构的信息安全管理工作方向。

针对情况二，将未实现的安全技术要求转化为相关安全产品的功能/性能指标要求，在适当的物理/逻辑位置对安全产品进行部署。

针对情况三，正确配置产品的相关功能，使其发挥作用。

无论是哪种情况，改建措施的实现都需要将具体的安全要求落到实处。也就是说，应确定在哪些系统组件上实现相应等级安全要求的安全功能。

将安全要求落实到具体对象上，应遵循"整体性"原则。整体性原则是指每一级安全要求并不是针对系统内所有组件的，而是从整体性、全局性的角度对系统（而不是组件）提出相关的安全要求。该系统只要在整体上能够保证达到某一方面安全要求所对应的安全保护能力即可，至于具体由系统的哪个组件来实现该安全要求，则没有绝对的对应关系。

　　某一控制点可能会落实到多个对象上，但某个要求项落实到不同对象上可能有所不同。具体来讲，主要应关注该安全要求"实现的关键点"，即在哪些组件实现这些安全要求可以实现该安全要求的保护目标。关键点的寻找可依照系统的业务流程，通过对业务流程的分析，确定哪些对象是业务正常完成的关键点，从而对系统落实该保护要求；也可根据数据的访问路径寻找关键点，通过对系统网络拓扑图的分析，确定合法用户可以通过哪些途径访问系统，非法用户可能通过哪些途径访问系统，通过对哪些对象进行保护就能够起到事半功倍的效果。

　　4. 改建措施详细设计

　　针对不同的改建措施类别进一步细化，形成具体的改建方案，包括各种产品的具体部署、配置等。

　　最终，整改设计方案基本结构如下。

- 系统存在的安全问题（差距项）描述。
- 差距产生原因分析。
- 系统整改措施分类处理原则和方法。
- 整改措施详细设计。
- 整改投资估算。